本书为浙江省哲学社会科学规划课题“企业碳信息披露研究（11ZJQN003YB）”的最终成果

浙江省之江青年社科学者文库系列丛书

企业碳信息披露研究

QIYE TAN XINXI PILU YANJIU

李正 著

中国社会科学出版社

图书在版编目(CIP)数据

企业碳信息披露研究/李正著.—北京：中国社会科学出版社，2015.9
(之江青年文库)
ISBN 978-7-5161-6943-8

Ⅰ.①企… Ⅱ.①李… Ⅲ.①企业-节能-信息管理-研究-中国
Ⅳ.①TK01②F279.23

中国版本图书馆 CIP 数据核字(2015)第 232256 号

出 版 人 赵剑英
责任编辑 宫京蕾
特约编辑 大 乔
责任校对 张洪谱
责任印制 何 艳

出 版 中国社会科学出版社
社 址 北京鼓楼西大街甲 158 号
邮 编 100720
网 址 http://www.csspw.cn
发 行 部 010-84083685
门 市 部 010-84029450
经 销 新华书店及其他书店

印刷装订 北京市兴怀印刷厂
版 次 2015 年 9 月第 1 版
印 次 2015 年 9 月第 1 次印刷

开 本 710×1000 1/16
印 张 16
插 页 2
字 数 265 千字
定 价 52.00 元

目　录

图表目录

第一章

导　论

第一节　问题的提出

一　企业碳会计与企业碳信息披露

企业碳会计[1]包括企业碳排放问题所带来的现有的或潜在的碳资产、碳负债、碳收益、碳费用等的确认、计量、记录和报告等方面的内容。碳信息披露仅涉及碳会计内容的一个部分，是企业碳排放所带来的信息披露问题，例如，企业从事节能减排活动所引起的固定资产更新、信贷问题、排放的温室气体种类和数量等内容的披露。本书对企业碳信息披露进行了理论分析和实证研究，在理论分析部分，本书考察了企业碳信息披露的国际经验、企业碳信息披露的经济学依据。在实证分析部分，本书考察了企业碳信息披露的影响因素，企业碳信息披露对投资者、债权人的决策有用性问题。根据理论分析和经验证据，笔者提出了促进和改进我国企业碳信息披露的具体建议。

---

① 需要说明的是，国际上通常使用英文“carbon accounting”来表示国家的碳核算，例如，种植一棵树能吸收的温室气体量、湿地吸收的温室气体量、草地吸收的温室气体量等。但是，本书所说的碳会计，是指用会计学的方法论体系来分析企业的碳排放问题，具体来说，是指企业在财务报表或者在年度报告中除财务报表之外的部分，例如管理层讨论与分析、公司治理等部分，或者在企业社会责任报告中对企业碳排放的总量、公司降低碳排放量所采取的措施、企业碳排放量对公司的财务影响等方面进行的确认、计量、计录和报告。温室气体包括甲烷、氧化亚氮、氢氟碳化物、全氟碳化物、六氟化硫、二氧化碳等六种气体，前五种温室气体可以按照一定的系数折算为二氧化碳排放量；美、英、日、澳大利亚等很多国家都是按照折算之后的二氧化碳排放量来进行企业温室气体信息披露、碳排放权交易、碳税征收等方面的管制，因此，按照国际惯例，本书使用碳信息来表示所有六种温室气体信息。

二　中国迫切需要研究企业碳信息披露

（一）企业碳信息披露在世界各国发展很快

据考夫曼、克利斯蒂娜和泰克曼（2012）统计，在日本，2009 年，有超过 11000 家企业披露了碳信息；在美国，有 6700 家实体披露了碳信息，这些实体占美国碳排放总量的 80% 左右。在法国，在 2010 年，有 2000 家企业披露了碳排放信息。

据 CDP[①] 统计，全球披露碳排放信息的企业越来越多，在 2011 年，有超过 3500 家企业向 CDP 提供了碳排放信息，CDP 在 2011 年代表着 551 家机构投资者向企业发放问卷，要求企业提供碳排放信息，这 551 家机构投资者掌握着 71 万亿美元的投资基金，机构投资者需要碳信息来关注气候变化对企业运营带来的风险。在中国的上海证券交易所，收到 CDP 问卷的企业仅有 15% 的企业回答了问卷；在深圳证券交易所，收到 CDP 问卷的企业仅有 2% 的企业回答了问卷；这个数量与伦敦证券交易所 88% 的问卷应答率，约翰内斯堡证券交易所 79% 的问卷应答率、澳大利亚证券交易所 78% 的问卷应答率相比，我国上市公司应答 CDP 的比率明显偏低（CDP，2011）。虽然 CDP 并未披露我国企业应答率低的原因，但是，如果企业较好地从事了碳排放管理、有了碳减排的业绩，披露相应的碳信息将会大大提高。

我国企业的碳信息披露状况甚至会遭受误解。例如，据英国特许公认会计师公会（简称 ACCA，2013）的统计，我国石油、天然气、采掘行业仅有一家公司披露了温室气体排放方面的信息。但是，据我们统计，情况并非如此，我国的能源企业广州发展（600098）、申能股份（600642）、深圳燃气（601139）等上市公司都在 2013 年发布的《企业社会责任报告》中披露了碳排放信息，因此，研究我国的碳信息披露状况也可以避免其他国家的政府机构或者非政府组织对我国企业节能减排所付出努力的误解，根据笔者的统计（详见本书第四章），我国企业在节能减排方面的确

---

① CDP 是成立于英国的慈善机构，是一个国际性的非营利组织，该组织向企业和城市提供计量、披露、管理、分享重要环境信息的制度；该组织与拥有 87 万亿美元的 722 家机构投资者合作，促进企业披露经营活动对气候变化的影响。CDP 所代表的机构投资者呈现逐年增多的态势，其代表的投资基金数量也不断增大（CDP，2013）。

做出了很多积极的努力，但是，如果不进行信息披露，这些努力将不被外国同行所了解。

企业碳信息作为企业社会责任信息的内容之一，在21世纪受到了国际组织以及不同国家更多的关注，例如，经济合作与发展组织（OECD）发布的《跨国公司指南》在2001年进行了重大修订，主要变化是要求更多的透明度，包括对跨国公司通过提供社会和环境信息来承担社会责任提供了一系列的原则和标准。[①] 2002年4月，世界银行集团发起了一个针对发展中国家的强化企业社会责任的技术支持项目，其中一项就是报告企业的社会或环境业绩。[②] 碳排放量作为环境业绩的重要内容，应当受到企业应有的重视，因此，顺应国际潮流，加强我国企业碳信息披露的研究是十分必要的。

（二）为实务界披露碳信息提供理论支持

我国学术界对企业碳信息披露的研究目前还处于探索阶段，对于其他国家的企业碳信息披露的制度背景、披露形式、推动力量，我国企业碳信息披露的具体内容、披露形式等方面的研究还不够系统和深入。但是，我国实务界已经开始尝试披露碳信息了，例如，闽东电力（000993）、粤电力（000539）、长江电力（600900）、乐山电力（600644）、广州发展（600098）、申能股份（600642）、深圳燃气（601139）等上市公司都在其2013年发布的《企业社会责任报告》中披露了企业采取的节能减排措施以及减排的二氧化碳数量。以上事例表明，实务界披露碳信息的趋势在逐渐增加，但是，上述披露碳信息的企业还存在着如下问题：碳信息的内容界定不一致，这使得不同公司之间企业碳信息的可比性受到影响；在披露形式上以描述性内容为主，缺乏数量信息，披露形式单一。因此，理论界加强企业碳信息披露的研究，将为实务界更好地披露碳信息提供理论支持。

（三）确定会计信息的使用者需要研究企业碳信息披露

在判断会计信息使用者的构成方面，葛家澍（1996）认为，法律因

---

① Dara O'Rourke, 2004, *Opportunities and Obstacles for Corporate Social Responsibility Reporting in Developing Countries*, p, 29.

② Dara O'Rourke, 2004, *Opportunities and Obstacles for Corporate Social Responsibility Reporting in Developing Countries*. p. 13. 世界银行官方网站，http：//documents. worldbank. org/curated/en/2004/03/6479712/opportunities-obstacles-corporate-social-responsibility-reporting-developing-countries.

素、契约（合同）规定、政府规章、社会责任是确定会计信息需求者的四个标准。[①] 吴水澎、陈汉文、谢德仁（2000）认为法规强制、契约规定、社会责任、企业自身利益驱动（企业自愿披露会计信息）是判断会计信息使用者构成的四个标准。[②] 碳排放信息作为企业社会责任信息的重要组成部分，对投资者、债权人以及其他利益相关者的决策是否构成影响也是需要我们进一步探讨的内容。因为企业节能减排所涉及的资金数额巨大，往往影响企业的财务和会计数据，因此，如果企业披露的碳信息对投资者、债权人等利益相关者的决策具有影响，那么，企业也应当全面、系统地披露这类信息。

（四）深交所和上交所鼓励企业披露碳信息

深圳证券交易所在2006年9月25日发布了《深圳证券交易所上市公司社会责任指引》;[③] 上海证券交易所在2008年5月14日发布了《关于加强上市公司社会责任承担工作暨发布〈上海证券交易所上市公司环境信息披露指引〉的通知》。[④] 其中，深圳证券交易所要求上市公司披露燃料和其他能源的消耗情况、避免产生环境污染的废料。上海证券交易所的环境信息披露指引要求上市公司披露公司年度资源消耗总量、公司排放污染物的种类、数量、浓度和去向、公司环保设施的建设和运营情况等内容，上述内容都与企业温室气体排放存在着一定的联系。证券交易所的披露指引对上市公司披露碳排放信息具有一定的促进作用。当然，中国证券监督管理委员会等政府部门以及上海证券交易所、深圳证券交易所等证券交易所如何对企业碳信息披露进行监督管理也是一个现实问题，因此，本书的内容对碳信息披露的主管部门规范碳信息披露也具有一定的现实意义。

综上所述，研究我国的碳信息披露是十分重要的。

---

① 葛家澍：《市场经济下会计基本理论与方法研究》，中国财政经济出版社1996年版，第177页。

② 吴水澎、陈汉文、谢德仁：《中国会计理论研究》，中国财政经济出版社2000年版，第249—250页。

③ 深圳证券交易所：《深圳证券交易所上市公司社会责任指引》，http：//www. szse. cn/main/zxgx/9300. shtml.

④ 上海证券交易所：《关于加强上市公司社会责任承担工作暨发布〈上海证券交易所上市公司环境信息披露指引〉的通知》，http：//www. sse. com. cn/lawandrules/sserules/listing/stock/c/c_ 20120918_ 49642. shtml.

第二节　研究框架及主要内容

本书共分为八章，研究框架见图 1－1；各章的内容摘要如下：

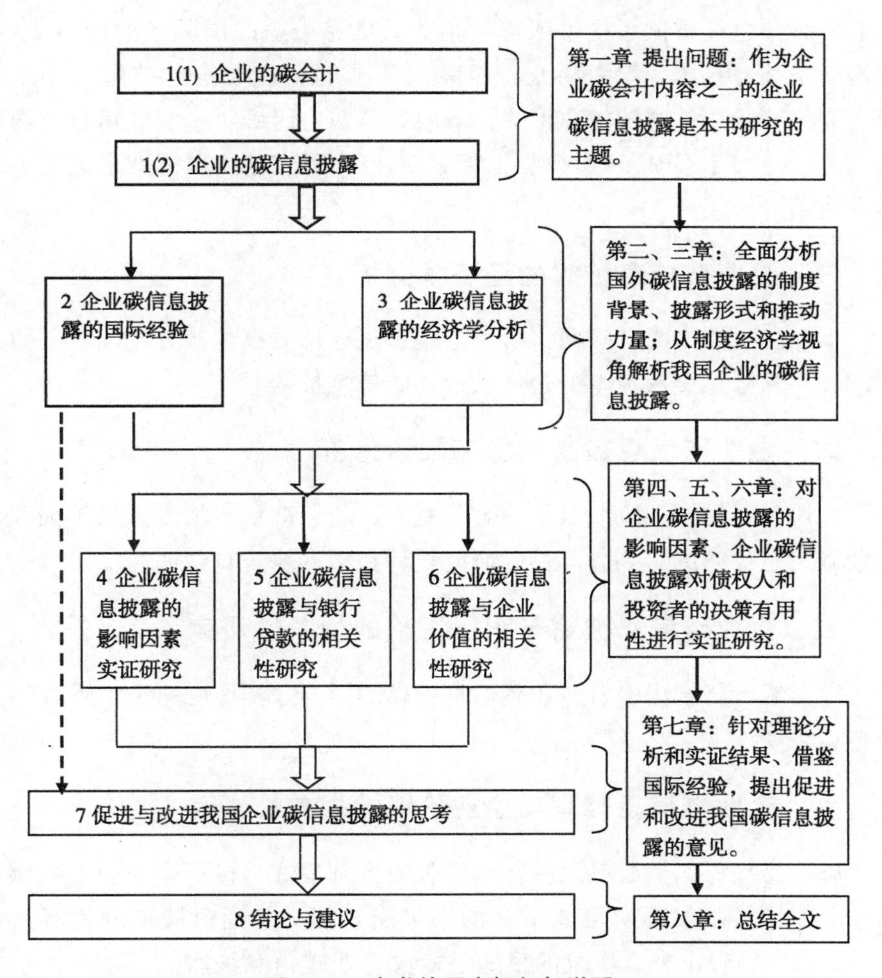

图 1－1　本书的研究框架与说明

一　导论

本章介绍全书的选题动因、内容安排、研究方法以及主要的学术贡献和创新点。企业碳会计的主要内容之一是碳信息披露，本书以我国的上市公司为缩影，研究我国企业的碳信息披露问题。

二　企业碳信息披露的国际经验

本章的用意是在掌握国外企业碳信息披露的制度背景、披露形式和推动力量的基础上，为我国企业的碳信息披露的内容界定、促进和改进我国企业的碳信息披露体系提供依据。企业碳信息披露的国际经验探讨美国、英国、法国、日本、澳大利亚、加拿大等国的企业碳信息披露的基本情况、制度背景、基本的披露形式、政府及非政府组织对企业碳信息披露的推动力量。对于GRI、ISO等国际组织颁布的碳信息披露标准也进行了分析和讨论。

三　企业碳信息披露的经济学分析

本章主要探讨两个问题：第一个问题是碳排放权配额分配问题。第二个问题是从降低交易成本的角度来论述碳信息披露。

四　企业碳信息披露的影响因素分析

探讨公司规模、负债水平、盈利能力、现金流量、制度背景等因素对企业碳信息披露的影响。具体的研究设计在第四章进行说明。

五　企业碳信息披露与银行贷款的相关性研究

探讨银行贷款因素对企业碳信息披露的影响。具体的研究设计在第五章进行说明。

六　企业碳信息披露与企业价值的相关性研究

碳信息披露的核心是反映企业的长效盈利模式，投资者对企业的碳排放现状、碳排放目标所可能带来的未来成长能力将通过股票的市场价值（Tobin'Q）反映出来，本章的目的是检验企业碳信息披露的经济后果，即对碳信息披露的长时窗的价值相关性进行研究。具体的研究设计在第六章进行说明。

七　促进和改进我国企业碳信息披露研究

结合国际经验、理论分析和经验研究的结果，对促进和改进我国企业的碳信息披露提出总体建议。例如，企业碳信息应该向管制者披露还是向投资者披露，是否应该强制要求企业披露碳信息等；解答这些问题都有助于我国企业更好地披露碳信息。

八 结论与建议

本章总结全文的研究结论，并对研究局限和进一步研究的领域进行论述。

第三节 研究方法

本书综合运用规范研究方法、经济学分析方法、经验研究方法，具体内容如下：

1. 国际比较分析

该方法用于第二章“企业碳信息披露的国际经验”，不同国家的碳信息披露有其不同的制度背景和披露形式，通过比较美国、英国、法国、日本、澳大利亚、加拿大等西方发达国家碳信息披露的制度背景和推动力量，可以为我国推进碳信息披露的机制提供参考意见。

2. 经济学分析方法

该方法用于第三章“企业碳信息披露的经济学分析”，我国的碳排放权交易是诱发企业进行节能减排的动力之一，也是企业披露碳信息的重要动因，碳信息披露对碳排放配额设定、降低交易成本具有重要意义。

3. 多元回归模型

该方法用于第四章“企业碳信息披露的影响因素”、第五章“企业碳信息披露与银行贷款的相关性研究”、第六章“企业碳信息披露的价值相关性研究”。

4. 归纳和演绎方法

本书的第一章“引言”、第七章“促进和改进我国企业碳信息披露研究”、第八章“结论与建议”采用归纳和演绎的方法。

第四节 本书的主要贡献

一 本书的理论意义

第一，增补了我国所缺乏的与碳信息披露相关的经验证据。我国学术界对碳信息披露的研究还处于起步阶段，很多内容有待深入挖掘。例如，公司财务状况、公司治理、制度因素以及其他因素对企业实施碳信息披露活动是否具有影响？本书通过实证研究发现，资产规模、制造业、每股经营活动产生的现金流量、每股筹资活动产生的现金流量、制度因素与公司的碳信息披露正相关；较高的股东回报、每股投资活动产生的现金流量与公司的碳信息披露负相关。说明了企业碳信息披露具有多种影响因素，若要促进我国企业的碳信息披露必须全面考虑上述因素。对于企业碳信息披露是否具有经济后果问题，尽管国外有正相关、负相关等不同的结论，但是，本书的实证研究结果表明，我国碳信息披露所带来的价值相关性是负向的。这表明在资本市场中，我国的投资者以理性投资者为主，他们更加关注公司的盈利能力（本书的实证研究表明盈利能力与企业价值是正相关的）。若要使得我国企业更加积极主动地进行节能减排工作，并进而披露碳信息，必须要通过碳排放权交易、节能减排补贴，使得企业获得实实在在的好处，才能增加企业的市场价值，增加企业节能减排的动力。对于债权人是否关心企业的节能减排问题，多年来，国内外鲜有类似的经验证据，本书的实证研究表明，我国的绿色信贷政策极大地支持了企业的节能减排工作，为实行国家的节能减排计划作出了突出的贡献。

第二，开拓新的研究领域。我国学术界对于碳信息披露的国际经验方面的研究是较为零散的，本书全面地论述了美国、英国、法国、日本、澳大利亚、加拿大等国的企业碳信息披露的制度背景、现实情况以及碳信息披露的具体形式，还描述了这些国家碳信息披露的不同推动力量；也介绍了全球报告倡议组织等四个知名的国际组织在碳信息披露方面的简要规则。国际上发达国家和知名国际组织在碳信息披露方面的经验对于促进和改进我国企业的碳信息披露起到了一定的借鉴意义。碳信息披露的国际经验让我们了解到国际上很多国家的碳信息披露都是强制的，越是温室气体排放大户越要进行碳信息披露，这对于我国的强制碳信息披露管制提供了很好的国际经验。此外，以往的研究鲜有从制度经济学角度入手来解释碳信息披露问题，本书从制度经济学视角较为深入地分析了碳信息披露问题。

二　本书的政策意义

2009 年 12 月 19 日，联合国气候变化大会达成了《哥本哈根协议》，签署协议的过程中，发达国家代表提出发展中国家的企业在碳排放方面的数据要做到可计量、可报告与可审核，这是获得发达国家资金援助的前提。目前，企业碳排放的计量方法比较成熟，例如，产品的生命周期法、《温室气体协议——企业核算和报告准则》中所提出的碳排放源核算方法等；企业碳排放的审核是与碳排放的计量紧密相关的，能够准确计量碳排放，在技术上也就可以进行审核；因此，企业碳排放的计量和审核研究意义较小。而企业碳排放的信息披露问题还没有成熟的技术标准，通过企业披露的碳排放信息，也可以掌握我国企业的碳减排现状和未来的趋势，有助于完成我国政府承诺的到2020年单位GDP碳减排40%—45%的目标。此外，我国政府在《2009中国可持续发展战略报告》提出了中国发展低碳经济的战略目标，即到2020年，单位GDP的二氧化碳排放降低50%左右；《国民经济和社会发展“十二五”规划纲要》中也明确提出，我国将建立和完善温室气体排放统计核算制度。以上的制度背景表明碳排放量统计核算以及与此相关的企业碳信息报送和披露将成为政府工作的一个重要组成部分。因此，全面分析我国企业碳信息披露的现状、影响因素、价值相关性等内容，对完善我国的相关政策体系的意义是十分巨大的。

第二章

企业碳信息披露的国际经验

第一节　引言

本章研究西方发达国家企业碳信息披露的制度背景、披露形式和推动力量。西方发达国家在企业碳信息披露的制度背景、推动力量和披露形式等方面的经验可以使我们了解不同国家在管制企业碳信息披露方面的优缺点、这些国家如何促进企业碳信息披露，从而为本书第七章“促进和改进我国企业的碳信息披露的建议”提供借鉴经验。此外，西方发达国家碳信息披露的具体内容分类也可以为本书第四章“我国上市公司碳信息披露影响因素的实证研究”中的“中国企业碳信息披露的具体内容界定”提供一定的参考。在文献回顾之后，下文将详细探讨美国、英国、法国、日本、澳大利亚、加拿大①等国家的企业碳信息披露的制度背景、基本形式、披露的推动力量等因素。

第二节　我国对西方国家的企业碳信息披露研究的文献回顾

我国对西方国家碳信息披露研究的文献集中在对碳信息披露项目

① 之所以选择上述国家，是因为发达国家在企业碳信息披露方面要比发展中国家起步更早、经历更丰富、背景因素更复杂、披露形式更多样；而发展中国家在碳信息披露方面刚刚起步。这些国家包括了“西方七国”中的五个（美、英、法、日、加）和澳大利亚；美、英、澳大利亚、加、法、日属于 OECD 国家；澳大利亚属于澳洲、美国属于美洲、英和法属于西欧、日本属于亚洲；基本涵盖了欧洲、北美、澳洲、亚洲等的发达国家，西方七国中的意大利、德国没有包括在内，原因是很多资料和期刊文章都不是使用英文，而笔者仅对英文略知一二，为了尊重原著者意思，没有对意大利、德国的碳信息披露进行研究。

（Carbon Disclosure Project，简称 CDP）所发布的碳信息披露报告进行评价。这类文章较多，但缺乏深度。例如，杨舒（2008）评价了《碳信息披露项目中国报告（2008）》；马微（2010）评价了《碳信息披露项目中国报告（2009）》。赵川（2012）论述了世界 500 强企业碳信息报告的状况，中国大陆有 23 家公司应答了 CDP 的问卷，2011 年仅有 11 家应答了 CDP 的问卷，表明我国的大公司披露碳信息的积极性略有增长。CDP 还建立了碳排放绩效领导力指数（CPLI）和碳信息披露领导力指数（CDLI）来评价公司的减排业绩和信息披露业绩。但是，上述研究者并没有分国别详细地介绍企业碳信息的制度背景、披露形式、推动力量等内容。

综上所述，我国对于西方国家企业碳信息披露的制度背景、披露形式、推动力量进行系统研究的文章非常少，基本还处于探索阶段。这也是本书详细探讨西方发达国家企业碳信息披露的原因所在。

第三节　美国的企业碳信息披露

一　制度背景与基本情况概览

美国是世界上最早披露碳信息的国家之一，美国的企业在披露碳信息方面，面临着正式的、非正式的，来自企业内部的、企业外部的压力。

1. 法律制度方面的压力

（1）针对所有企业的法律要求

在 2009 年底，美国环境保护部（EPA）制定了《温室气体强制报告规则》（Mandatory Reporting of GHG Rule，简称 MRR）。[①] 该规则是强制性的温室气体报告要求，适用于化石燃料供应商、每年碳排放在 25000 公吨及以上的汽车、发动机、设备生产商；涉及 1 万家左右的企业，这一强制报告要求包括了美国 85% 左右的碳排放量的企业。上述企业从 2011 年开始，向 EPA 报告从 2010 年开始的碳排放数据。企业提供的数据将被 EPA 至少保存 3 年；如果企业违反了披露规则，EPA 可以复核企业提供的碳信息的完整性和准确性；那些排放量低的小公司则不需要向 EPA 披露碳信

① 转引自 SEC 官方网站，http：//www. sec. gov/rules/interp/2010/33 – 9106. Pdf.

息（武木布莱德和克洛茨，2010）。[①] 强制碳信息披露规则将促进那些未列入强制披露范围的企业自愿披露碳信息，例如，非政府组织气候和能源问题解决中心认为，碳信息的强制披露规则可以促进碳信息的自愿披露。[②]

美国众议院在2009年6月通过了《美国清洁能源与安全法》，该法案对美国大型温室气体排放源（约占美国温室气体排放总量的85%）设定了碳减排目标。例如，2020年，减少温室气体排放量达到2005年排放水平的17%；到2030年，减少温室气体排放量达到2005年排放水平的42%；2050年，减少温室气体排放量达到2005年排放水平的83%。该法案规定了美国国内的碳排放权交易体系，要求上述排放源每一吨的温室气体排放都要持有相应的排放配额，这些配额可以交易或者储存，而且，政府发放的配额数量将逐年减少。[③] 上述法律要求使得高排放源企业披露本企业的碳信息作为一种信号传递行为，表明了企业满足法律规定的程度，配合《温室气体强制报告规则》，极大地促进了美国企业的碳信息披露。

（2）针对上市公司的披露要求

美国证券交易委员会（SEC）也发布了用于气候变化报告的指南，[④] 该指南2010年2月8日开始生效，要求企业全面披露公司运营所面临的现有的和将要出台的气候变化方面的法规、国际气候变化协议、气候变化对企业运营带来的间接影响、气候变化的物理后果等（杰夫瑞、莫莱利和德莱克斯勒，2010）。由于企业的碳排放问题可能涉及环境资产或者环境负债，因此，相关的法律规范还包括如下内容：美国在1934年颁布《证券法》的S-K管制规则的第101、103、303条款中指出，上市公司要披露重要信息，不管是财务的还是非财务的信息，其中就包括环境负债、遵循环境和其他法规所导致的成本、未遵循这些法规所导致的成本、因环境问题或其他问题所引起的未决的法律程序、任何可能影响利润的不确定性

---

① 美国环境保护部（EPA）在1998年颁布的气候领袖项目（climate leaders program）在2011年取消，该项目是企业自愿披露碳信息的项目。

② 转引自非政府组织气候和能源问题解决中心（c2es）官方网站，http：//www. c2es. org/publications/greenhose-gas-reporting-amp-disclosure-key-elements-prospective-us-program.

③ 转引自非政府组织气候和能源问题解决中心（c2es）官方网站，http：//www. c2es. org/federal/congress/111/acesa - short - summary.

④ 转引自SEC官方网站，http：//www. sec. gov/rules/interp/2010/33 - 9106. Pdf.

或者已知的趋势（例如，环境风险、法律变化、许可证被收回等）。在1969年，美国《国家环境政策法》的条款之一就是要求SEC考虑对上市公司经营活动所产生的环境影响进行披露管制。[①] SEC在1971年到1973年之间，发布了一系列环境披露的公告，在1971年7月，SEC发布证券法第5170号公告，要求企业披露与环境相关的重要事项，这些事项可能会影响企业的盈余或者资本需要量。[②] 在1973年，SEC发布的第5704号公告要求企业披露消除污染活动所带来的影响。[③] 在1979年，SEC又要求公司披露为了消除污染，企业未来的资本支出，是否存在违反污染法规的行为以及可能的罚金等。此外，SEC的S－K规则的第101条款：公司必须披露环境因素对利润、资本支出、竞争地位的影响；S－K规则的第303条款：公司在管理层讨论与分析中披露环境因素对投资者的影响，包括可能的、不确定性的事项对公司的重要影响（Smith，J. A.. 2008）。企业碳排放信息作为企业环境信息披露的重要内容，在上述各种立法的积极推动下，披露碳信息的美国公司数量较多。

（3）地方法规

在美国，加利福尼亚州颁布了《加利福尼亚全球变暖解决法案2006》，要求加利福尼亚州的大企业在2020年达到1990年的温室气体排放水平（Price waterhouse Coopers LLP，2010）；该法案强制要求每年碳排放量大于25000公吨的企业披露碳信息；美国华盛顿州强制要求每年碳排放量大于1万公吨的企业披露碳信息（Fields，P.，Clinton Burklin，P. E.，Musick，P. 2009）。

2. 会计准则的压力

美国财务会计准则FAS5（或有事项会计）要求企业应该披露重要的、具有合理可能性的或有负债，虽然没有明确提出碳负债，但是，企业需要考虑碳减排所带来的购买碳配额的可能性或者更换减排设备所带来的未来支出等因素。FAS143（资产弃置责任会计：accounting for asset retirement obliga-

---

① 转引自Freedman，M. and Jaggi，B. 1981，The SEC's pollution disclosure requirements，are they meaningful? *California management review*，Vol. xxiv No. 2，pp. 60—67.

② 转引自Tipgos，M. A. 1976，Reporting corporate performance in the social sphere，*Management Accounting*，Vol. 58 No. 2，pp. 15—18.

③ 转引自Freedman，M. and Jaggi，B. 1981，The SEC's pollution disclosure requirements，are they meaningful? *California management review*，Vol. xxiv No. 2，pp. 60—67.

tions）是专门核算资产弃置责任的，对于那些碳排放量较大的企业，更换新的节能减排设备所带来的原有设备的弃置，是应该需要披露的内容，因为这必然涉及大量的新设备购置款项和原有设备的折旧、摊销事项等内容。

二　美国企业碳信息披露形式

在美国，碳排放信息披露综合了定性描述和定量披露。通过附录 1 中的表 12、表 13 可见，美国可口可乐公司不但详细地说明了公司降低二氧化碳排放量所采取的各种措施；而且在表 13 中详细地列示了不同年度，该公司在直接碳排放量、间接碳排放量、排放强度等方面的统计数据。定量的信息披露使得碳信息使用者更能了解公司为碳排放所做的努力和取得的效果。

三　美国企业碳信息披露的推动力量

1. 在美国，碳交易市场是促进参与碳交易的企业披露碳信息的影响因素之一。碳交易市场在不同的州有所差异。例如，加利福尼亚州要求年排放量大于 25000 吨的企业要参与碳排放交易。[①]

2. 美国的社会责任型投资基金的数额达到了 2. 3 兆美元；[②] 美国社会责任基金已经占到股市资金的 13% 左右；[③] 这些巨额社会责任基金对于促进企业披露社会责任信息无疑具有巨大的推动作用。史密斯（2004）指出，负责 8000 亿美元资产的 13 家养老金总裁要求美国证券交易委员会规范上市公司气候变化原因所带来的财务风险。这体现了股东通过游说政府主管部门对企业信息披露所施加的压力。

3. 科学界的推动。美国总统科学技术顾问委员会（President's Council of Advisors on Science and Technology）在 2013 年 3 月向美国总统奥巴马提出了六项应对气候变化的建议，包括降低碳基燃料依赖程度，为清洁能源和节能技术的发展创造税费和监管框架等（Bierbaum. et al. , 2013）。科学界的咨询和建议将对政府的决策逐渐产生影响，企业的经营活动和相关的碳信息披露也将间接受到影响。

---

① 马晓舫：《美国加利福尼亚州碳交易市场正式启动》，http：//www. tanpaifang. com/tanjiaoyi/2013/0123/13619. html.

② 编者按：《构建上市公司社会责任机制》，《证券市场导报》2005 年 11 月，扉页。

③ 屈红燕、王丽娜、深交所：《三方面促上市公司履行社会责任》，http：//news. xinhuanet. com/stock/2006 - 11/21/content_ 5357975. htm. 2006 年 11 月 21 日。

4. 相关奖励制度的推动。美国环境保护部自2012年设立了气候领袖奖，每年颁奖一次；在2014年，颁发了组织领袖奖、个人领袖奖、供应链领袖奖、温室气体管理奖（分设达成减排目标奖和设定减排目标奖两个子项目）；共有15个组织和两个个人获奖。[①] 企业获得气候领袖奖，对于其树立良好的公司声誉具有一定的积极意义，而企业在气候变化方面的积极行动必然为碳信息披露带来良好的影响。

5. 政府采购的影响。美国在2011年5月颁布的联邦采购条例（Federal Procurement Rules），要求15万个美国联邦政府办事机构的供应商达到可持续标准，涵盖了政府采购的商品和服务的95%之多，这其中就要求企业报告碳排放管理问题。

第四节　英国的企业碳信息披露

一　制度背景与基本情况概览

1. 法律制度方面的压力

英国气候变化法案（UK climate change act 2008）在2008年11月26日颁布，设定了2050年时，英国温室气体排放量降低的目标、详细的五年规划以及碳排放交易机制等制度。在信息披露方面，电力供应商和电力分销商、潜在的电力参与企业要向管理部门报告碳排放信息，以便于碳排放交易系统的有效运作。[②] 根据英国气候变化法案，英国政府发布了碳降低承诺（Carbon Reduction Commitment，简称CRC），针对规模较大的、非能源密集型公司设定了排放上限和英国国内的碳排放权交易机制，第一阶段的实施时间是2010年4月到2013年3月；上述法规的实施也有助于英国的大企业在承担节能减排任务之后，进行相应的碳信息披露（毕马威会计师事务所，2008）。英国的碳排放相关的法规如表2－1所示。

---

① 转引自美国环境保护部官方网站，http：//yosemite. epa. gov/opa/admpress. nsf/0/477EF3A8D3D2189085257C8A0053E405.

② 英国政府官方网站，UK climate change act 2008，http：//www. legislation. gov. uk/ukpga/2008/27/introduction.

表 2-1　　英国碳信息披露项目的主要特点

名称	披露范围	计量方法	碳排放核证	报告周期	实施机制	温室气体信息的使用
碳降低承诺项目	2800 家非能源密集型企业；没有被 EU-ETS 或气候变化协议包括的公用部门报告京都议定书的六种温室气体	按照排放源要素来进行计量	没有特定的核证要求	年度报告	如果不遵循相关规定，将受到处罚；每年，英国环境部将抽出 20% 的单位进行独立第三方审计	用于碳排放权购买项目的定价机制；用于政府的信息沟通
气候变化征税项目	报告能源使用产生的二氧化碳；GRI 可持续发展指南的范围 1 和范围 2			每两年报告一次；公司碳报告不公开	不遵循的公司将取消征税折扣	政府公布总体进展报告；确定定价机制时考虑碳信息
计量与报告温室气体指南	六种温室气体；所有企业；GRI 可持续发展指南的范围 1 和范围 2	按照排放源要素来进行计量		年度报告，没有特定的信息报送部门	自愿的执行机制	激励企业行为的一种机制；改进投资者需求的信息
欧盟排放交易制度（EU：ETS）	GRI 可持续发展指南的范围 1	欧盟监督和报告指南；按照排放源要素来进行计量	信息必须经过授信的独立第三方核证	在每年的 3 月 31 日前，公布排放数据，并报送国家竞争能力管理局	无	排放贸易；由欧盟来公布数据

转引自 Kauffmann，C.，Cristina Tébar Less and Dorothee Teichmann（2012），Corporate Greenhouse Gas Emission Reporting：A Stocktaking of Government Schemes，*OECD Working Papers on International Investment*，No. 2012/1，OECD Investment Division，www. oecd. org/daf/investment/workingpapers.

在英国，除了上述直接针对碳排放的信息披露法规之外，还有很多促进碳信息披露的法律和规章制度：第一，英国在 1990 年颁布了《环境保护法》，要求企业增加在清洁技术上的投资、建立废物最小化程序、评价资产价值、在废物处理上投资等；[①] 第二，英国环境、食品和农村事务部在2006年1月发布了针对商业企业的环境报告指南，[②] 其中涉及企业的温室气体排放问题；第三，欧盟第五号法案推荐企业发布环境报告或可持续发展报告。这个报告要求企业提供特定信息，例如，环境政策与活动的细节、环境项目的支出、解释环境风险和未来环境支出的条款。[③]

2. 会计职业界的推动

会计职业界的推动包括英国特许公认会计师公会（ACCA）、英格兰和威尔士注册会计师协会（ICAEW）等机构的推动。第一，英国特许公认会计师公会（The Association of Chartered Certified Accountants，简称ACCA）在2008年8月，发布《持续经营？行动的可持续日程》中的第三部分是："会计师如何应对气候变化"；2009年4月，ACCA又发布了"会计和气候变化季度新闻"，包括碳计量、报告、保证方面的相关内容；2010年，ACCA发布了碳会计的未来（洛弗尔和麦肯齐（2011）），论述了会计学在碳排放的确认和报告方面应发挥的作用。会计界对企业碳排放量所采用的会计处理方法提出的各种建议有利于企业披露更多的碳排放定量信息。从1991年开始，英国特许公认会计师协会设立了一个年度环境报告奖励，英国航空公司是首次获得这份奖励的公司。评奖标准包括对企业的特定环境目标、遵循环境法规的情况、企业核心经营的评价等。第二，英格兰和威尔士注册会计师协会（ICAEW）在1993年发布了旨在鼓励企业披露环境信息的指南。[④]

二　英国企业碳信息披露形式

英国企业的碳信息披露的定量内容上并不统一，这主要源于会计准则的缺失。洛弗尔、阿吉亚尔、贝宾顿和拉加纳加—冈萨雷斯（2010）查

---

① 转引自 Gray，R. H.，Kouhy，R. and Lavers，S. 1995b，Methodological themes：constructing a research database of social and environmental reporting by UK companies，*Accounting Auditing & Accountability Journal*，Vol. 8 No. 2，pp. 78—101，p. 94.

② Defra，Environmental Reporting Guidelines-Key Performance Indicators，http：//www. defra. gov. uk/environment/business/envrp/guidelines. htm. 2007 - 02 - 08.

③ 转引自 Idowu，S. O.，Towler，B. A. Guildford. 2004. A comparative study of the contents of corporate social responsibility reports of UK companies. *Management of Environmental Quality*.

④ 同上。

阅了26家参与欧盟排放贸易项目的英国企业的财务报告，他们的研究发现，对于政府授予的碳排放权，42%的企业确认为无形资产；27%的企业没有披露；还有的企业确认为存货或者其他资产。对于购买的碳排放权，42%的企业确认为无形资产；27%的企业没有披露；还有的企业确认为存货或者其他资产。对于碳排放权的摊销问题，69%的企业没有披露。而对于碳排放权是否按照公允价值进行重新确认，50%的企业没有披露。这种由于没有恰当的会计准则而导致的披露方面的差异，影响了企业在财务报告中披露定量的碳排放信息，只能更多地采用定性信息披露。

三 英国企业碳信息披露的多种推动力量

英国企业碳信息披露的推动力量来自以下五个方面：

第一，英国政府于2000年3月任命一位部长负责企业社会责任事务和企业社会责任政策，碳排放信息披露作为企业社会责任报告的内容之一，其重要性也由此提升。[①]

第二，英国在2001年对本国养老基金法规进行了修订，法规要求英国的养老基金披露在投资决策中对所投资企业的社会责任问题考虑的程度。碳排放作为企业履行社会责任的重要内容之一，这个法规对于英国的上市公司增加披露企业碳信息是有激励效果的。

第三，针对上市公司的法规。在2002年，英国的约翰内斯堡证券交易所（Johannesburg Stock Exchange），要求在该所上市的所有公司披露一类非财务信息——综合的可持续发展报告（Integrated Sustainability Reporting），并要求公司所披露的这份报告要参考全球报告发起者（GRI：Global Reporting Initiative）的可持续发展指南（Global Sustainability Guidelines），[②] 做到可靠、相关、可复核、可比、及时、清楚。GRI的可持续发展指南就包括了碳信息披露的相关内容。在2005年3月，英国政府发布了《经营与财务回顾》（Operating and Financial Review）和《董事回顾》（Directors' Review）两份文件，《经营与财务回顾》要求所有上市公司向股东提供更加详细的信息，特别鼓励公司提供非财务信息，那些面临环境

---

① 转引自 Idowu, S. O., Towler, B. A. Guildford. 2004. A comparative study of the contents of corporate social responsibility reports of UK companies. *Management of Environmental Quality*, 420—437.

② 关于GRI的可持续发展指南中的碳信息披露的基本内容见本书的本章第九节第四部分。

风险或不确定性问题的公司必须披露公司在该问题上所采取的政策和取得的成绩，以便于股东评估公司的战略和潜在的威胁因素。《董事回顾》要求公司董事对是否进行相关的社会责任信息披露负责，如果不进行披露，董事必须发布报告，指出董事们已经对相关的社会责任问题进行了详细考虑，并且认为这些问题不会影响企业的经营活动。

第四，欧盟的推动。欧盟颁布的“综合的污染控制与防治指南”（Integrated Pollutant Prevention and Control Directives），该规定对所有欧盟成员国有效，要求企业向欧洲委员会报告污染排放数据。欧洲联盟在2004年发布的《欧盟排放贸易协定》（European Union Emission Trading Scheme），《欧盟排放贸易协定》附件五是对企业碳排放信息审核的技术规定，包括了普遍适用的原则、审核方法、报告格式等内容。

第五，欧盟碳排放交易市场的建立也有助于英国企业披露碳排放信息。在2013年，在欧盟的碳排放权交易市场，吨二氧化碳的交易价格是5.938美元；英国国内的碳排放权交易市场的吨二氧化碳的交易价格是7.556美元（CDP，2014）。碳排放市场的存在也促进了英国的碳信息披露。

第五节　法国的企业碳信息披露

一　制度背景与基本情况概览

1. 法律制度方面的压力

法国的法律背景是法典法体系（code law），在法典法体系下，第三方的责任被明确界定并划分清楚。所以，有法规规定的信息披露内容在形式上比较规范，而没有法规规定的披露项目，企业的披露是自愿的，形式也彼此不同。2003年，法国政府颁布的《碳平衡》（Bilan Carbone）要求企业强制披露碳排放信息。该法规在2004年、2011年分别进行了修订，表2-2是法国企业碳信息披露所面临的法规方面的压力。

表 2－2　　法国碳信息披露项目的主要特点

名称	披露范围	计量方法	碳排放核证	报告周期	实施机制	温室气体信息的使用
碳平衡2，2011 年	超过 500 个雇员的公司；人口超过 5 万的地方政府；超过 250 个雇员的公共机构；报告京都议定书的六种温室气体；GRI 可持续发展指南的范围 1 和 2 是强制报告；范围 3 是自愿披露	ISO14064－1；GHG 议定书；按照排放源要素来进行计量；使用法国环境与能源控制署发布的碳基数据库	没有核证要求	每三年报告一次	无	激励公司行为的机制
碳平衡，2004 年	GRI 可持续发展指南的范围 1、范围 2 和范围 3	ISO14064－1；GHG 议定书；按照排放源要素来进行计量：使用法国环境与能源控制署发布的碳基数据库	无	自愿；在实务界，一般至少三年或者五年报告一次	自愿机制	激励公司行为的机制
欧盟排放贸易制度（EU－ETS）	GRI 可持续发展指南的范围 1	欧盟监督和报告指南；按照排放源要素来进行计量	信息必须经过授信的独立第三方核证	在每年的 3 月 31 日前，公布排放数据，并报送国家竞争能力管理局	无	排放贸易；由欧盟来公布数据

转引自 Kauffmann，C.，Cristina Tébar Less and Dorothee Teichmann（2012），Corporate Greenhouse Gas Emission Reporting：A Stocktaking of Government Schemes，*OECD Working Papers on International Investment*，No. 2012/1，OECD Investment Division，www. oecd. org/daf/investment/workingpapers.

上述法规对法国企业披露碳排放信息起到了举足轻重的作用。使得法国在 2010 年，有 2000 家企业披露了碳排放信息（考夫曼、克里斯蒂娜和泰克曼，2012）。

二　法国企业碳信息披露形式

法国企业碳信息披露的形式以描述性信息为主。例如，本书附录一的表 11 中所列示的法国道达尔公司的社会责任报告就详细描述了该公司在降低碳排放方面所做的工作；但是，该公司并没有编制美国可口可乐公司的各种碳排放数据表，使碳信息使用者难以获得企业碳排放状况的直观印象。

三　法国企业碳信息披露的其他推动力量

第一，法国政府在2001年颁布的《诺威尔经济管制条例》（Nouvelles Regulation Economiques）中，要求所有在第一股票市场（premier marche）上市的公司从2002年开始强制披露社会责任和环境信息。例如，一些法国公司在年度报告中自愿披露投资项目对生态环境的影响；一些法国公司要求供应商遵守环境管理法规等。碳排放信息作为环境信息的一类，必然受到《诺威尔经济管制条例》的影响。

第二，非政府组织的推动。在1991年，32家法国公司签署了由国际商业和行业立法机关（International Chamber of Commerce and Industry）制定的可持续发展宪章；1999年初，20多家法国公司加入了欧洲环境管理和审计项目。[①] 以上内容都表明了法国非政府组织在环境信息披露方面所做的积极努力。这使得法国企业在政府颁布《碳平衡》法规之前，就对环境信息披露有非常充分的认识；碳信息作为企业环境信息的一个组成部分，法国企业在上述长期的环境信息披露实践中过渡到增加碳排放信息披露较为顺利。

第六节　日本的企业碳信息披露

一　制度背景与基本情况概览

1. 法律制度方面的压力

日本政府在2004年颁布《自愿排放贸易协定》（Voluntary Emission Trading Scheme）；在2005年发布了《强制性的温室气体会计和报告制度》（Mandatory Ghg Accounting and Reporting System）；在2006颁布了《日本应对气候变暖计量保护法》（The Law Concerning the Protection of the Measures to Cope With Global Warming）；在2008年颁布了《实验排放贸易项目》

---

① 转引自 Cormier, D and Magnan, M. 2003. Environmental reporting management: a continental Europe perspective. *Journal of Accounting and Public Policy*, Vo22. pp. 43—62.

(Experimental Emissions Trading Scheme)；在2009年颁布了《东京排放贸易项目》(Tokyo Emissions Trading Scheme)。这些法规对日本企业碳排放的规定如表2－3所示。

此外，日本的碳信息披露更加倾向于覆盖所有达到排放门槛要求的企业，并非仅仅针对上市公司。例如，非政府组织马切达网络（2008）调查了14225家强制披露温室气体信息的日本企业，研究数据为上述公司2006年披露的碳信息数据；马切达网络（2008）发现200家企业的温室气体排放量达到了日本排放总量的50%；电力部门的排放占日本总排放量的40%。马切达网络（2008）建议日本政府应当取消某些披露保护条款，使公司按照能源、电力、燃料等种类来分别披露碳排放量；这些基础数据对于日本的碳排放交易制度和碳税制度的设计将发挥作用。

表2－3　　日本碳信息披露项目的主要特点

名称	披露范围	计量方法	碳排放核证	报告周期	实施机制	温室气体信息的使用
日本自愿排放贸易制度	报告京都议定书的六种温室气体	"监督和报告指南"中要求的方法	20家左右官方授权的机构，按年度核证	每年报告一次	无	日本自愿排放贸易制度中的排放贸易
实验排放贸易制度	报告能源使用产生的二氧化碳；企业、私人公司、集团公司	非VAP（自愿行动计划）的企业的计量和报告指南；自愿行动计划的企业采用VAP方法	交易碳排放权时需要核证；非VAP企业的碳排放量必须核证	每年报告一次	政府支付核证成本	无
强制温室气体会计和报告制度	达到排放量要求的六种温室气体；所有企业；年度能源消耗量达到15000千升；超过21个雇员并且碳排放量达到3000吨	计量和报告手册	没有特别的要求，但是，所披露的信息是可以核证的	每年报告一次，报告期不得晚于每年的7月底	无	由环境部部长以及经济、贸易和产业部部长签署公布汇总信息。特定企业的碳排放信息根据具体要求予以公布
东京大都市政府排放贸易项目	东京、报告京都议定书的六种温室气体；年度能源消耗量达到1500千升	设备温室气体排放计量指南	在东京市政府注册的独立第三方核证温室气体排放信息	每个财政年度报告一次	无	碳排放贸易

转引自Kauffmann, C., Cristina Tébar Less and Dorothee Teichmann (2012), Corporate Greenhouse Gas Emission Reporting: A Stocktaking of Government Schemes, *OECD Working Papers on International Investment*, No. 2012/1, OECD Investment Division, www. oecd. org/daf/investment/workingpapers.

二 日本企业碳信息披露形式

日本企业的碳信息披露体现了定性披露和定量披露相结合的特点，在报告中运用了尽可能多的货币性信息或者非货币的数量信息。本书附录一的表9中所列示的日本松下公司的企业社会责任报告就详细描述了该公司在降低碳排放方面所做的工作、减排温室气体的数据、采取的措施等内容；除了松下公司之外，丰田汽车公司、索尼公司、东芝公司的企业社会责任报告也较为全面系统地从定量和定性两个角度披露了公司的碳排放情况。这说明日本企业在碳信息披露内容方面较为全面和系统。当然，这与表2-3中政府的强制碳信息披露法规密切相关。

三 日本企业碳信息披露的推动力量

第一，日本政府建设低碳社会的目标，对于推动企业碳信息披露起到了重要作用。日本政府在2008年启动了国内统一的碳排放交易市场，参与碳排放交易的企业按照日本政府的自愿行动计划（Voluntary Action Plan）或者行业排放记录来自动设立碳减排目标（考夫曼、克里斯蒂娜和泰克曼，2012）。

第二，碳排放交易的影响。在日本，2013年，国内碳排放权交易市场吨二氧化碳排放权定价2.195欧元（CDP，2014），日本政府为了测算碳排放总量、减排控制量以及相关的碳定价，需要企业报送碳排放数据。因此，碳排放权交易市场的运作促进了企业披露碳信息。

第三，企业界的自觉行动。在2003年3月，日本企业经理协会发布了企业社会责任报告，报告表明日本的绝大多数企业经理意识到了社会责任问题。2003年10月，日本最大的商业组织日本商业联合会发起设立了社会责任管理小组。[①] 碳排放问题是企业社会责任的内容之一，企业界的自觉行动有助于企业披露碳信息。

但是，应当引起注意的是，部分日本企业在国内和国外存在着不同的社会责任执行标准，据报道，一家在日本本土有8家工厂的企业，其中7家达到零排放的公司，在中国却连最基本的排放标准都未达到；此外，日

---

① 转引自 Kanji Tanimoto & Kenji Suzuki, 2005, Corporate social responsibility in Japan: analyzing the participating companies in global reporting initiative. working paper.

资上海花王有限公司因“任意排放超标废水，违反水污染物防治管理规定”而被上海市环保局列入“违法企业名单”。[①] 这一现象表明如下两点，其一，企业从事社会责任活动往往存在“偷懒行为”。在缺乏审计、大众监督或者强制报告等规定的情况下，在发展中国家，我们不能因为日本企业在母国的行为就简单判断其在中国等发展中国家也能做到零排放。其二，企业从事节能减排活动会耗费相应的资源，如果不花费资源，又能获得良好的声誉，将会有很多企业去从事社会责任活动。这一现象并非只有日本企业独有，德国诺尔起重设备有限公司投资的招商局漳州开发区诺尔起重设备有限公司，因没有建设污染治理设施便擅自投入生产，[②] 造成严重污染，威胁饮用水安全，被列为福建省十家挂牌督办企业之一。[③] 国外的企业进行节能减排从而降低二氧化碳排放同样需要进行固定资产更新、改进生产技术等措施，因此，也需要耗费大量的资源和成本。我们需要警惕跨国公司在母国和投资国行为的两面性。

第七节 澳大利亚的企业碳信息披露

一 制度背景与基本情况概览

1. 法律制度方面的压力

（1）国家层面的法律

澳大利亚政府在 2008 年颁布了《国家温室气体和能源报告法案 2007》，并据此制定了《国家温室气体和能源报告 2009》；其基本内容如表 2－4 所示。

（2）各州层面的法律

澳大利亚新南威尔士州在 2003 年颁布了《新南威尔士州温室气体减

---

① 转引自《跨国企业的双重标准是“自毁长城”》，http：//www.xjds.gov.cn/News_Show2.asp？NewsID＝6465.

② 按照我国 1986 年颁布的《建设项目环境保护管理办法》的规定，新建、改建、扩建的基本建设项目、技术改造项目、区域或自然资源开发项目，其防治环境污染和生态破坏的设施，必须与主体工程同时设计、同时施工、同时投产。该规定简称为“三同时”制度。显然，德国公司的做法违背了我国的《建设项目环境保护管理办法》。

③ 转引自《跨国企业的双重标准是“自毁长城”》，http：//www.xjds.gov.cn/News_Show2.asp？NewsID＝6465.

排项目》（New South Wales GHG Abatement Scheme，简称 GGAS）。该法规的发布早于澳大利亚政府的《国家温室气体和能源报告法案 2007》，虽然国家法规颁布之后被取代，但其前瞻性仍然值得赞扬。

表 2-4　澳大利亚碳信息披露项目的主要特点

名称	披露范围	计量方法	碳排放核证	报告周期	实施机制	温室气体信息的使用
国家温室气体和能源报告 2009。依据 National Greenhouse and Energy Reporting Act 2007（NGER）制定	报告京都议定书的六种温室气体；GRI 可持续发展指南的范围 1 和 2 是强制报告；范围 3 是自愿披露；报告门槛：达到 5 万吨碳排放当量	国家温室气体和能源报告计量技术指南 2009；ISO14064-1	国际会计与审计准则理事会(IAASB)的温室气体报告保证要求；澳大利亚保证业务准则第 3410 号（ASAE 3410）	按照国家温室气体和能源报告技术指南的要求，与年度报告时间一致进行披露	无	在 2012 年实施的碳税项目在 2015 年将转换成排放贸易项目；在线报告制度

转引自 Kauffmann，C.，Cristina Tébar Less and Dorothee Teichmann（2012），Corporate Greenhouse Gas Emission Reporting：A Stocktaking of Government Schemes，*OECD Working Papers on International Investment*，No. 2012/1，OECD Investment Division，www. oecd. org/daf/investment/workingpapers.

2. 会计制度方面的压力

澳大利亚会计准则 AASB120 要求企业披露政府赠予的碳排放配额。会计准则在这方面的规定使得澳大利亚企业有了披露碳排放定量信息的会计处理依据，增加了碳排放定量数据的披露。澳大利亚会计准则理事会（Australian Accounting Standards Board，简称 AASB）的雇员哈米迪拉瓦利在 2013 年 2 月发布了《政府碳税对于财务报告的意义》的研究报告。他认为，政府实施碳税是具有强制力的，企业缴纳的税款应当在财务报告中予以披露。

二　澳大利亚企业碳信息披露形式

澳大利亚企业碳信息披露以描述性信息为主。例如，本书附录一的表 1 中所列示的澳大利亚必和必拓公司的社会责任报告就详细描述了该公司在降低碳排放方面所做的工作；但是，该公司并没有编制类似于美国可口可乐公司的各种碳排放数据表，使碳信息使用者难以获得企业碳排放状况的直观印象。

三 澳大利亚企业碳信息披露的推动力量

第一，其他环境法规对企业碳信息披露的促进作用。澳大利亚在要求企业控制环境污染方面有很多的法律，例如，1981 年颁布的《环境保护法（针对向海水排污）》、1999 年颁布的《环境保护与生物多样性法案》、1989 年颁布的《废水法》、1994 年颁布的《国家环境保护理事会法案》、2007 年颁布的《国家温室和能源保护法》、1989 年颁布的《臭氧层保护和人造温室气体管理法》、2011 年颁布的《清洁能源法案》。[①] 上述法规对于企业从事经济减排工作具有促进作用，因此，也可以使企业在从事了相应的节能减排工作之后，进行相应的碳信息披露。除了国家统一的法律之外，各个州又对环境问题进行了相应的立法，在州一级的环境保护官方机构中，新南威尔士州和维多利亚州是最为活跃的，例如，1970 年新南威尔士州颁布的《清洁水法案》、1970 年新南威尔士州颁布的《州污染控制委员会法案》、1991 年新南威尔士州颁布的《环境保护管理法案》（the Protection of the Environment Administration Act）；1970 年维多利亚州颁布的《环境保护法》等，维多利亚州的环境保护官方机构还发布了《1992—1993 年度报告》。上述法规对企业的温室气体排放活动也具有一定的约束力，例如，温室气体排放增多影响动物多样性，影响臭氧层等等，因此，澳大利亚企业从事节能减排的工作由来已久，从事了这方面的工作，披露相应的碳排放信息也就顺理成章了。

第二，企业碳信息披露的鉴证。2003 年 12 月 1 日，澳大利亚政府使用国际审计准则 ISAE3000 用于温室气体排放的审计。[②] 国际会计师联合会下设的国家审计与鉴证准则委员会开发的国际保证业务准则（ISAE: International Standard on Assurance Engagement）ISAE3000 指导会计师事务所对企业的可持续发展报告进行审计，对温室气体的审计将使得温室气体信息的披露更加规范。

---

① 转引自澳大利亚法律教育网，http://www.weblaw.edu.au/weblaw/display_page.phtml?WebLaw_Page=Environmental+Law.

② 转引自 KPMG international survey of corporate responsibility reporting 2005. p. 46；http://www.kpmg.com.au/Portals/0/KPMG%20Survey%202005_3.pdf.

第三，澳大利亚政府下设环境、水、遗产与文化部（Department of Environment, Water, Heritage and the Arts），该部要求工业企业向政府管理部门提供特定物质和燃料的排放和存货清单，[①] 燃料排放的信息属于碳信息，虽然没有直接要求企业向公众披露上述信息，但是，通过向政府管理部门报告相关信息，企业的行为同样受到了有力的监督，这也会间接促进企业向公众披露这些信息。

第四，资本市场和碳交易市场对企业碳信息披露的影响。澳大利亚发布的《金融服务改革法案2001》在2002年3月1日开始生效，要求基金管理者和金融产品提供者在投资时考虑"被投资对象在劳动标准、环境、社会、伦理等方面的贡献"。资本市场投资基金对上市公司股价影响很大，这将促进企业披露碳信息。[②]《澳大利亚股票上市交易规则3.1》要求企业披露对股票价格或者价值有重要影响的信息。虽然，并未明确说明碳信息，但是，若企业的碳排放压力巨大，减排设备老化陈旧，设备更新又需要较大的资本性支出，则的确是属于对股票价格有重大影响的信息，是属于应该披露的范围。

第五，碳排放交易的影响。在澳大利亚，2013年，国内碳排放权交易市场吨二氧化碳排放权定价21.116美元（CDP，2014），为了测算总排放量的减排控制以及相关的碳定价，碳排放权交易市场的运作促进了企业披露碳信息。

第六，政府部门的推动。澳大利亚政府在2011年7月10日发布了《澳大利亚政府的气候变化计划》，该计划的目标是到2050年，澳大利亚的温室气体排放量比2000年降低80%（普华永道会计师事务所，2011）。政府部门的行动计划也需要掌握企业碳排放的具体信息，以便于做出决策。此外，澳大利亚政府于2011年11月8日，宣布从2012年7月开始，到2015年7月1日为止，实行固定的碳税价格，在2012年7月开始的第一年，企业为每吨碳排放征收23澳元（1澳元兑换1.07美元左右——笔者注）的碳税；[③] 此后每年递增2.5%；企业缴纳的碳税必然成为其财务

① 澳大利亚环境、水、遗产与文化部网站，http://www.npi.gov.au/.

② 转引自KPMG international survey of corporate responsibility reporting 2005. p. 40；http://www.kpmg.com.au/Portals/0/KPMG%20Survey%202005_3.pdf.

③ 《能源技术经济》编辑部：《澳大利亚议会通过碳税法案》，《能源技术经济》2011年第23卷，第44页。

报告中的披露内容之一。

第八节 加拿大的企业碳信息披露

一 制度背景与基本情况概览

1. 法律制度方面的压力

(1) 国家层面的法律

加拿大政府在2003年颁布的《温室气体排放报告项目》(GHG Emission Reporting Scheme) 要求每年碳排放量大于10万吨二氧化碳当量的企业强制披露碳信息。

(2) 各省层面的法律

加拿大英属哥伦比亚省政府在2009年颁布的《温室气体降低法案报告管制条例》, 详细地列示了该省企业的温室气体排放报告需要包括的内容: 碳排放交易的名称、报告者的名称和总部所在地、报告所涵盖的期间、报告发布的日期、温室气体排放量计算所使用的方法、26种不同的生产经营活动所产生的温室气体种类等内容。[①] 此外, 加拿大英属哥伦比亚省政府颁布了《温室气体降低目标法案》(Greenhouse Gas Reduction Targets Act)、《碳税法案》(Carbon Tax Act)、《温室气体降低法案》(Greenhouse Gas Reduction Act) 等内容,[②] 这些规定使得那些重视节能减排的企业更加有动力去披露企业所从事的降低温室气体排放的工作。

2. 会计组织的影响

从1991年开始, 加拿大特许会计师协会 (CICA) 就致力于企业可持续发展业绩的计量和报告。[③] 在计量和报告方面, 该协会先后出台了《环境成本与负债: 会计与财务报告问题》、《环境绩效报告》、《加拿大环境报告: 对1993年度的调查》。在1993年, 加拿大特许会计师协会设立企业报告奖, 用来奖励那些把各个领域的可持续发展问题融入公司经营活动

---

① 转引自加拿大英属哥伦比亚省官方网站, http: //www. bclaws. ca/EPLibraries/bclaws_ new/document/ID/freeside/272_ 2009.

② 转引自加拿大英属哥伦比亚省官方网站, http: //www. env. gov. bc. ca/cas/legislation/ index. htmlJHJreportingreg.

③ 转引自加拿大特许会计师协会网站, http: //www. cica. ca/index. cfm/ci_ id/36164/la_ id/1.

中去的企业。2008 年，加拿大特许会计师协会发布了《关于气候变化和其他环境问题影响的披露》，建议公司在年度报告的"管理者讨论与分析"中披露环境信息。2009 年，加拿大特许会计师协会发布的"投资者迫切需要气候变化信息"的报告，把投资者、债权人、保险公司和其他利益相关者需要的碳信息分为五类：温室气体排放数量的信息；温室气体的财务影响；公司对温室气体的治理流程；温室气体带来的管制风险、诉讼风险、声誉风险、物理风险等；温室气体对企业商务战略的影响，包括竞争威胁和机会（Erion，G.，2009）。

二　加拿大企业碳信息披露形式

加拿大企业碳信息披露以描述性信息为主。例如，本书附录一的表4—7 中所列示的加拿大森克尔（Suncor）综合能源公司的社会责任报告就详细描述了该公司在降低碳排放方面所做的工作；而且，该公司也编制了类似于美国可口可乐公司的各种碳排放数据表，使碳信息使用者难以获得企业碳排放状况的直观印象。

三　加拿大企业碳信息披露的推动力量

第一，证券管理机构的推动。加拿大证券管理机构 2010 年发布的《环境报告指南》指出，环境相关的风险包括诉讼风险、物理风险、声誉风险、管制风险、经营风险五种类型。企业可以自愿披露上述信息，上述环境因素引起的五种风险也包括温室气体排放导致的相关风险。

第二，企业社会责任投资基金的推动。加拿大的社会责任投资基金规模达到 500 亿美元，[①] 与美国等国家相比，这类基金的金额虽然不多，但温室气体信息作为企业社会责任信息的一类对企业披露碳信息是有一定促进作用的。在加拿大，2013 年，国内碳排放权交易市场吨二氧化碳排放权定价29.146 美元（碳信息披露项目，2014），为了测算总排放量的减排控制以及相关的碳定价，碳排放权交易市场的运作促进了企业披露碳信息。

第三，《蒙特利尔议定书》等环境公约的推动。《蒙特利尔议定书》是关于臭氧层保护的全球公约，其内容经过多次修正，但核心思想就是控

---

① 转引自《深交所：三方面促上市公司履行社会责任》，http：//news. xinhuanet. com/stock/2006 - 11/21/content_ 5357975. htm.

制和最终淘汰有害臭氧层的物质排放，目前已经有191个发达国家和发展中国家签署了该协议。[①] 加拿大作为该议定书签订的所在国，多年来积极向企业界宣传和推广环境保护，这对促进企业披露社会责任中的环境信息是有一定促进作用的。

第四，民间组织的推动。在加拿大，企业自愿参加"自愿挑战和注册项目"（VCR：Voluntary Challenge and Registry），该项目是加拿大的一项降低温室气体排放的项目。此外，非营利组织加拿大咨议会（Conference Board of Canada）[②] 也积极促进企业履行社会责任，在2008年7月发布的一份研究报告[③]中，加拿大咨议会认为，好的公司治理应该重新定义，公司董事会应当为社会和环境业绩提供指南和战略导向，并且把企业社会责任活动融入公司的业绩管理系统和战略筹划中。该研究报告还包括具体的实施步骤。企业的温室气体管理活动属于环境管理的一部分，也受到民间组织环境倡议活动的影响。

第五，加拿大政府的推动。加拿大联邦政府开发的《企业社会责任：加拿大企业实践指南》中，公布了可持续发展采购，例如，纸张、办公设备、照明设施、电力设备等应当从符合社会责任的公司采购。加拿大政府参加了环境保护方面的全球协议，例如，加拿大是《东京议定书》、《蒙特利尔议定书》等条约的签约国；政府也在积极推动企业节能减排、进行环境保护等。政府的上述行为也间接促进了企业的碳信息披露。

第九节　国际组织对企业碳信息披露的影响

除了上述的商业企业、政府机构之外，非政府组织被称为影响市场的第三种势力，该组织雇用了全球8%的雇员，贡献了7%的GDP。[④] 因此，非政府组织对碳信息披露的影响值得我们进行单独讨论。目前，碳信息披露领域最有影响的非政府组织有碳信息披露项目、气候披露准则理事会、

---

① 转引自大连科技信息网，http：//news. dlinfo. gov. cn/2007/9 - 19/08550632924. html.

② 设立在加拿大的独立的、非营利的应用型研究组织，不是政府的部门或者机构。该组织的使命是通过创造和分享关于经济趋势、公共政策、组织业绩方面的经验，为国家建立领导力。

③ 转引自加拿大咨议会网站，http：//www. e-library. ca. /documents_ EA. asp？rnext = 2657.

④ 鲍勇剑：《影响市场的第三势力》，《第一财经日报》2013 - 04 - 19，http：//www. yicai. com/news/2013/04/2639670. html.

世界资源委员会和可持续发展世界经济理事会。CDP 是通过发放问卷的形式要求企业披露碳信息，全球范围内，通过 CDP 披露碳信息的企业数量在逐年增加。CDSB 是气候披露标准委员会，该机构出台了《气候变化报告框架》，旨在推进企业在年度报告中对碳信息进行披露。世界资源研究所（WRI）和世界可持续发展工商理事会（WBCSD）共同制定了《温室气体协议——企业核算和报告准则》，该准则在碳信息质量特征、碳排放核算、碳信息披露内容等方面的规范在世界范围内有较大的影响。下面分别介绍上述国际组织发布的碳信息披露标准。

一 温室气体排放的会计和报告准则

世界资源委员会（World Resource Institute）和可持续发展世界经济理事会（World Business Council for Sustainable Development）发布了温室气体排放的会计和报告准则（Greenhouse Gas Accounting and Reporting stardand）。该准则包括以下十个部分的内容：（1）温室气体信息的信息质量的要求：相关性、完整性、一致性、透明度、准确性。（2）企业的目标：参与温室气体市场、参与强制披露项目、参加自愿的温室气体项目、管理温室气体的风险并且获得可能的减排机会、其他自愿项目。（3）确定企业的边界：集团还是子公司、控股还是持股（财务控制还是经营控制）；根据企业的活动确定企业的温室气体如何排放、如何计量、如何报告的问题；如何与财务报告和环境报告进行整合。（4）确定经营活动的边界：确定直接的排放（二氧化碳等六种温室气体）、确定与电相关的间接排放、其他间接排放（雇员商务旅行、垃圾处置、外包活动、签约方的交通工具）。（5）随时跟踪企业的排放情况。（6）确定并且计算温室气体排放情况：确定排放源、选择计算方法、收集数据和排放影响因素、运用计算工具、汇总公司层面的所有数据。（7）管理企业的温室气体排放量。（8）温室气体减排会计。（9）报告温室气体排放情况：每类温室气体的排放数据、按照吨或者类似于吨的单位计量；与基年相比的减排量或者变化量、计量排放量所使用的方法、未进行计量项目的原因。（10）温室气体排放的复核：内部审核。（11）设定温室气体的目标。（12）附录：温室气体资产负债表，例如，排放权是资产、排放量是负债等。

二 CDSB 发布的气候变化报告框架

2007 年，由英国特许公认会计师公会（ACCA）、英格兰及威尔士特许会计师协会（ICAEW）、加拿大特许会计师协会（CICA）等会计职业团体、学术界、会计师事务所的会计师、投资者等发起成立的气候披露准则理事会（Climate Disclosure Standards Board，简称为CDSB），是一个非政府组织；在经济上，CDSB接受碳信息披露项目（CDP）、谷神星联盟（CERES）、[①]气候组织（The Climate Group）、气候注册（The Climate Rigistry）、国际排放贸易联合会（The International Emissions Trading Association）、世界资源委员会（World Resource Institute）、可持续发展世界经济理事会（World Business Council for Sustainable Development）、世界经济论坛（World Economic Forum）等八家机构的赞助；[②]该组织的目的是建立企业报告温室气体变化的全球框架，并促进气候变化报告整合进财务报告体系。该组织在2012年10月发布的《气候变化报告框架1.1版》（Climate Change Reporting Framework，简称CCRF）[③]详述了企业披露碳信息的基本内容。

（1）温室气体信息应当具备决策有用性，其质量特征包括两个层次：

第一，基本质量特征：相关性、如实表述。

第二，更高的质量特征：可比性、及时性、可理解性、可复核性；其他质量特征：重要性。

（2）战略分析：气候变化对组织长期战略目标和短期战略目标的影响；对组织长期战略和短期战略的影响。

（3）风险和机会：管制风险、温室气体排放限值、能源效率标准、碳税、对生产流程或者产品标准的影响、参与温室气体交易项目、声誉风险和机会、法律风险和机会、气候变化对淡水、气候、农业等方面的影响。

（4）管理活动：企业针对气候风险和机会所采取的行动计划、设定

---

① 谷神星联盟，谷神星的英文是Ceres，在罗马神话中掌管植物的生长和收获。谷神星联盟在1989年成立，诱因是1989年埃克森石油公司在美国阿拉斯加州瓦尔迪兹的漏油事故。成立25年来，该联盟已经拥有130个成员组织，掌管11兆亿美元的投资和资产；是国际著名慈善组织；该组织的目的是联合环境学家、资本家共同创立全新的、可持续发展的商业发展模式，以保护地球的健康和人类的繁荣。以上内容转引自如下网站：Ceres官方网站，http：//www.ceres.org/about-us/our-history.

② 该内容转引自CDSB官方网站，http：//www.cdsb.net/about-cdsb.

③ 该内容转引自CDSB官方网站，http：//www.cdsb.net/cdsb-reporting-framework.

的目标、取得的成绩等。

（5）未来展望：对未来温室气体直接排放和间接排放的理性估计、温室气体减排带来的成本节约等。

（6）公司治理：公司分配到温室气体减排方面的资源、治理流程等。

三　国际标准化组织发布的 ISO14064

国际标准化组织发布的 ISO14064 指南专门针对温室气体排放的报告和审核提出了规范，该标准共包括三个部分：国际标准化组织颁布的 ISO 14064—1：2006 的《温室气体——第一部分：组织层面量化和报告温室气体排放和清除的详细规范》、ISO 14064—2：2006 的《温室气体——第二部分：项目层面量化、监督和报告温室气体减排和清除的详细规范》、ISO 14064—3：2006 的《温室气体审定与核查的详细原则和规范》。ISO 14064 的三个部分包括了温室气体的信息质量要求（相关性、完整性、一致性、透明度、准确性）；温室气体的种类；温室气体的报告内容；在温室气体审核中企业的角色等内容。①

四　全球报告倡议组织发布的 G4 指南

全球报告倡议组织（Global Reporting Initiative，简称 GRI）发布的 G4 指南不但在企业社会责任领域具有广泛的影响力，在碳信息披露领域也具有一定的影响力。G4 指南针对碳信息披露的基本内容包括两个大的部分。②

1. 机构内部的能源消耗量、机构外部能源消耗量、能源强度、减少的能源消耗量、产品和服务所需能源的降低等方面。

2. 废气排放：包括范围 1、范围 2、范围 3；三个范围的划定被很多国家采用。

范围 1：机构拥有或控制的运营点的排放；范围 2：机构购买或取得的，用于内部消耗的电力、供暖、制冷或蒸汽造成的排放；范围 3：在机

---

① 该内容转引自 ISO 官方网站，https：//www. iso. org/obp/ui/JHJiso：std：iso：14064：—1：ed－1：v1：en.

② 该内容转引自 GRI 官方网站，https：//www. globalreporting. org/reporting/g4/Pages/default. aspx.

构外部产生的所有间接排放（未包括在范围 2 中），包括上下游机构的排放。

在废气排放部分，G4 指南要求企业披露温室气体排放强度、降低的温室气体排放量、臭氧消耗物质的排放量、所采取的标准和假设等内容。

五 碳信息披露项目（CDP）

碳信息披露项目（Carbon Disclosure Projec，简称 CDP）代表资产管理总额达 95 万亿美元的 822 家机构投资者，[①] 向全球各个国家超过 4800 家上市公司发放年度气候变化数据披露的请求问卷。其中包含 100 家中国最大的上市公司，在中国，由非营利组织商道纵横负责实施，但是，我国上市公司的应答率非常低，例如，2011 年，仅有 13 家公司应答了问卷。[②] 在欧美等发达国家，机构投资者对上市公司的投资前景具有重大影响，但是，在中国，由于参与碳信息披露项目的外国机构投资者几乎没有，而且，由于编制符合碳信息披露项目要求的碳信息问卷具有一定的复杂性，需要对直接排放量、间接排放量、其他排放量、公司治理、战略整合等很多方面具有实质的改进并进行公开披露，编制碳信息报告的成本较高，所以，中国上市公司并不重视碳信息披露项目的问卷请求。

碳信息披露项目在全球具有广泛的影响力，当前有超过 80 个国家的公司通过碳信息披露项目来披露碳信息；81% 的世界 500 强企业使用碳信息披露项目来披露碳信息。碳信息披露项目把参与企业分为领导者、中游者、初学者三类，领导者的任务是建立信任、减少风险、做出正面的影响；对利益相关者负责；从公司的行动中获得收益；与上游供应链合作改进这些公司的环境业绩，合作共赢。中游者的任务是：增进理解、降低公司对环境的影响、提升效率、节约融资额、利用碳减排带来的商业机会、跟踪公司在碳减排方面取得的进展。初学者的任务是：建立环境管理的重点关注领域、确定环境风险和机会、重新确定利益相关者、踏上业绩改善之路。[③] 碳信息披露项目每年发布全球上市公司碳信息披露评分。

---

① 该内容转引自 CDP 官方网站，http：//www. cdpchina. net/.

② 该内容转引自商道纵横官方网站，http：//www. syntao. com/Themes/Theme_ Index_ CN. asp?. Theme_ ID = 113.

③ 该内容转引自碳信息披露项目（CDP）官方网站，https：//www. cdp. net/SiteCollectionImages/disclosure/benefits - of - disclosure. html.

气候绩效领导指数和气候披露领导指数的评价指标体系是相同的，都包括如下内容（括号中为细分内容）：

1. 管理层的内容

第一，公司治理（董事会或资深管理者的责任、个人责任）；

第二，风险管理方法（一体化的风险管理流程还是单个的气候变化风险管理流程）；

第三，公司战略（应对气候变化是否整合到公司战略中）；

第四，是否与政策制定者合作（是否资助气候政策制定方面的研究机构、是否为碳排放权交易的董事会成员、是否资助气候政策制定方面的机构）；

第五，减排目标（减排的绝对目标、排放强度目标、避免排放的产品或服务、降低碳排放的发起人）；

第六，沟通（就公司碳减排行为与利益相关者沟通，例如，通过财务报告、通过其他报告进行沟通）。

2. 风险与机会方面的内容

第一，管制风险（政府管制方面的气候变化风险描述、管制对公司财务的影响）；

第二，气候变化带来的实体风险（气候变化对公司运营的影响以及由此对公司财务的影响、公司应对的措施和由此带来的成本）；

第三，其他风险（气候变化是否存在着影响公司运营、收入、支出方面的其他风险、这些风险如何对公司构成影响，估算影响的金额）；

第四，政府管制带来的机会（由于气候变化，公司的运营可能发生的变化以及由此带来的盈利机会）；

第五，气候变化带来的实际机会（现在的或者未来的对公司运营的重大影响、可能的财务影响等）；

第六，气候变化带来的其他机会。

3. 排放方面的内容

第一，计算碳排放的方法（基准年度、计算直接碳排放量、间接碳排放量、其他排放量的方法）；

第二，碳排放量的数据（公司边界、直接排放量、间接排放量、是否有未包括在内的其他排放源、数据的准确性）；

第三，独立第三方的核证（核证的种类、采用的标准，如果核证范围是企业社会责任报告，碳排放的核证内容要单独说明）；

第四，排放源细分（按照工厂、按照经营分部、按照温室气体种类、按照活动、按照法律结构）；

第五，能源（电力、热力、蒸汽、石化燃料等）；

第六，碳排放的历史（历史年度的直接排放量、间接排放量、排放强度）；

第七，碳排放权贸易（是否参与、带来的财务影响）；

第八，碳排放业绩（与以前年度相比的减排业绩）。

由于行业不同，碳信息披露得分的最大值是129分到177.5分；碳业绩得分的最大值范围是：51—58分。碳信息披露项目根据企业披露的碳信息作为唯一的评分数据来源，企业的碳信息披露得分或者碳业绩得分除以该企业能够得到的最高分，再乘以100，就是该企业最后的气候绩效领导指数和气候披露领导指数得分，所以，气候绩效领导指数和气候披露领导指数的最高分是100，最低分是0。

CDLI（Climate Disclousre Leadership Index）气候披露领导指数：没有描述性的内容0分；对上述指标清晰地描述得1分；针对特定产品、特定服务、特殊项目的描述再得1分；直接的、间接的、数量的、概率的等方面数值的估算值得2分。[①]

CPLI（Climat Performance Leadership Index）气候绩效领导指数：如果上述指标已经开始实施得1分；如果还是计划阶段得0分；如果是处于监督阶段也是0分。进行气候业绩领导指数评价的前提是气候披露领导指数得分不低于50分，否则无法获得足够的业绩评价信息；气候业绩领导指数强调企业采取的减缓气候变化的实际行动，而非计划或者宣传。

由上面的评价标准可以看出，达到上述的业绩标准或者披露要求并不容易。本书附录一中的表14、表15、表16是CDP在2014年公布的全球500强企业在2013年的气候绩效领导指数领导排名、气候披露领导指数排名、气候绩效领导指数和气候披露领导指数综合排名。

---

① 该内容转引自碳信息披露项目（CDP）官方网站，http：//www. cdpchina. net/scoring_ information.

第十节 本章小结

本章共分为十节，第一节介绍了研究其他国家碳信息披露的意义；第二节是我国对西方国家社会责任信息披露研究的文献回顾；第三到第八节分别描述了美国、英国、法国、日本、澳大利亚、加拿大的企业碳信息披露的制度背景、披露的具体形式，还描述了这些国家碳信息披露的不同推动力量；第九节介绍了全球报告倡议组织等五个知名的国际组织在碳信息披露方面的简要规则。国际上发达国家和知名国际组织在碳信息披露方面的经验对于促进和改进我国的企业碳信息披露起到了一定的借鉴意义。此外，也让我们了解到国际上很多国家的碳信息披露都是强制的，越是温室气体排放大户越要进行碳信息披露，这对于我国的碳信息强制披露管制提出了很好的国际经验。本书第七章“促进和改进我国企业的碳信息披露的建议”中所提到的强制披露建议和本书第四章“我国上市公司碳信息披露影响因素的实证研究”中的“中国企业碳信息披露的具体内容界定”用到了本章所论述的内容。

第三章

企业碳信息披露的经济学分析

第一节　引言

企业碳信息披露涉及制度经济学和信息经济学两个领域。前者与碳排放权交易问题紧密相连，后者与投资者、债权人等利益相关者的决策紧密相连。本章主要从制度经济学角度论述碳信息披露问题，碳信息披露对投资者、债权人是否具有决策有用性将在第五章、第六章进行理论分析和实证检验。通过本书第二章的讨论，我们了解到碳排放权交易是促进企业碳信息披露的重要因素，英国、法国、日本、澳大利亚等国家的政府部门需要企业报送的碳排放量信息来测算不同辖区的碳减排总量、交易价格等内容。因此，碳信息披露与碳排放权交易是紧密相连的。我国目前正在进行碳排放权交易试点，恰好需要对碳排放权交易涉及的相关问题进行深刻的学理分析，下面将从制度经济学的视角来解读我国的碳排放权交易以及相关的碳信息披露问题。本章的内容对于本书第四章的研究变量“是否为碳排放权交易城市（变量名为：tradecity）”提供了理论支持，也为进一步在制度影响因素中分析产品市场化程度、要素市场化程度提供了理论依据。

第二节　碳信息披露的制度经济学分析

新制度经济学以产权和交易成本为分析框架，清晰界定产权并降低交易成本将使市场运行更有效率。我国的碳排放权交易始于国家发展改革委员会于 2011 年 12 月发布的《关于开展碳排放权交易试点工作的通知》，批准在北京、天津、上海、重庆、湖北、广东、深圳开展碳排放权交易试点，我国目前唯一启动实际交易的是深圳碳排放权交易市场，从 2013 年

6月18日上线至今，深圳碳市场碳价已由开始的每吨近30元稳定在每吨80元左右。整体交易量不是很大，约为12万吨。① 碳排放权交易量较小与碳排放配额分配、交易成本所涉及的碳信息披露问题存在着紧密的联系。

下面就我国的碳排放权交易的产权问题和交易费用问题进行分析。

一　碳排放权配额分配问题

深圳碳排放权交易市场是目前我国唯一运行的交易市场，按照2012年10月深圳市人大常委会颁布的《深圳经济特区碳排放管理若干规定》中的内容，碳排放权交易包括碳排放配额交易和核证减排量交易。

核证减排量碳排放交易系统的执行机制是由监测、报告、核证（前三项称为MRV机制，是Measure，Report，Verification的英文首字母缩写）、惩罚四个要素构成，根据MRV机制，碳排放交易的买方和卖方需要向管理当局报告监测计划、报告碳排放量，最后由管理当局核准各公司的碳排放量。我国正在制定重点行业、重点企业温室气体排放报告格式和核算方法指南，筹备建设重点企业、事业单位能耗在线监测系统，推进认证核查体系建设。② 这一工作的推进程度，将直接影响到MRV机制的执行效率。

对于碳排放配额分配，我国目前的基本思路是在7个试点省市按照历史排放量和行业基准线对每个企业设定确立排放上限，企业的实际排放低于上限，可以将多出的配额进行交易。③ 无论是历史排放量还是行业基准线的确定都需要企业向国家发改委或者省发改委报送碳排放数据，否则，无法测算上述两个指标。

二　交易成本所涉及的碳信息披露问题

威廉姆森（1979）认为：交易成本是经济学研究的核心所在。④ 威廉

---

① 万方：《京沪粤碳市场实际交易有望年底启动》，http：//news. xinhuanet. com/fortune/2013－11/06/c_ 125656909. htm.

② 深圳排放权交易所，http：//www. cerx. cn/cn/domestic_ details. aspx？ArticleID＝257.

③ 赵磊、柏添乐：《七试点地区碳交易平台或将年底全部上线》，2013－10－09，http：//finance. chinanews. com/cj/2013/10－09/5355260. shtml.

④ 转引自O. E. Williamson，1979，Transaction cost economics：the governance of contratual relations，e journal of law and economics，Vol. 22. pp. 233—261.

姆森（1975）把交易成本分为搜寻成本、信息成本、议价成本、决策成本、监督成本、违约成本等六个部分。[①]过高的交易成本将影响市场效率，甚至导致市场失灵。碳信息披露情况好坏影响了碳排放权交易市场的运行效率。下面分别论述。

1. 搜寻成本

搜寻成本是指收集商品信息和交易对象的信息所带来的成本。德姆塞茨（1964）认为，任何可接受的资源配置机制都必须解决两个问题：第一，可以获得以各种方式使用资源所带来的收益的信息；第二，人们有动力考虑这些信息。对于碳交易来说，低排放的企业将通过配额出售获益，高排放企业将付费购买排放配额；所以，买卖双方都有动力去考虑碳排放配额和交易信息。在我国碳排放权交易市场，商品信息是指哪些种类的温室气体可以用来交易，交易对象信息是指哪些企业需要参加交易。这一工作是由政府部门和企业共同来承担的，这节约了企业的搜寻成本，是值得肯定的。

例如，根据国家发展和改革委员会应对气候变化司主办的中国清洁发展机制网在2013年3月11日公告的《温室气体自愿减排方法学（第一批）备案清单》的内容，国家对不同行业使用的碳排放方法进行了规范，该清单包括了水稻种植产生的甲烷排放量计算方法、可再生能源并网发电产生的温室气体排放量计算方法、动物粪便管理系统甲烷回收量计算方法等52种不同生产活动的温室气体排放量的计算方法；虽然其他批次的碳排放量计算方法尚未公布，但是，可以预计到国家对不同行业碳交易对象的温室气体排放数据的计量标准的制定是花费很大代价的，只有国家发展和改革委员会能够清晰制定不同行业、不同企业的碳排放量计算标准，政府部门和企业才能据此确定可能的交易量和参与交易的温室气体种类；尽管这一过程耗时较多，但对于不同行业、不同企业统一碳排放量计算方法并进而统一碳信息披露标准提供了前提条件。

就我国的上市公司来说，投资者、债权人搜寻企业的碳排放信息也要

① 这一分类方法细化了科斯（1937）、德姆塞茨（1964）、张五常（1983）的观点，例如，科斯（1937）认为，利用价格机制是有成本的，通过价格机制组织生产最明显的成本就是为了发现价格所做的工作。德姆塞茨（1964）认为，产权的交易成本包括交换成本和执行成本两个部分。张五常（1983）认为，发现价格的费用包括信息费用、衡量费用和谈判费用三项。上述观点基本上可以包括在威廉姆森（1975）的观点之中。所以，这里采用威廉姆森（1975）的观点。

通过多种途径，例如，公司公开披露的各类碳信息；各个级别的环境保护部门、生产安全监督管理局、发展改革委员会等政府主管部门披露的强制企业节能减排的名单、超标排放企业的名单、因排放超标被处罚等官方信息；在碳信息披露非常不充分的情况下，个别中小投资者甚至利用微博、博客等小道消息；而基金公司等机构投资者则可能深入到企业去调查企业的碳排放问题。与机构投资者相比，中小投资者明显处于信息劣势，从而非常容易产生逆向选择问题。因此，从信息不对称的角度来看，为了降低投资者、债权人、其他碳排放量信息使用者的搜寻成本，并降低由于碳排放信息不对称而导致的逆向选择问题，企业应当主动地披露碳排放信息。当然，逆向选择问题属于由于碳排放信息不对称所导致的管理层事前的机会主义行为；碳信息披露也涉及由于碳排放信息不对称而导致的道德风险问题，即管理层事后的机会主义行为。例如，自改革开放到目前的30多年时间里，中国的GDP增速居世界之首，一跃成为世界GDP排名第二的国家；对于企业管理层来说，为了迎合上级主管部门扩大GDP的要求，可能不考虑公司的节能减排问题及其带来的碳排放信息披露问题，而是产量是否能够扩大，如何促销等问题。这就导致了经济增长刺激下的碳排放量提高，在没有相关的制度约束企业管理层披露相关的产能扩大而带来的碳信息披露问题时，很难想象管理层会主动披露碳排放信息。这就是所谓的隐藏问题（科斯、哈特、斯蒂格利茨等：《契约经济学》，经济科学出版社2003年版，第19页）。隐藏问题所带来的信息不对称属于内生性信息不对称，这类信息不对称是指契约签订以后，他方无法观测到，无法监督到，事后无法推测到的行为所导致的信息不对称（卢现祥、朱巧玲：《新制度经济学》，北京大学出版社2012年版，第166页）。内生性信息不对称所产生的隐藏问题以及管理层由此而带来的道德风险问题都增加了碳排放信息使用者的信息搜寻成本。尤其是我国目前未对碳排放信息披露问题作出规范的情况下，碳排放信息的搜寻成本更大；搜寻成本高就导致了交易成本提高，从而间接影响了碳排放权交易市场的运作，也间接影响了投资者、债权人的信息决策。

2. 信息成本

信息成本是指取得交易对象信息的成本和与交易对象交换信息的成本。就取得交易对象的信息来看，企业要了解同行业其他企业的碳排放水平，因为我国的碳排放配额制度是以企业历史排放量和行业基准线作为基础，因此，被国家强制列入碳排放交易的企业有两种披露碳信息的方式，第一种是通过企业的年度报告、企业社会责任报告、企业网站向公众公布企业碳排放的状况、下一步的措施、碳交易的配额数量、支付的价格或者获得的收益等信息；第二种方式就是向各个省、自治区、市政府的发展和改革委员会报送碳排放数据，使管理当局能够核准各公司的碳排放量并测算行业平均碳排放量，这是下一步进行碳排放权交易定价、确定总体碳减排量的基础。

根据笔者手工统计我国上市公司的年度报告和企业社会责任报告，我国企业的碳信息披露状况不容乐观。截至 2012 年 5 月 1 日，我国 2325 家 A 股上市公司中有 586 家上市公司披露了 2011 年度的企业社会责任报告，这其中有 183 家公司未披露任何的碳信息，占 31.23%；就年度报告来说，有 1753 家上市公司在 2011 年的年度报告中没有披露任何碳信息，占 75.4%。从上述数据可以看出我国碳排放交易在信息披露和信息报送方面还有很多工作需要完善。

就交易对象交换信息的成本来说，国家试点的碳排放交易平台的建立，使买卖双方能够方便地取得交易对象的信息，现代化的沟通手段使得与交易对象交换信息也较为方便。在这一方面，我国七省市建立的碳交易市场是值得肯定的。

3. 议价成本

议价成本是指针对契约条款、价格、品质讨价还价的成本。我国碳排放权交易迟迟未开展的原因之一也是无法解决碳排放权的定价问题，这也涉及碳排放相关的信息披露问题。

对于每吨温室气体的定价问题，我们可以采用科斯（1960）的方法。科斯（1960）曾经举例，如果工厂排放烟尘每年需要缴纳 100 美元的税，而消除烟尘的装置每年需要花费 90 美元，则企业从成本角度考虑，应当安装消除烟尘的装置。在这里，笔者测算的更换落后产能设备的每吨碳排放成本公式如下：

更换落后产能设备的每吨碳排放成本 =（企业购买技术先进的固定资产 + 安装降低碳排放设备的金额 + 贷款利息 - 政府补贴）÷ 折旧年限 ÷ 年碳排放吨数

由此可见，企业购买技术先进的固定资产的价格、折旧年限、政府补贴等碳排放信息将影响到企业在签订碳排放契约时的价格。

4. 决策成本

决策成本是指决定是否签约所需要的成本。就碳交易来说，决策成本包括比较：购买碳排放权的价格、超标排放二氧化碳被处罚的罚金、偷排温室效应特别高的温室气体的罚金或提供虚假碳排放信息的罚金（包括被发现概率和发现后的处罚金额两个因素）、更换落后产能设备之后的每吨碳排放成本，四者哪个更加便宜。企业只要进行恰当比较，就可以做出正确决策，因此，决策成本在产权清晰、议价明确、监督体系完备的前提下是较小的。根据以上分析，处罚价格、交易价格、更换设备之间的价格的顺序应当是：

每吨温室效应特别高的温室气体偷排的巨额罚款 > 每吨二氧化碳偷排或超标排放或提供虚假碳排放信息的处罚价格 > 每吨二氧化碳的排放权交易价格 > 更换设备之后的每吨碳排放成本

政府管理部门应当制定处罚规则并且使交易企业了解这些信息，以便于企业管理者做出正确决策。例如，江西省人民政府法制办公室制定的《江西省实施〈节约能源法〉办法》规定，企业提供虚假节能信息最高罚款 10 万元人民币。[①] 当然，这仅是我国一个省的处罚情况，适用于全国各省的虚假节能减排信息处罚标准、每吨温室效应特别高的温室气体偷排的巨额罚款标准、二氧化碳等温室效应一般的温室气体偷排罚款金额等处罚标准应该尽快出台。以便于企业恰当地权衡决策成本，也间接地促进了碳排放权交易市场的有效运作和国家实现既定的单位 GDP 二氧化碳减排量目标。

5. 监督成本

监督成本是指监督交易对象是否按照契约进行交易的成本。对碳排放权交易来说，监督成本是指监督机构对碳排放权交易者收取一定的监督费用。例如，北京市发展和改革委员会公布了一批符合资质的核查机构和核查员名单，中国质量认证中心、中环联合（北京）认证中心有限公司、中国船级社质量认证公司等机构榜上有名，[②] 而注册会计师事务所虽然有从事企业社会责任报告鉴证活动的经验，但并没有积极投入到碳排放的监

① 张琪、全来龙：《提供虚假节能信息最高罚 10 万》，2013 - 10 - 18，http://jiangxi.jxnews.com.cn/system/2013/10/18/012725545.shtml.

② 北京市发展和改革委员会：《关于对北京市碳排放权交易核查机构核查员（复核通过）进行公示的通知》，2013 - 08 - 01，http://www.bjpc.gov.cn/tztg/201308/t6494603.htm.

督和认证中去，主要原因是注册会计师的专业属性更加倾向于财务报告审计、内部控制审计等。除了中介机构的监督之外，政府主管部门的监督也同样重要，例如，中国国家审计署对我国节能减排项目的审计对规范企业节能减排行为起到了重要作用。

在监督中，碳排放信息同样重要，例如，审计机构需要了解企业温室气体排放种类的信息以便于判断企业是否存在“伪造碳交易的现象”。“伪造碳交易的现象”的例子如下：“一些企业在没有成功注册CDM项目的情况下，七氟丙烷（传统氟利昂的替代物）产能明显下降，而一旦获得了CDM注册，产能便会疾升；在无法继续获得核准减排量的情况下，又选择停止生产。”[①] 三氟丙烷是七氟丙烷生产过程中的副产品，其温室效应是二氧化碳的11700倍，生产企业负责在生产过程中消除三氟丙烷，从而获得CDM收益，消除一吨三氟丙烷可以获得大约80万元人民币的收益。巨大的利益可能导致企业扩大七氟丙烷的产能，从而可以消除更多的三氟丙烷。[②] 针对这种现象，监督企业历史的生产活动是一个方法，另外，在碳交易权的定价方面，也不能按照一吨碳的交易价格乘以11700倍去定价三氟丙烷之类的温室效应更高的温室气体，可以采取消除三氟丙烷的各种成本加上一定的奖励这样的定价模式；同时加强对企业的监督，以免企业偷排三氟丙烷；一旦偷排三氟丙烷，在处罚金额上可以采用一吨碳的交易价格乘以11700倍的定价方式，使企业权衡利弊。中介机构只有了解被监督企业的温室气体排放种类，才能有效监督“伪造碳交易的现象”。因此，企业必须披露相应的碳信息，中介机构才能有效地予以监督。

此外，防止企业提供虚假温室气体排放信息同样重要。例如，据中国审计署2013年第16号审计公告《10个省1139个节能减排项目审计结果》[③] 的内容显示，“在1139个节能减排项目中，有42家单位（企业）实施的44个项目未达到预期节能减排效果，涉及专项资金15.87亿元。少数企业和项目实施单位通过提供虚假信息、编造虚假资料等方式违规申

---

① 詹玲、梁钟荣：《国际碳交易舞弊真相调查》，2010－09－13，http：//finance. ifeng. com/roll/20100913/2613419. shtml.

② 同上。

③ 中华人民共和国审计署办公厅：《10个省1139个节能减排项目审计结果》，2013－05－17，http：//www. audit. gov. cn/n1992130/n1992150/n1992379/n3280976. files/n3281014. htm.

请并获得 1.41 亿元专项资金，违规将 1.29 亿元专项资金用于日常办公、企业经营等非节能减排方面支出”。由此可见，虚假的碳排放信息在我国不但存在，而且涉及的资金量还很大。这种现象提示我们对于企业所提供的温室气体信息进行审计的必要性。当然，为此而支付监督成本也是值得的。

对企业碳信息披露是否公允还涉及委托代理理论，即无论是公司管理层与公司股东之间的第一类代理问题还是公司大股东与中小股东之间的第二类代理问题，都涉及碳信息不对称所引起的代理成本的问题。例如，在我国强制进行碳减排的制度背景下，一些企业由于企业的产能落后、设备老化、节能减排技术落后所带来的碳排放压力很大，而企业由于担心披露这类碳排放压力方面的信息会引起企业股价下跌或者引起投资者对企业未来前景的担忧，从而抛售企业的股票；所以，一些企业可能不会公允地披露碳信息，这就使得中小投资者、债权人等利益相关者在搜寻企业碳信息方面处于信息劣势，从而使我国的碳排放权交易市场运转效率低下甚至导致碳排放权交易市场失灵。因此，监督企业是否公允地披露了碳排放相关的信息，对投资者、债权人进行决策是具有影响的。

监督成本的发生主要源于企业是否披露虚假碳信息或者披露碳信息不足，这两种情况都可能导致投资者或者债权人在决策时，发生逆向选择，使得资本市场上的稀缺资源发生错误配置。因此，中介机构或者政府主管部门的恰当监督不但是保证碳排放权市场有效运作的必要手段，也是保证国家实现 2020 年单位 GDP 二氧化碳排放量下降 40%—50% 目标的重要手段。

6. 违约成本

违约成本是指各交易方违约之后所导致的成本。就碳交易来说，我国在联合国注册的 CDM 碳交易项目，由于很多西方国家拒绝执行《京都议定书》，不再继续购买碳排放权，或者利用契约的不完备性，终止已经签订的碳排放权交易契约，导致我国的一些风电企业、垃圾发电企业盈利额下降，甚至亏损。就一国之内的碳排放权交易来说，由于处于同一法规体系之内，除非发生破产或者现金流短缺，否则，违约概率较低。因此，企业必须及时披露哪些碳交易项目违约以及损失的金额，以便于投资者、债权人等利益相关者做出正确的决策。

第三节 碳排放权交易对碳信息披露影响的总结

从上面的分析可以看出，清晰确定碳排放权、分配碳排放权配额、降低碳排放权交易成本都离不开透明的碳排放信息，而且，投资者、债权人利用碳排放信息进行决策也必然涉及上述相关内容，例如，企业参与国际碳排放权交易项目，赚了多少钱？因为对方违约损失了多少钱？企业因为偷排二氧化碳或者其他温室气体被罚款的金额是多少？企业是否可以较为方便地发现碳排放权交易对象？企业的碳排放量是否高于行业基准线？这些信息不但影响了碳排放权交易市场的运行效率，也对投资者、债权人的有效决策产生影响。由此可见，企业披露的碳排放信息是十分重要的，那么，企业披露的碳排放信息对债权人、投资者的决策是否会产生影响？这两个问题将在本书第五章、第六章进行实证检验。哪些因素将影响企业的碳信息披露问题？这个问题将在本书第四章进行实证检验。下面的分析将从我国上市公司碳信息披露的影响因素、碳信息对债权人的决策有用性、投资者的价值相关性等三个角度展开。

第四章

中国上市公司碳信息披露影响因素的实证研究

第一节　引言

第三章明确了碳信息披露对于碳排放权交易的排放配额分配、降低交易成本具有重要意义，那么，哪些因素会影响企业披露碳排放信息呢？尤其是第三章提出的碳排放权交易制度，是否影响企业披露碳信息呢？只有明确了哪些因素影响了企业的碳信息披露，政府监管部门才能有的放矢地进行管理，并采取相应的措施引导企业自觉进行节能减排工作和碳信息披露。

第二节　文献回顾

国内外已有的碳信息披露影响因素的研究成果中，可以分为以下四类。

一　企业内部因素对碳信息披露的影响

贺建刚（2011）以CDP调查世界500强企业在2008—2010年的碳排放数据为研究样本，使用非参数检验方法，发现2008年、2009年、2010年之间企业的碳信息披露透明度在逐年上升；不同行业之间也存在着碳信息披露的差异，信息技术行业的碳信息披露透明度最高；能源行业的碳信息披露透明度最低。此外，他还发现企业管理层的态度影响企业的碳信息披露，但他的研究样本范围较小，而且国外的公司占绝大部分，他没有以中国上市公司为样本进行进一步检测，影响了结论在我国的推广性。

斯坦利（2011）使用美国标准普尔500公司作为样本，使用三种方式来计量企业的碳信息披露，包括：是否应答了碳信息披露项目（CDP）的问卷、自愿披露的碳排放的情况、碳排放的会计处理方法。他发现公司规模、是否属于美国环境保护部（EPA）强制报告的企业、以前年度的碳信息披露、海外上市与否是影响企业碳信息披露的主要因素。帕克和李（2009）使用韩国145家公司作为总样本，其中62家披露了碳信息，83家没有披露碳信息；他们使用Logistic模型，发现发布企业社会责任报告的公司、公司规模与碳信息披露与否正相关；而负债水平、最大股东持股比例、内部股东持股比例与碳信息披露与否负相关。若泽-曼努埃尔、路易斯、加列戈-阿尔瓦雷斯和加西亚-桑切斯（2009）使用101家公司的网站披露的碳信息，运用内容分析法，确定了19个碳信息种类并进行等权重赋值，测算企业的网络信息披露数量，并以此作为因变量，通过多元回归分析，发现公司规模、成长性与企业网站碳信息披露正相关；净资产收益率与企业网站碳信息披露负相关。

斯坦利和伊利（2008）使用了2007年入选标准普尔500的美国公司为研究样本，使用CDP问卷调查的数据，他们提出了如下的研究假说：公司规模、公司前一年度的碳信息披露情况、是否属于英国金融时报发布的全球500强的公司、公司有更高的对国外销售的比例、机构投资者持股比例更加高、碳排放强度更加大的行业、更高的资本资产规模、更高的托宾Q值、更高的财务杠杆、更高的盈利能力等因素有可能影响企业披露碳信息。他们运用Logistic模型，发现那些属于英国金融时报发布的全球500强的公司、公司规模、前一年度的碳信息披露情况、有更高的对国外销售的比例等四个因素影响了碳信息披露。

考特和纳贾赫（2011）使用内容分析法对企业碳信息披露情况进行赋值，内容分析包括五个部分：碳风险和碳机会、温室气体排放核算、碳交易、碳排放管理业绩、气候变化治理等。发现企业完成碳信息披露项目（CDP）的问卷、企业完成并发布碳信息披露项目的问卷、与碳信息披露项目网站有链接、碳信息披露项目发布的碳信息披露得分等因素对企业碳信息披露存在正相关影响。在控制变量中，公司规模、负债水平对企业碳信息披露具有正向影响，但是，盈利能力对企业碳信息披露不具有显著影响。

在国内，谢良安（2012）认为政府积极鼓励新能源发展、建立和完善碳交易市场、对企业强制要求披露碳信息、中介机构的第三方鉴证、媒体宣传、民间组织和学术界的参与等因素将促进企业碳信息披露。项苗（2012）以不同文献中的代表性观点作为依据，提出了公司的规模、资产负债率、盈利能力、是否为国有企业、是否处于经济发达地区、行业性质、是否存在从事碳信息披露的部门等因素将影响企业的碳信息披露，遗憾的是，他们仅仅提出了上述的假说，并没有进行实证检验。方健、徐丽群（2012）以总部在欧盟的世界500强企业共136个公司为初选样本，剔除碳信息披露数据不全的公司和未得到验证的公司共81个，共得到单一年度的55个研究样本，综合这55个公司在2010年、2011年的数据，剔除数据不全的个别公司，最终得到研究样本102个。她们的实证结果表明，碳排放量越高，企业的碳信息披露得分越高；供应链信息共享程度越高，碳信息披露得分越高；进一步地，她们发现直接碳排放量越高，企业碳信息披露得分越高，间接碳排放量越高，企业碳信息披露得分越高。尤其是基于供应链基础的间接碳排放量对企业碳信息披露得分的影响更加稳健。她们的研究样本局限于55家上市公司，将对结论的推广性产生一定的影响。影响企业碳信息披露质量的因素还有很多，例如，她们没有从正式制度或者非正式制度的角度来进行企业碳信息披露影响因素的研究。使用欧盟的企业作为研究样本，其研究结论是否适用于我国，也需要我们进行实证研究并给出经验证据。

戚啸艳（2012）运用2008—2011年共四年的碳信息披露项目（CDP）对中国流通市值最大的100强公司进行碳信息披露调查的结果为研究样本，运用面板数据的回归分析研究方法，发现是否设立环保部门、是否通过国际标准化组织的环境管理体系认证、公司规模等三个因素对企业披露碳信息具有正面影响；重污染行业因素与企业披露碳信息负相关，是否披露社会责任报告、负债水平与企业碳信息披露不相关。值得说明的是：戚啸艳（2012）在其文表1的统计中，2008—2011年共四年、每年100家公司的研究样本，在最后一列的合计数本来应该是“400”，但作者却写成“500”，上述笔误也影响了结论的可推广性。

曹静、汪方军、张毅（2012）以2010年沪深两市的A股上市公司为研究样本，按照国家法律法规制度的遵守情况、节能减排的内部制度、技术创新和新工艺材料的应用、对节能减排工作的考核评审、获得的社会认可与荣誉、公司内部节能减排的效果、节能减排的理念和企业文化等七个指标进行0、1、2打分，来确定企业的碳信息披露得分。他们在因变量的设置上采用了企业的碳信息披露得分除以企业规模的方法，并没有单独以企业的碳信息披露得分作为因变量，若以企业的碳信息披露得分作为因变量进行稳健性检验，则该文结论的可推广性更高。使用企业的碳信息披露得分除以企业规模有降低企业原有的碳信息披露得分的嫌疑，完全可以在模型设定中以公司规模作为控制变量，而不需要使用碳信息披露得分除以企业规模。此外，他们的碳信息披露项目评分的内容是针对企业的年度报告，但是，七个赋值项目却来自企业的社会责任报告，按照我们的搜索，企业社会责任报告中所含有的碳信息与企业年度报告中所含有的碳信息无论在数量上还是在质量上都存在着非常大的差异，因此，该论文的研究样本应该以企业社会责任报告中的碳信息披露进行稳健性检验。只有通过了上述两项稳健性检验，结果才是稳健的。此外，制度因素没有包括在研究变量中，这也是需要进一步改进的。

碳信息披露项目首席执行官保罗·辛普森认为，全球的机构投资者、品牌和声誉等因素是企业碳信息披露的驱动因素之一，他认为，在中国，政府是最大的驱动力，中国发改委、环保部出台了多个规划和政策措施，例如，国家出台了《国家应对气候变化规划（2011—2020 年）》、《国家适应气候变化总体战略》，鼓励企业进行碳盘查和实施碳管理，将对企业披露碳信息产生影响（李长海，2012）。当然，尽管碳信息披露项目拥有全球最大的企业碳信息披露数据库，但是，其首席执行官的观点尚未得到实证研究的证实；他仅仅为我们探索碳信息披露影响因素提供了直观的认识。张旺（2013）认为，国家低碳政策驱动、产品设计、生产、营销等整个价值链的节能低碳理念的驱动、社会责任意识提升驱动、消费者导向驱动、获得生物燃料可持续发展体系认证等五个因素是促进企业披露碳信息的影响因素。但他的观点也没有实证证据的支持。印久青（2009）认为，节能减排对于中国的上市公司来说，除了政策压力和行政任务之外，也有意识地把节能减排融入自身运营和发展，通过技术革新和管理创新来达到节能减排的目的，例如，节约煤、电、水、其他资源等；节能减排的同时也创造了经济效益。由此可见，碳管理所带来的经济效益也是企业从事碳管理的影响因素之一，而企业从事碳管理取得了收益，也一定会进行“信号传递行为”，让投资者和其他利益相关者了解公司的成本节约和对节能减排的贡献。但是，张旺（2013）、印久青（2009）的观点并没有实证证据。

综上所述，就公司内部因素来说，公司规模、负债水平、盈利能力、股东性质等都可能影响企业的碳信息披露，但是，上述研究在碳信息披露指数的确定方面存在着过于简单或者直接使用碳信息披露项目（CDP）的问卷结果等现象，这些现象影响了结果的稳健性。另外，在样本选择上，应当采用我国上市公司的大样本而非国外的公司数据，这样得出的结论更加符合我国国情，也能为我们研究促进和改进我国企业的碳信息披露提供确实可依的实证证据。

二　制度因素对企业碳信息披露的影响

普拉多—洛伦佐（2009）发现公司规模、企业所在地区的市场化程度与企业碳信息披露正相关，盈利能力与企业碳信息披露负相关。罗、蓝和唐（2010）发现公司规模、碳排放敏感行业、碳交易制度等影响了企业的碳信息披露。布罗乐和哈林顿（2009）发现管制压力促进了企业参与“气候变化自愿挑战和注册项目”，石化和制造业企业较多的省份也更多地参与“气候变化自愿挑战和注册项目”。布罗乐和哈林顿（2010）通过实证研究测试企业参加“气候变化自愿挑战和注册项目”的影响因素，他们发现，企业披露环境业绩信息，是为了向投资者、管制机构发出企业承担环境责任的信号；公司规模、排放有毒物质的企业等公司特征也会影响企业是否参与这个项目。加列戈—阿尔瓦雷斯、罗德里格斯—多明戈斯、伊丽莎白—玛丽和加西亚—桑切斯（2011）使用企业从CDM机制（清洁发展机制）中获得的碳排放收益、从JI机制（联合履约机制）中获得的碳排放收益、买卖从欧盟获得的碳排放权、获得的商业机会、参加碳金融等因素作为碳信息披露的内容，按照同等权重建立碳信息指数，并以此作为因变量，他们的实证研究结果表明，公司总部处于接受东京议定书的国家、公司的环境业绩水平、公司总部处于发达国家等三个因素与因变量显著正相关；固定资产更新度与碳信息披露显著负相关。他们并没有发现资产规模、负债水平对企业披露碳信息具有统计学意义上的显著影响。彼得斯和罗米（2010）使用4799个样本，把是否向碳信息披露项目（CDP）披露碳信息、全面披露碳信息、部分披露碳信息作为三个因变量，来分别测试其影响因素。他们的多元回归结果表明：环境管制程度、负债水平与碳信息披露负相关；资产规模、是否交叉上市、公司的环境可持续发展指数、资本结构等因素与企业碳信息披露正相关。该论文与彼得斯和罗米（2009）的论文相比，前者测试的因变量更加多样化。但研究结论基本没有变化。

彼得斯和罗米（2009）使用28个国家的4799个样本，其中2941个公司披露了碳信息；他们使用Logistic模型，通过实证研究发现，一个国家的环境管制政策越严格，碳信息披露的可能性越小，以避免由此所带来的更加严格的监管以及同行业不同公司之间竞相披露的压力；一个公司的环境可持续发展指数越高，披露碳信息的可能性越大，以表明企业对外部环境氛围的认可；由于赤道原则的兴起，银行对高污染、高排放企业的贷款受到限制，一国对商业银行的管制越严格，企业越有可能披露碳信息，以便于获得银行贷款；在国内和国外交叉上市的公司更有可能披露碳信息，以应付不同的监管压力；在控制变量方面，公司规模与企业碳信息披露正相关；负债水平与企业碳信息披露负相关。显然，彼得斯和罗米（2009）的研究是侧重于制度背景的；而彼得斯和罗米（2011，2012）的研究则侧重于深入挖掘公司治理、资本市场、企业财务状况等因素对企业披露碳信息的影响；可见，即使是相同的作者也在从不同的角度来探讨碳信息披露的影响因素。

瑞德和托菲（2009）从公共压力、企业政策的视角出发，使用入选标准普尔500指数的989家公司在2006、2007年两年的碳信息披露数据作为样本，使用0，1变量作为因变量，即凡是回答了碳信息披露项目（CDP）问卷的样本公司为1，否则为0。研究变量包括如下：环境股东的要求（凡是在KLD数据库中，存在被环境股东提出气候解决方案的公司为1，否则为0），在政策压力方面，凡是公司总部处在参加RGGI或者WCI的州，[①] 则为1，否则为0。控制变量包括：有毒化学物排放数据的自然对数值、[②] 公司规模的自然对数、雇员的自然对数、年度控制变量、行业因素等。他们的实证研究表明，激进的股东主义、政府的碳交易法规影响了企业碳信息披露。在控制变量中，公司规模的自然对数、雇员的自然对数也影响了企业的碳信息披露。

---

① RGGI是地区温室气体倡议（Regional Greenhouse Gas Initiative），是美国一些州自愿加入的一个二氧化碳排放交易的项目；WCI是西部气候倡议（Western Climate Initiative），是美国西部的一些州自愿加入的一个降低温室气体排放的战略项目。

② 数据来源于企业环境数据指南数据库（Corporate Environmental Profiles Directory database）。

罗、蓝和唐（2012）使用世界500强中291家公司为研究样本，他们认为社会压力、来自于股东和债权人的金融市场压力、经济压力、法律和监管压力等四个方面的因素可能会影响企业的碳信息披露。公司规模代表社会压力；股权融资和债权融资的比率、资产负债率代表金融市场压力；签订京都议定书与否、参与ETS与否、国家法律监管体系的严格程度、是否为普通法国家等因素代表法律和监管压力。控制变量包括tobinQ、贝塔值、资本密集度、总资产收益率、技术更新程度、公司投资清洁技术的程度、行业因素等。他们的研究结果表明，公司规模、是否加入ETS、普通法系国家等因素与是否披露碳信息正相关；但是，股东、债权人等金融市场的压力对碳信息披露与否影响不显著，即公众压力和法律因素是影响企业碳信息披露的主要因素。

诺克斯—海因斯和利维（2011）认为，碳信息披露增加的原因主要来自于三个方面：企业遵守管制规定（例如，美国环境保护部、美国证券交易委员会等的相关规定）；非政府组织的压力（例如，碳信息披露项目、环保组织的推动）；为了方便企业参加碳市场交易、降低能源成本和管理声誉风险而建立起来的公司管理信息系统。他们认为，自愿的碳信息披露主要障碍来自于不同公司之间碳信息内容缺乏可比性以及不披露碳信息没有什么惩罚措施。例如，投资者是否因为碳信息披露而做出市场反应，消费者是否根据企业产品的低碳特性增加购买等。但他们仅从理论上给予说明，并没有进行相应的实证研究。

阿吉亚尔（2009）使用内容分析法，把公司的年度报告和独立环境报告作为信息来源，这些公司都是参与英国排放贸易项目（UK ETS）的企业，共有32家，剔除国家历史博物馆等三个公共组织，还剩下29个企业。他使用这29个公司和配对公司在2000—2004年的年度报告和独立环境报告的数据，在5年的时间期间共得到509个样本（配对样本与研究样本非1：1配对）；通过非参数检验，作者发现研究样本比配对样本披露了更多的碳信息；但是，就制度层面来说，UK ETS是2002年开始实施的，无论是年度报告还是独立环境报告，在2002年之前和之后，样本公司和配对公司的非参数检验结果表明，碳信息披露在2002前后并没有存在显著差异，即制度因素没有影响企业的碳信息披露。出现这种实证结果可能的原因有两个，第一，如同冯马姆博格和斯特拉坎（2005）所指出的，企业参与英国排放贸易项目（UK ETS）的原因多样，主要是获得经济激励，而非披露碳信息。他们的分析结果见表4-1。第二，阿吉亚尔（2009）在样本选择方面和内容分析的赋值方面不够精细化，即作者把碳信息披露的内容分类为：排放目标、排放行动、描述性的碳排放内容、排放量等四项内容，碳信息披露的具体内容应该细化，作者恰恰是对此问题的论述不够细致，这是该文的遗憾和不足。

表4-1　　企业参与UK ETS的原因

第一位的原因	获得经济激励
第二位的原因	在降低碳排放中，遵循企业责任
第三位的原因	公众认为参加排放贸易是好的企业行为
第四位的原因	获得更好的企业形象和声誉
第五位的原因	获得EU ETS的经验
第六位的原因	遵守道德、社会和伦理责任
第七位的原因	获得免费排放配额的经验

转引自：F. Von Malmborg and P. A. Strachan（2005）. Climate policy, ecological modernization and the UK Emission Trading Scheme. *European Environment*, 15, 143—160.

弗里德曼和加吉（2011）使用欧盟不同国家的企业，日本、加拿大、美国、印度的企业作为研究样本，研究发现，印度没有加入京都议定书，也没有设定碳排放的限制措施，因此，企业碳信息披露明显少于前述其他国家；日本、加拿大的企业披露碳信息多于欧盟各国企业披露的碳信息。他们的研究表明了制度建设对于碳信息披露的重要性。他们使用的碳信息披露指数是根据内容分析法来确定的，包括：描述全球变暖、当年的碳排放情况、以前年度的碳排放情况、排放的来源、是否进行了环境审计、当年使用的能源数量、降低温室气体排放的计划、降低温室气体排放的未来预算；对于欧盟国家，增加两项内容：当年或前一年度的碳排放配额分配、买卖碳排放量；对于非欧盟国家，增加一项内容：获取碳排放信用的信息等。他们使用等权重的方法，对于欧盟国家的企业，最高得分是10分，对于非欧盟国家，最高得分是9分。这一方法的缺点是没有对每一项内容分析定性披露和定量披露进行赋值，降低了碳信息的可比性。他们的多元回归结果表明：公司规模、化学行业、石油天然气行业、金属行业、公用事业等公司因素对企业碳信息披露具有正向影响。总体来看，他们的研究设计较为简单，还有很多因素没有涉及，该文的优点是采用了不同国家的2000个样本，并进行了详细的描述性统计，这与当前片面重视实证研究设计、忽视样本描述的现象形成鲜明对比。

综上所述，以往的研究对于制度因素是否影响碳信息披露的结论是不一致的。例如，阿吉亚尔（2009）发现制度因素对企业碳信息披露没有影响；而罗、蓝和唐（2012）发现制度因素对企业碳信息披露具有影响。因此，在我国，制度因素对企业碳信息披露的影响也需要进一步研究。

三　公司治理对企业碳信息披露的影响

兰金、温莎和瓦云尼（2011）使用澳大利亚的 187 家公司为研究样本，发现公司治理指数与自愿碳信息披露负相关；拥有环境管理系统的公司、向碳信息披露项目公开信息的公司与自愿披露碳信息正相关；在控制变量中，公司规模、能源行业、采掘行业与自愿披露碳信息正相关。不过，在我国，向碳信息披露项目（CDP）公开信息的上市公司很少，因此，没有作为本书的研究变量。

贝特洛和罗伯特（2011）以加拿大的石油和天然气 64 家上市公司为样本，他们按照碳风险、碳战略披露的详略程度赋予 0，1，2，3 等不同的分值；按照碳排放对业务的影响、减低温室气体排放的结果、是否披露关键的碳业绩指标等三个因素赋予 0，1 的分值。发现董事会中拥有环境委员会、媒体报道的文章数量、政治暴露程度（以公司的资产规模为替代变量）与企业碳信息披露正相关。该文的缺点是样本量过少，仅包括石油和天然气行业，这影响了结果的推广性。

彼得斯和罗米（2009）使用在 2002—2006 年之间回答碳信息披露项目问卷的、来自 28 个不同国家的 4799 个公司为研究样本，发现政府的环境管制强度、市场结构、民营企业的环境响应能力影响了企业碳信息披露。刘易斯、沃尔斯和道尔（2012）以 2157 家公司为总样本，应答碳信息披露项目（CDP）问卷的作为 1，未应答的作为 0，他们使用 Logistic 模型，发现公司的首席执行官拥有 MBA 学位或者拥有法学学位、新任职的首席执行官与企业披露碳信息正相关。在控制变量中，收入水平、公司透明度与碳信息披露正相关，但是，他们的控制变量中没有包括公司规模、负债水平。

若泽 - 曼努埃尔和加西亚 - 桑切斯（2008）认为，独立董事占董事会的比率越大，企业越可能披露碳信息；环境记录不佳的企业的独立董事数量与企业披露碳信息无关；企业所在国的宏观制度环境对企业社会责任有利，独立董事占董事会的比率越大，企业越可能披露碳信息；当董事会主席和 CEO 为一人兼任时，企业越可能披露碳信息；企业董事会的多样性越大（女性董事越多，多样性越大），越有可能披露碳信息。他们共设置了 9 个方程，每个方程包括了 14 个自变量，其中第一个方程的研究变量包括：董事会规模、董事会主席和 CEO 是否两职合一、独立董事占比、女性董事占比、公司污染水平是否高于行业平均值、三个交叉项；控制变量包括：公司规模、公司资产盈利能力、公司成长性、负债比率、董事会开会次数、所属于的行业等。第 2 个方程与第 1 个方程的 6 个控制变量相同，研究变量前 4 个相同，第 5 个研究变量变成了温室气体敏感的行业与否，还有三个两项相乘的交叉项。第 3 个方程的前 10 个变量与第 1 个、第 2 个方程相同，第 11 个研究变量变成了是否属于环境诉讼风险行业（虚拟变量，温室气体排放量高于行业平均值为 1，否则为 0），还有三个两项相乘的交乘项。第 4 个方程的前 10 个变量与方程 1、2、3 相同，第 11 个研究变量变成了法律执行力（按照崔和王（2007）的法律指数，高于平均值为 1，否则为 0），还有三个两项相乘的交乘项。第 5 个方程的前 10 个变量与方程 1、2、3、4 相同，第 11 个研究变量变成了公共压力（虚拟变量，企业所在国家的国家企业社会责任指数高于平均值为 1，否则为 0），还有三个两项相乘的交乘项。第 6 个方程的前 10 个变量与方程 1、2、3、4、5 相同，第 11 个研究变量变成了利益相关者导向（虚拟变量，属于法典法的国家为 1，否则为 0，来自于拉波尔塔等学者（1997）的数据），还有三个两项相乘的交乘项。方程 7、8、9 每个都具有 15 个变量，方程 7 的前 10 个变量与方程 1、2、3、4、5、6 相同，第 11 个研究变量变成了是否属于环境诉讼风险行业，第 12 个变量变成了法律执行力；还有三个三项相乘的交乘项。方程 8 的前 10 个变量与方程 1、2、3、4、5、6、7 相同，第 11 个研究变量变成了是否属于环境诉讼风险行业，第 12 个变量变成了公共压力；还有三个三项相乘的交乘项。方程 9 的前 10 个变量与方程 1、2、3、4、5、6、7、8 相同，第 11 个研究变量变成了是否属于环境诉讼风险行业，第 12 个变量变成了利益相关者导向；还有三个三项相乘的交乘项。他们以参与 CDP 项目的 283 家公司为样本，使用多元回归方法，方程 1、2、3 的结果较为一致，即：资产盈利能力、公司规模、负债比率与企业碳信息披露指数正相关；董事会开会次数、董事会规模等两个变量与碳信息披露指数负相关；董事会主席和 CEO 是否两职合一与企业碳信息披露指数正相关。公司污染水平是否高于行业平均值这个虚拟变量与碳信息披露指数不相关；是否为温室气体敏感的行业与企业碳信息披露指数负相关；环境诉讼风险与企业碳信息披露指数不相关。方程4、方程5、方程6的回归结果表明：法律执行力与企业碳信息披露指数负相关；公共压力与企业碳信息披露指数负相关；利益相关者导向与企业碳信息披露指数正相关。在交乘项方面，方程1、方程2、方程3的回归结果表明：独立董事占比与温室气体敏感行业的交乘项与企业碳信息披露指数负相关；独立董事占比与环境诉讼风险的交乘项与企业碳信息披露指数负相关。方程4、方程5、方程6的回归结果表明：女性董事占比与法律执行力的交乘项与企业碳信息披露指数正相关；女性董事占比与公共压力的交乘项与企业碳信息披露指数正相关；女性董事占比与利益相关者导向的交乘项与企业碳信息披露指数正相关。方程7、方程8、方程9的回归结果表明：女性董事占比与环境诉讼风险、法律执行力等三个变量的交乘项与企业碳信息披露指数正相关；女性董事占比与环境诉讼风险、利益相关者导向等三个变量的交乘项与企业碳信息披露指数正相关。这篇实证研究文献的结果表明，董事会并没有起到保护股东的作用，例如，董事会开会次数、董事会规模与企业碳信息披露指数负相关，董事会主席和CEO是否两职合一与企业碳信息披露指数正相关；而女性董事、独立董事占比与企业碳信息披露指数不相关。在外部环境中，法律执行力、公共压力、温室气体敏感行业与企业披露碳信息负相关；利益相关者导向与企业碳信息披露指数正相关。他们的实证结果表明法律指数、公共压力反而从负面影响了企业的碳信息披露，这种情况的发生可能有两个原因：第一，研究样本中绝大多数企业是自愿披露碳信息；第二，自愿披露的碳信息对股东利益的影响还不够明显。若泽—曼努埃尔和加西亚—桑切斯（2008）的研究结论与瑞德和托菲（2009）、普拉多—洛伦佐（2009）、罗、蓝和唐（2010）等研究者的结论有所不同，可见，法律、制度等因素等对企业碳信息披露的影响结论是不一致的。

彼得斯和罗米（2011）使用2002—2006年CDP调查的1462个样本作为研究样本，这些样本来自于回答CDP问卷的不同国家的上市公司的碳信息披露样本，因变量是0，1变量，表示是否披露了碳信息；除研究变量之外，作者使用上一年底的公司规模、净资产收益率、负债水平、成长性、不同的行业等变量作为控制变量，他们使用Logistic模型，通过实证研究发现，那些在董事会中拥有环境委员会或者可持续发展官员的公司、公司规模、董事会环境委员会的勤勉程度、可持续发展官员的经验、董事会其他成员的环境经验、同时具备环境委员会和审计委员会的公司等更加有可能披露碳信息。他们的实证结果的总体解释力为25%左右（模型的伪R2），表明还有其他变量有待深入挖掘，例如，公司所在地区的正式制度、非正式制度等都是值得探讨的因素。

彼得斯和罗米（2012）使用2002—2006年CDP调查的1462个样本年作为研究样本，但是，他们的研究变量发生了变化，使用了上一年度的tobin'Q值，公司董事会是否有环境委员会、碳信息的披露质量、管理层是否包括可持续发展官员、多米尼公司（Kinder Lydenberg Domini，简称KLD）赋予的公司的环境业绩分值、公司披露碳信息的年度次数、是否海外交叉上市、公司是否披露海外利润、公司的资本密集度、公司在本行业中的市场份额（代表竞争水平）、交易的股票数量占总股票数量的比例（以行业中位数调整）、公司是否主要由机构投资者持股，此外，控制变量包括公司总资产规模、盈利能力、负债水平等。研究结果表明，公司董事会是否有环境委员会、管理层是否包括可持续发展官员、多米尼公司赋予的公司的环境业绩分值、公司披露碳信息的年度次数、是否海外交叉上市、是否属于环境敏感行业（Environmental Sensitivity Industry，即ESI，包括石油开采、石化、造纸、化学、金属等五个行业）、公司的外部融资需求、行业集中度、公司规模等九个因素与企业碳信息披露正相关；处于高诉讼风险的行业与企业碳信息披露负相关。他们的实证结果的总体解释力为28%左右（模型的伪R2），较前一次研究结果更加精确。

塞姆和里昂（2011）使用98个电力公司从1995—2003年的碳排放数据，其中45家企业自愿披露碳信息（1605b项目的参与者），53家企业没有参与1605b项目。通过Probit回归，他们发现环境政策、较大的公司是促进公司参与1605b项目的因素。他们认为，1605b项目并没有显著降低企业的碳排放浓度。1605b项目是1992年颁布的能源政策法案的一个部分，称为1605b，该项目要求企业在美国能源部注册、记录并披露其自愿的温室气体排放降低情况，但是，参与1605b项目是企业自愿的，1605b项目没有规定企业报告碳排放降低情况的具体标准，也没有规定企业是按照整个公司来报告还是按照某一个项目来报告；更没有规定减排对比的基准年，减排的绝对量还是相对的排放浓度，因此，是否参与1605b

项目和如何报告碳排放情况，企业的自由裁量权很大。塞姆和里昂（2011）使用电力公司公布的煤、天然气、其他能源的消耗量来测算其碳排放量，他们发现，企业选择性披露了积极的环境业绩，隐藏了负面的环境结果的信息。最后，他们建议：1605b 项目在信息披露方面的灵活性侵害了该项目的有效性和可靠性，因此，限定报告的具体内容将使得报告更加具有信息含量。该实证结论也提示我们，如果不强制要求企业披露碳信息，多数企业并不主动地披露碳排放量信息。

阿布拉雅、拉尼娅和卡马尔（2012）认为董事会的独立性（使用独立董事所占的比例来衡量）、两职合一、董事会规模、董事会会议次数、董事的胜任能力和经验、受教育程度、董事在不同公司交叉任职、是否具有社会责任或者环境委员会、审计委员会独立性、薪酬委员会的独立性、提名委员会的独立性、所有权结构、股权集中度、机构投资者持股比例等因素可能会影响企业的环境信息披露，其实证结果表明，大部分董事会特征与企业环境信息披露呈现正相关关系。

在我国，公司治理与国外的情况有所不同，上述研究中的女性董事占董事会的比率、董事会开会次数等公司治理变量可能并不适合我国的实际情况，在我国，国有控股的企业在碳减排方面的压力要大于民营企业，对于贯彻政府单位 GDP 二氧化碳排放量下降 40%—50% 的目标更加坚决，否则，国有企业的领导者更有可能在体制内被降级或者免职。因此，考虑中国的公司治理特征并进行相应的影响因素方面的研究是较为恰当的。

四　竞争问题对企业碳信息披露的影响

奥克莱克（2007）通过调查 FTSE100 企业，认为企业进行碳管理的动机包括碳管理可以影响企业的盈利能力、竞争优势、托管责任、避免被指责在气候变化上不作为的风险、伦理因素等五个因素。而碳管理的影响因素则涉及能源价格的变化、消费者市场的变化（例如，生物燃油、汽油等的需求变化）、管制和政府指令、投资者压力、技术变革等五个要素；碳管理的阻力来自缺乏强有力的政策框架、政府活动的不确定性、市场的不确定性等三个方面。但是，他并没有进行实证分析。梅格莱布里安（2010）认为，碳信息披露对不同群体的目的是不同的，例如，企业对于消费者披露碳信息，是为了获得品牌和广告效应。但是，他并没有进行相应的实证检验。阿姆斯壮（2011）认为，回答碳信息披露项目问卷的企业正在逐渐增多，在2010年，就有3000家企业回答了CDP问卷，从2003—2010年之间，呈现逐渐增长的态势。他认为：披露温室气体信息的压力，来自于供应链的碳足迹问题、制度压力、企业发展战略等方面的压力，但是，他并没有进行实证方面的检验。

综上所述，在企业碳信息披露的影响因素中，上述研究者得出的一些结论是相互矛盾的，例如，就公司内部因素来说，斯坦利（2011）、考特和纳贾赫（2011）对于负债水平对于碳信息披露的影响情况，前者的结论是负相关，后者的结论是正相关。就制度因素来说，若泽—曼努埃尔和加西亚—桑切斯（2008）的研究结论与瑞德和托菲（2009）、普拉多—洛伦佐（2009）、罗、蓝和唐（2010）等研究者的结论也有所不同，可见，法律、制度等因素等对企业碳信息披露的影响结论也是不一致的。就公司治理来说，我国的公司治理与国外的情况有所不同，国有控股的企业在碳减排方面的压力要大于民营企业，对于贯彻政府单位GDP二氧化碳排放量下降40%—50%的目标更加坚决，否则，国有企业的领导者更有可能在体制内被降级或者免职。股东的获利能力也是公司治理中需要考虑的重要因素，原因是股东获利能力高，可能更加有动力继续从事高盈利的项目，而不去进行节能减排和相应的碳信息披露工作。此外，我国的制度背景也与国外有所不同，在我国，制度背景体现在国家对北京、天津、上海、重庆、湖北、广东、深圳等七个省市所开展的碳排放权交易试点。因此，充分吸收已有文献的分析成果，结合我国的制度背景和特有的公司治理因素，考虑企业的资金来源、盈利能力、负债水平、公司规模等因素综合分析我国企业碳信息披露的影响因素是十分必要的。

第三节　理论分析与假说发展

一　公司规模对企业碳信息披露的影响

考恩、法来利和帕克（1987），尤达雅萨卡（2008），基姆和里昂（2011）认为，公司的规模越大，其经营活动所涉及的利益相关者就越广泛，公司对于碳排放的态度就越有可能受到来自政府管制机构、环保组织、媒体、社区居民、公司内部员工等利益相关者群体的关注，大公司在面对上述复杂的利益相关者群体时，需要通过碳信息披露来与利益相关者进行沟通，而小公司由于接触的利益相关者较少，其企业社会责任报告满足基本的信息披露要求即可。因此，大公司不仅仅是通过披露碳信息来告知利益相关者本企业已经从事的节能减排活动，也有可能通过自愿的碳信息披露行为，获得上述利益相关者的认可，使企业获得经营资源、提高企业的声誉。因此，规模越大的公司，就更加可能进行企业碳信息披露活动。弗里曼和加吉（2005）也发现规模对碳信息具有正向影响。若泽—曼努埃尔、路易斯、加列戈—阿尔瓦雷斯和加西亚—桑切斯（2009）从成本收益角度出发，提出大公司披露碳信息更加容易获得收益。因此，提出如下假说：

H_1：限定其他条件，公司规模越大的企业，越可能从事碳信息披露活动。

二 负债水平对企业碳信息披露的影响

节能减排工作由于固定资产更新、节能减排技术开发等因素，往往需要大额资金支出，本章使用的负债水平是样本公司上一年年底的负债水平，负债水平高的企业很可能是在节能减排的设备、技术等方面投入大额资金，承担了较多的节能减排活动，并由此而披露较多的碳信息。罗德里格斯—多明戈斯、加列戈—阿尔瓦雷斯和加西亚—桑切斯（2009）从代理理论角度出发，指出企业披露碳信息可以降低代理成本，减低所有者和债权人之间的利益冲突。投资者和债权人可以恰当地评估公司的破产风险，从而做出决策（弗里德曼和加吉，2005）。因此，负债水平高的企业可能披露更多的碳信息。

H_2：限定其他条件，负债水平较高的企业，更加可能从事碳信息披露活动。

三 公司盈利能力对企业碳信息披露的影响

普雷斯顿和奥班农（1997）提出的“提供资金假说”认为，好的财务业绩使公司有更宽裕的资源投入到企业社会责任活动中去；反之，即使上市公司有动机想要进行企业节能减排活动，恐怕也是“心有余而力不足”。一般来说，公司盈利能力越强，资金越充裕。这一假说主要考察公司依靠自身的盈利能力而非贷款或者其他途径获得的资金对企业碳信息披露的影响。因此，提出如下假说：

H_3：限定其他条件，盈利能力越好的企业，越有可能从事碳信息披露活动。

四 股东获利能力对企业碳信息披露的影响

本书使用年初的每股营业收入来衡量股东获利能力，股东获利能力是一个复杂的因素。通常存在着两种可能：第一，一个公司在年初时，如果股东获利能力较好，可能把更多的资源用来进行节能减排，从而使得企业的碳信息披露的内容更多；第二，一个公司在年初时，如果股东获利能力较好，这不但不能促进企业的节能减排活动，反而促使股东为维护这一高收入现状，而不进行或者减少企业的节能减排活动，从而披露更加少的碳信息。因此，提出如下竞争性假说：

H_{4a}：限定其他条件，股东获利能力越好的企业，更加可能从事碳信息披露活动。

H_{4b}：限定其他条件，股东获利能力越好的企业，更加不可能从事碳信息披露活动。

五 公司现金流量能力对企业碳信息披露的影响

若泽—曼努埃尔、普拉多—洛伦佐、路易斯、加列戈—阿尔瓦雷斯和加西亚—桑切斯（2009）认为，如果公司的经营业绩较差，企业为了生存，必然优先达到经济目标，而非环境保护目标。公司从事碳减排活动，需要资金的支持，有的企业从事碳排放所需要购买的固定资产、专利等无形资产所需要的现金数量巨大，以附录2中上市公司河北钢铁（000709）为例，根据其2011年企业社会责任报告中的数据显示，在节能减排资金方面，累计投入5.7个亿；宝钢股份（600019）在三年左右将投入节能减排资金5.8个亿。对于企业来说，巨额的节能减排资金需求主要来自于经营活动、筹资活动，而投资活动一般来说会减少企业的资金；经营活动产生的现金流量是企业可持续发展的主要资金来源，如果这部分资金充裕，企业更有可能从事节能减排活动，并进而披露较多的碳信息；与此相反，如果企业的投资活动较多，投资活动的现金流越高，越没有资金投入到节能减排中，所以，将披露较少的碳信息；而筹资活动现金流较多的企业，则会给企业带来现金流，而且，我国对于节能减排，银行由于绿色信贷政策的影响，也会积极贷款；因而，筹资活动现金流量越多的企业，越有可能披露碳信息。因此，提出如下假说：

H_{5a}：限定其他条件，年初每股经营活动现金流越高的企业，越有可能从事碳信息披露活动。

H_{5b}：限定其他条件，年初每股投资活动现金流越高的企业，越不可能从事碳信息披露活动。

H_{5c}：限定其他条件，年初筹资活动较多的企业，更加可能从事碳信息披露活动。

六　公司发展能力对企业碳信息披露的影响

一个公司在年初时，如果公司发展能力较好，可能把更多的资源用来扩大发展规模，从而使得企业的碳信息披露方面的资源不足，笔者使用年初的总资产增长率来衡量公司发展能力，因此，提出如下假说：

H_6：限定其他条件，公司发展能力越好的企业，越不可能从事碳信息披露活动。

七　股权结构对企业碳信息披露的影响

我国政府在《2009中国可持续发展战略报告》中提出了中国发展低碳经济的战略目标，到2020年，单位GDP的二氧化碳排放降低45%左右；碳减排的压力也导致各级政府要求辖区企业进行节能减排工作。上述政策对企业行为产生影响的前提是第一大股东的股权性质，如果第一大股东是财政部等中央部委，必须考虑国家政策导向，否则将导致政府更加严格的监管，甚至公司高级管理层被撤换等；因此，国有控股的企业更有可能从事节能减排工作并披露更多的碳排放信息。第一大股东为自然人或者民营企业的公司则恰好相反，这些企业更加可能把工作重点放在追逐利润上，而非节能减排活动上。综上所述，考虑股权结构对企业节能减排和碳信息披露的影响，提出如下假设：

H_7：限定其他条件，第一大股东为国家控股的企业，更加可能从事碳信息披露活动。

八　制度背景对企业碳信息披露的影响

1. 碳排放交易市场对企业碳信息披露的影响

本书在第三章中详细论述了企业碳信息披露对于降低搜寻成本、信息成本、议价成本、决策成本、监督成本、违约成本等交易成本的重要性。我国的碳排放权交易市场也已经建立起来，2011 年 12 月，国家发展改革委员会发布了《关于开展碳排放权交易试点工作的通知》，批准在北京、天津、上海、重庆、湖北、广东、深圳开展碳排放权交易试点。碳交易制度的建立，将使得一部分企业因为具有较多的碳排放配额而产生碳资产，而另一部分企业由于减排压力很大，将产生碳负债，因此，碳信息不再是与投资者无关的事项，处于碳交易试点地区的企业，碳排放的现状、未来碳减排的措施等都更有可能作为利益相关的重要信息予以披露；这也是影响我国碳排放权交易市场正常运转的因素之一；如果让碳排放权交易的企业自己去搜寻其他企业的碳排放信息并进行是否进行碳排放权交易的决策，无疑会增加信息成本、议价成本、决策成本等交易成本；降低碳排放权交易市场的运行效率。因此，处于《关于开展碳排放权交易试点工作的通知》中规定的试点地区的企业更加有可能披露碳排放信息，以便于降低交易成本，促进碳排放市场的有效运转。因此，提出如下假说：

H_{8a}：限定其他条件，公司总部设在上述开展碳交易的地区，更加可能从事碳信息披露活动。

除了碳排放权交易的制度背景之外，笔者注意到企业所处的不同地区的市场化程度、法律保护程度也将影响企业碳信息披露的状况。下面分别论述。

2. 上市公司所在地区的法律环境对企业碳信息披露的影响

本书在第三章中论述了信息不对称问题而导致的道德风险问题，即管理层事后的机会主义行为。例如，企业管理层为了迎合上级主管部门扩大国内生产总值（GDP）、创造晋升业绩的要求，可能不考虑公司的节能减排问题及其带来的碳排放信息披露问题，而是产量是否能够扩大，如何促销等问题。这就导致了经济增长刺激下的碳排放量提高，在没有相关的制度约束企业管理层披露相关的产能扩大而带来的碳信息披露问题时，很难想象管理层会主动披露碳排放信息，个别地区甚至提供虚假的碳排放信息骗取国家的节能减排补贴。例如，据中国审计署 2013 年第 16 号审计公告《10 个省 1139 个节能减排项目审计结果》[①] 的内容显示，“在 1139 个节能

---

① 中华人民共和国审计署办公厅：《10 个省 1139 个节能减排项目审计结果》，2013－05－17. http：//www. audit. gov. cn/n1992130/n1992150/n1992379/n3280976. files/n3281014. htm.

减排项目中，有42家单位（企业）实施的44个项目未达到预期节能减排效果，涉及专项资金15.87亿元。少数企业和项目实施单位通过提供虚假信息、编造虚假资料等方式违规申请并获得1.41亿元专项资金，违规将1.29亿元专项资金用于日常办公、企业经营等非节能减排方面支出”。上述存在提供虚假信息、编制虚假资料的企业在法律制度环境较好的地区，更加有可能被发现，并且得到相应的处罚，因此，在法律环境较好的地区，企业更有可能公开企业的碳排放信息，有利于接受公众的监督，而且有利于使本公司与同行业其他未披露碳排放状况信息的企业区分开来，表明企业履行了国家的相关法律制度。因此，提出如下假说：

H_{8b}：限定其他条件，上市公司所在地区的法律制度环境越好，企业更加可能从事碳信息披露活动。

3. 上市公司所在地区的要素市场环境对企业碳信息披露的影响

生产要素包括劳动力、资本、土地、生产技术等内容。企业所在地区的要素市场越发达，企业越有可能通过主动积极地披露碳排放信息，以便于获得银行贷款、节能减排技术等企业发展所必需的生产要素。反之，如果企业所在地区的要素配置市场化程度低，企业获取生产要素的方式也就相应地采取非市场化的方式。例如，余明桂、潘红波（2008）发现有政治关联的企业更容易获得银行贷款；进一步地，余明桂、回雅甫和潘红波（2010）发现有政治关联的企业更容易获得地方政府的财政补贴。因此，上市公司所在地区的要素市场越发达，企业越有动机披露企业所从事的节能减排工作，以便于降低信息不对称情况，是企业自愿传递的一种“信号”，表明了企业积极从事符合国家政策导向的节能减排工作，以便于获得银行贷款、节能减排技术等生产要素。所以，提出如下假说：

H_{8c}：限定其他条件，对于处于碳排放权试点城市的上市公司来说，这类公司所在地区的要素市场越发达，企业越有可能从事碳信息披露活动。

4. 上市公司所在地区的产品市场环境对企业碳信息披露的影响

本书在第三章“碳信息披露的经济学分析”中论述了碳排放权交易制度对企业披露碳信息的影响，由于我国已经在北京、上海、重庆、天津、广东、深圳、湖北等七个省市进行碳排放权交易试点，并且也有企业开始进行碳排放权交易，对于这些试点城市的企业来说，碳排放权是一种可以交易的产品。对于其他未进行碳排放权交易试点的城市中的企业来说，碳排放权交易是否影响其碳信息披露则需要进行实证检验。由于各个企业所在城市的产品市场的发育程度不同，也将影响企业披露碳信息的积极性，例如，如果交易价格由市场决定的程度越高，而非行政指令确定碳交易权的价格，则市场机制在配置稀缺资源方面的作用更加明显，企业披露碳信息的积极性就越高。因此，提出如下假说：

H_{8d}：限定其他条件，对于处于碳排放权试点城市的上市公司来说，这类企业所在地区的产品市场越发达，企业越有可能从事碳信息披露活动。

5. 上市公司所在地区的诚信发展程度对企业碳信息披露的影响

制度包括正式制度和非正式制度。正式制度主要是指法律制度的影响，其代表人物是拉波尔塔、洛佩兹和施莱费尔（1997，1998，2000，2002）等研究者；非正式制度是指道德、信任等因素的影响，代表人物是戴克和津加莱斯（2002，2004，2006）等研究者。本书在正式制度方面，考虑了企业是否在碳排放交易试点城市、企业所在地区的法律环境、要素市场环境、产品市场环境等四项因素对企业披露碳排放信息的影响。那么，对于非正式制度，例如，上市公司所在地区的信任度是否影响企业披露碳信息呢？刘凤委、李琳和薛云奎（2009）以不同的商业信用模式选择作为交易成本的间接度量手段，他们发现各个上市公司所在地区的信任度越高，该地区企业的交易成本越低；低信任地区的企业承担了较高的交易成本。本书在第三章曾经分析了碳信息披露是降低企业交易成本的必要措施，上市公司所在地区的信任度也将影响企业披露碳排放信息，以便于降低交易成本。根据以上分析，提出如下假说：

H_{8e}：限定其他条件，上市公司所在地区的信任度越高，企业越有可能从事碳信息披露活动。

九 行业因素对企业碳信息披露的影响

不同的行业承担的碳减排的压力是不同的，例如，工业企业由于使用的化石燃料、水、电等高能耗、高排放的资源较多，就更有可能披露碳排放方面的信息。而商业企业，其业务性质以购销为主，产生的碳排放量有限，从而，披露碳信息也更少。因此，提出如下假说：

H_9：限定其他条件，不同行业中的上市公司，碳信息披露活动存在显著差异。

第四节 研究设计

一 中国上市公司碳信息披露的描述性统计

1. 碳信息披露内容界定的文献回顾

纳贾赫（2011）认为企业碳信息披露包括碳风险和碳机会、碳排放量、碳核定、碳交易、碳减排业绩、与碳排放相关的公司治理等六个部分。碳信息披露项目（CDP）认为企业碳信息披露包括碳风险与机遇（包括碳风险、碳机遇、碳减排目标、排放管理战略）、碳减排核算（包括碳排放核算方法、直接和间接的碳排放）、碳减排管理（包括碳减排成本、减排计划、碳交易情况）、全球气候治理（包括气候治理的政策、减排责任分配和激励措施）等内容。世界资源研究所和世界可持续发展工商理事会所发布的“温室气体排放的会计和报告准则”要求企业报告温室气体的排放量、排放源、减排效果等内容。ISO14064 的温室气体报告标准则包括温室气体的排放量、排放计划、排放战略等 11 项内容。由上述非政府组织或者研究者的碳信息披露分类可以看出，对于企业碳信息披露的内容界定在国外也没有形成一致意见。通过对我国上市公司企业社会责任报告中披露的碳信息披露情况进行内容分析，笔者发现，我国企业的碳信息披露很难按照 ISO14064 的 11 项内容或者碳信息披露项目（CDP）的四个大类来进行披露评分，由本书附录二所提供的中国上市公司企业社会责任报告中所披露的碳信息可见，我国绝大多数企业未披露 ISO14064 或者碳信息披露项目（CDP）所要求的数据；绝大多数企业是按照温室气体种类来进行披露的。这种披露模式与我国相关的制度背景有极大的关联。例如，我国国民经济和社会发展“十一五”规划纲要[①]提出两项约束性指标，“到 2010 年全国万元 GDP 能耗要比 2005 年下降 20% 左右，主要污染物 SO2（二氧化硫）、COD（化学需氧量）排放总量要比 2005 年减少

---

① 国家发展改革委员会、教育部、科技部、财政部等部门起草，十届全国人大四次会议审查和全国政协十届四次会议讨论通过的《中华人民共和国国民经济和社会发展第十一个五年规划纲要》，http：//news. xinhuanet. com/misc/2006 - 03/16/content_ 4309517. htm. 2006 - 03 - 16. 第十一个五年是指 2006—2010 年。

10%”。此后，国民经济和社会发展“十二五”规划纲要[①]进一步提出，“单位国内生产总值能源消耗降低16%，单位国内生产总值二氧化碳排放降低17%。主要污染物排放总量显著减少，化学需氧量、二氧化硫排放分别减少8%，氨氮、氮氧化物排放分别减少10%”。从上述制度背景可以看出，化学需氧量、氨氮是涉及水污染治理的；二氧化硫、二氧化碳、氮氧化物是涉及空气污染治理的。因此，我国上市公司并没有按照ISO14064或者CDP来披露减排战略、直接排放量、间接排放量等内容；而是按照我国的制度要求，披露二氧化硫、二氧化碳、氮氧化物等空气污染指标。这种制度背景是笔者在衡量我国企业温室气体信息披露情况时必须予以考虑的。

里士满和考夫曼（2006）、弗里德曼和加吉（2005）也是通过温室气体种类来计算企业的碳信息披露情况。温室气体包括二氧化碳、甲烷、氧化亚氮、氢氟碳化物、全氟碳化物、六氟化硫等六种气体，笔者把上述六种气体简化为二氧化碳、甲烷、氮化物、氟化物、硫化物等五类，并添加企业参与清洁发展机制（CDM）的情况对企业碳信息披露进行指数评分，上述六个项目为等权重，没有披露是0分，披露定性信息或者定量信息为1分，既有定性信息又有定量信息为2分，即每家上市公司的最高得分为12分，最低得分为0分。

2. CDP对中国上市公司的问卷数据无法使用的原因分析

据碳信息披露项目（CDP，2011）统计，中国的上海证券交易所，收到CDP问卷的企业仅有15%的企业回答了问卷；在深圳证券交易所，收到CDP问卷的企业仅有2%的企业回答了问卷；这导致CDP的调查数据属于小样本的性质，不利于研究结论的推广。作为替代方法，CDP中国项目部从企业社会责任报告中寻找碳信息，在2011年发布的2010年的企业社会责任报告中，有87%的企业明确提到气候变化，但停留在概念认知方面，数量信息披露很少，只有五家企业披露了减排目标。由此可见，企业社会责任报告是了解企业碳信息披露的较好渠道。

---

① 国家发展改革委员会、教育部、科技部、财政部等部门起草，十一届全国人大四次会议审查和全国政协十一届四次会议讨论通过的《中华人民共和国国民经济和社会发展第十二个五年规划纲要》，http：//www.gov.cn/2011lh/content_ 1825838_ 2.htm．第十二个五年是指2011—2015年。

通过本书的附录一“美国等发达国家的企业碳信息披露举例”中的内容可以看出，许多西方发达国家的企业在披露碳信息时，披露了未来的减排目标、减排的战略和手段、多年度减排的业绩、涉及价值链甚至企业所有的业务活动所产生的碳排放情况都包括在内，如此详细的碳信息披露当然可以使用本书第二章所介绍的CDP所涉及的指标体系。但是，通过本书附录二“中国企业碳信息披露举例”中，可以看出，我国很多企业并未披露企业的碳减排战略、多年的碳减排业绩；而直接排放量、间接排放量等内容则基本没有涉及；因此，在我国目前的“十一五”规划纲要、“十二五”规划纲要的制度背景要求下，以及上市公司的碳信息披露具体现状的情况下，CDP的指标体系并不适用。

3. 使用企业社会责任报告作为碳信息披露的数据来源

当前，我们了解我国碳信息披露状况共有四个来源：公司网站、碳信息披露项目（CDP）问卷调查的统计资料、企业年度报告、企业社会责任报告。公司网站作为网络媒体，虽然具有信息沟通速度快的优点，但是，网站信息可以被公司随时删除或者更新，因此，从可靠性和持久性来说，网站披露的碳信息资料不做考虑。对于中国的上市公司来说，回答独立第三方碳信息披露项目（CDP）所做的问卷调查的企业非常少，以2010年为例，仅有13家企业回答了CDP的问卷，26家企业提供了部分信息；41家没有回复，20家拒绝参与。[①] 这种情况下是无法进行大样本研究的。而且据张巧良等学者（2011）的调查，我国上市公司在回答CDP问卷时的碳信息披露内容与年度报告中的碳信息披露内容、企业社会责任报告中的碳信息内容不一致。综上所述，本书没有考虑公司网站披露的碳信息内容；也没有考虑碳信息披露项目（CDP）问卷调查中国公司的碳信息披露情况。本书着重考虑年度报告和年度企业社会责任报告中的碳信息。而且，对于同一个上市公司，年度报告中的碳信息与企业社会责任报告中的碳信息内容不一致。原因如下：

我国一些上市公司的观念是在年度报告中尽可能多地披露财务状况、经营成果、内部控制、审计结论等内容，对于环境保护、员工健康与安全、社区责任等企业社会责任方面的内容，在企业社会责任报告中进行详细披露，因此，就有可能出现年度报告中披露的碳信息与企业社会责任报

① 商道纵横：《碳信息披露项目——中国报告2010》。

告中披露的碳信息内容详尽差异较多的情况。

为了把握年度报告中的碳信息披露与企业社会责任报告中的碳信息披露哪个更加全面，笔者将上述内容分析法获得的年度报告中的碳信息披露指数分值与企业社会责任报告中的碳信息披露的指数分值进行配对 t 检验；检验结果如下：

表 4-2　我国企业年度报告中碳信息披露与企业社会责任报告中的碳信息披露 t 检验结果

586 家公司在企业社会责任报告中披露碳信息的均值	1.26
586 家公司在年度报告中披露碳信息的均值	0.63
配对 t 检验的 t 值和显著性	12.156***
配对样本数	586

注：***：在1%水平上显著；**：在5%水平上显著；*：在10%水平上显著。

表 4-2 中的 586 家公司是指在 2012 年 5 月 1 日之前发布企业社会责任报告的企业，[①] 这些上市公司同时也发布了年度报告，表中的检测结果

① 作者使用 2012 年 1 月 1 日到 2012 年 5 月 1 日之间，上市公司披露的 2011 年履行社会责任情况的企业社会责任报告中的碳减排情况作为自变量；第五章的因变量是 2012 年底的贷款数据、第六章的因变量是 2012 年底的托宾 Q；用来测试碳减排信息披露之后，债权人、投资者的决策是否受到了影响。因此，研究中并不仅仅是 2011 年的数据，还涉及 2012 年底的很多数据。

本书所使用的数据可以满足研究假说证明的要求。在实证研究中，涉及第四章“碳信息披露的影响因素检验”、第五章和第六章的“碳信息披露的经济后果”，碳信息披露的经济后果是指碳信息披露之后对投资者、债权人决策行为的影响。本书中的企业碳信息是在 2012 年 1 月 1 日到 5 月 1 日之间由企业在社会责任报告中披露的；在这个时间点，本书第四章、第五章、第六章的研究假设所提到的制度背景因素都已经具备，例如：

（1）2007 年 5 月，国务院发布的《国务院关于印发节能减排综合性工作方案的通知》明确提出“要把节能减排指标完成情况纳入各地经济社会发展综合评价体系，作为政府领导干部综合考核评价和企业负责人业绩考核的重要内容，实行一票否决制”。

（2）2011 年 9 月，国务院发布的《国务院关于印发“十二五”节能减排综合性工作方案的通知》提出“进一步落实地方各级人民政府对本行政区域节能减排负总责、政府主要领导是第一责任人的工作要求”，并且将各个省的碳减排目标细化到 2015 年底必须完成的、以万吨为单位的碳减排数量值。

（3）我国的碳排放权交易始于国家发展改革委员会于 2011 年 12 月发布的《关于开展碳排放权交易试点工作的通知》，批准在北京、天津、上海、重庆、湖北、广东、深圳开展碳排放权交易试点。

就是这两个报告中所披露的碳信息的详略程度的统计分析，由表4－2的统计结果可知，年度报告中披露的碳信息明显少于企业社会责任报告中披露的碳信息，如果使用年度报告中的碳信息披露情况进行统计分析，极有可能得出不稳健的结论。因此，本书下面的统计分析都是以企业社会责任报告中的不同的温室气体信息作为碳信息来源，由于一些样本公司参加了节能减排机制（CDM），因此，本书也把是否参与CDM项目得分加入到企业碳信息披露评分中来。这样，可以全面地、真实地了解企业的碳信息披露情况，使用这一数据所进行的影响因素和经济后果研究也更加严谨。

4. 我国上市公司碳信息披露的描述性统计

如图4－1所示，2012年5月1日之前，披露公司企业社会责任报告的586家上市公司中，温室气体披露得分为0分的有183家，占31.23%；温室气体披露得分为1分的有223家，占38.05%；温室气体披露得分为2分的有92家，占15.70%；温室气体披露得分为3分的有47家，占8.02%；温室气体披露得分为4分的有19家，占3.24%；温室气体披露得分为5分的有17家，占2.9%；温室气体披露得分为6分的有4家，占0.68%；温室气体披露得分为7分的有1家，占0.17%。

图4－2和图4－3的统计结果表明样本公司的碳信息披露得分符合正态分布。

上述制度背景因素在2012年1月1日到5月1日之间都已具备，企业也在这个时间段披露了2011年社会责任履行情况的社会责任报告，刚好可以测试2012年债权人和投资者的决策是否受到影响。因此，我们选择了这一时间点的数据。

本书所使用的研究数据并不陈旧，国际顶级期刊也经常存在这种情况。例如，阿哈罗尼等人在2010年第29卷的*Journal of Accounting and Public Policy*发表的论文“Tunneling as an Incentive for Earnings Management During the IPO Process in China”使用的是1999年到2001年的数据；克莱门特等人在2011年第51卷的*Journal of Accounting and Economics*发表的论文“Understanding Analysts' Use of Stock Returns and Other Analysts' Revisions When Forecasting Earnings”使用的是1996年到2005年的数据。张等人在2010年第29卷的*Journal of Accounting and Public Policy*发表的论文“How do Firms React to the Prohibition of Long-lived Asset Impairment Reversals? Evidence from China”使用的是2002年到2006年的数据。这种情况不胜枚举，满足研究假说论证的需要即可。

当前，国内外没有任何一家数据库提供中国企业碳减排方面的数据，因此，如同书中所提到的，我们通过企业社会责任报告，手工搜集企业的碳减排信息，手工搜集数据的特点决定了我们无法向其他研究者那样，随时使用现成的数据库进行数据更新。综上所述，笔者使用上述数据可以满足第四章、第五章、第六章研究假说证明的需要。

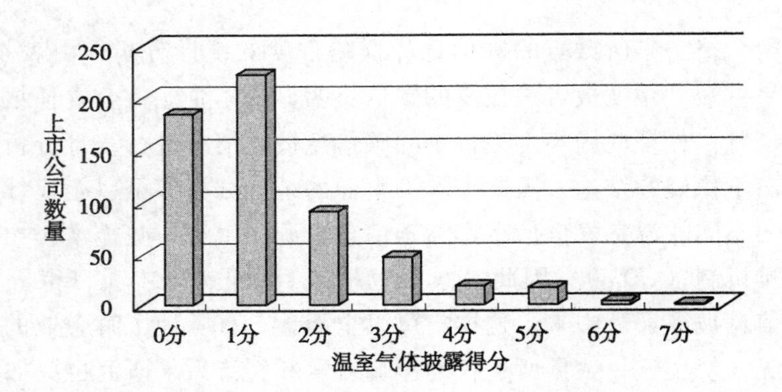

图4－1　586家上市公司企业社会责任报告中温室气体信息披露得分

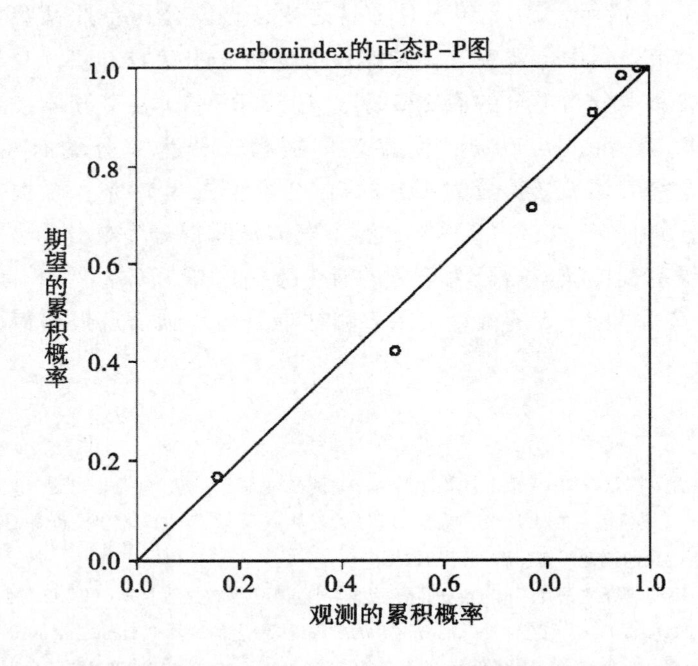

图4－2　586家上市公司企业社会责任报告中披露的碳信息的P－P检验图

如图4－4所示，2012年发布企业在2011年履行企业社会责任情况的上市公司有586家，在586份企业社会责任报告中，披露二氧化碳信息的有321家，占54.78%；披露硫化物信息的上市公司有156家，占26.62%；披露氮化物信息的上市公司有85家，占14.51%；披露甲烷的上市公司有3家，占0.51%；披露氟的有18家，占3.07%；披露CDM的上市公司有21家，占3.58%。由此可见，披露二氧化碳信息的上市公司数量最多，其次是披露硫化物信息，披露最少的是甲烷信息。

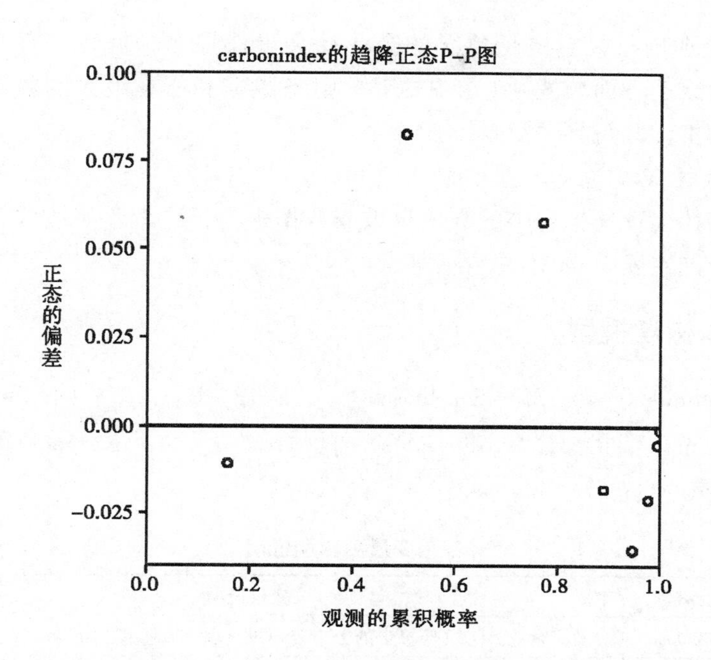

图 4-3 586 家上市公司企业社会责任报告中披露的碳信息的趋降 P-P 检验图

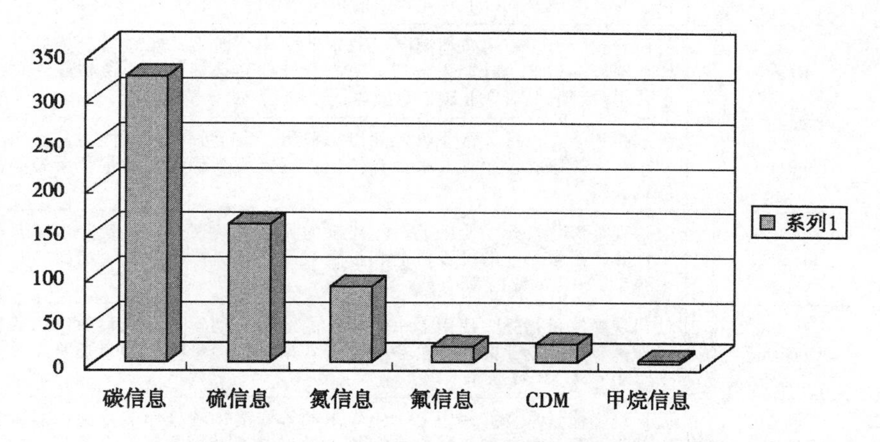

图 4-4 586 家上市公司企业社会责任报告中披露的不同种类的碳信息的描述性统计图

二 数据说明

1. 样本来源

在 2012 年 4 月 30 日之前，我国沪深两市共有 586 家上市公司披露了

2011 年企业履行社会责任情况的企业社会责任报告，但是，有一些上市公司因为缺乏下面公式（1）中的部分财务数据和所在地区的数据被剔除出研究样本，共得到研究样本 554 个。

2. 数据来源

企业社会责任报告中的碳信息披露数据来自于作者手工收集，其他数据来自于国泰安 CSMAR 数据库。

三 构建模型

$$carbonindex_{i,t} = \beta_{0+} \beta_1 \ lnasset_{i,t-1} + \beta_2 . lev_{i,t-1} + \beta_3 . roa_{i,t-1} + \beta_4 . yingshou_{i,t-1} + \beta_5 . cash_{i,t-1} + \beta_6 . grow_{i,t-1} + \beta_7 . guokong_{i,t-1} + \beta_8 . tradecity_{i,t-1} + \beta_9 . industry_{i,t-1} + \varepsilon$$ 公式（1）

表 4-3 各个变量名称和说明

变量名称	变量说明
Carbonindex	发布企业社会责任报告的上市公司进行碳信息披露的得分
Lnasset	公司规模，以上一年年末的总资产的自然对数 lnasset 来计算
Lev	企业的负债规模，以上一年年末的负债总额除以资产总额来计算
Roa	公司盈利能力，使用净利润除以总资产平均余额来计算该值；总资产平均余额 =（资产合计期末余额 + 资产合计期初余额）/2。该指标用来衡量公司盈利情况对企业碳信息披露的影响
Yingshou	股东获利能力指标，营业收入除以总股数，衡量股东获利能力，使用上一年年末的每股营业收入来计算该值；考察股东获利能力是否会影响碳信息披露
Incash	公司现金流量指标，使用上一年年末的投资活动现金净流量除以总股数来计算，衡量企业的投资机会和投资效果是否会影响碳信息披露。数据来源于 CSMAR 数据库
Opcash	公司现金流量指标，使用上一年年末的经营活动现金净流量除以总股数来计算，衡量企业的投资机会和投资效果是否会影响碳信息披露。数据来源于 CSMAR 数据库
Ficash	公司现金流量指标，使用上一年年末的筹资活动现金净流量除以总股数来计算，衡量企业的投资机会和投资效果是否会影响碳信息披露。数据来源于 CSMAR 数据库
Grow	公司发展能力指标，使用（年末的总资产 - 年初的总资产）/年初的总资产来计算；用于衡量公司的发展能力对碳信息披露的相关性
Guokong	虚拟变量，国有股股数占总股数 50% 及以上的企业，该变量为 1，否则为 0。测算国有企业是否更加积极地披露碳信息
Tradecity	虚拟变量，样本中各上市公司总部所在地区处于北京、上海、重庆、天津、广东、深圳、湖北等国家要求进行碳排放交易试点的城市，tradecity 为 1；否则为 0

续表

变量名称	变量说明
Law	樊纲、王小鲁、朱恒鹏（2010）所编制的法律制度环境的发育程度指数，该指数的设计中考虑了律师、会计师等市场中介组织的发育水平、对生产者权益的保护、对消费者权益的保护、知识产权保护等四个因素，综合得分就是上市公司所在地区的要素市场环境的发达程度。该指数在很多研究中得以应用，例如，姜英兵、严婷（2012），孙铮、刘凤委、李增泉（2005），唐建新、陈冬（2010）等曾经使用该指数探讨法律制度环境的发育程度对企业行为的影响
Yaosu	樊纲、王小鲁、朱恒鹏（2010）所编制的要素市场发育程度指数，该指数包括金融业的市场化、劳动力的流动性、外商直接投资额、技术成果市场化等四个指标，综合得分就是上市公司所在地区的要素市场的发达程度。崔秀梅、刘静（2009），姜英兵、严婷（2012），周中胜、何德旭、李正（2012），邓建平、饶妙、曾勇（2012），李正、官峰、李增泉（2013）等曾经使用该指数探讨要素市场发育程度对企业行为的影响
Chanpin	樊纲、王小鲁、朱恒鹏（2010）所编制的要素市场发育程度指数，该指数包括价格由市场决定的程度、减少商品市场上的地方保护两个因素，综合得分就是上市公司所在地区的产品市场的发达程度。该指数在很多研究中得以应用，例如，肖作平（2009），肖作平、周嘉嘉（2012），唐跃、王东浩、陈暮紫、陈敏、杨晓光（2011）等曾经使用该指数探讨产品市场发育程度对企业行为的影响
Industry	行业控制变量：我们按照 CSMAR 数据库的行业分类标准，把样本中的上市公司的行业分为六类：金融业、公用事业、房地产、综合、工业、商业。就最终消费者来说，为防止多重共线性，最终将有 5 个行业虚拟变量进入到公式（1）的回归分析中
Trust	企业所在地区的信任指数，数据来源于张维迎、柯荣任（2002）编制的中国各省的信任指数

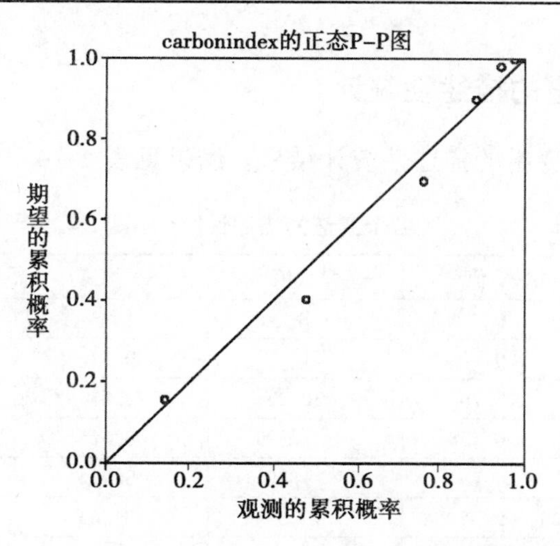

图 4－5　554 家上市公司企业社会责任报告中披露的碳信息的 P－P 检验图

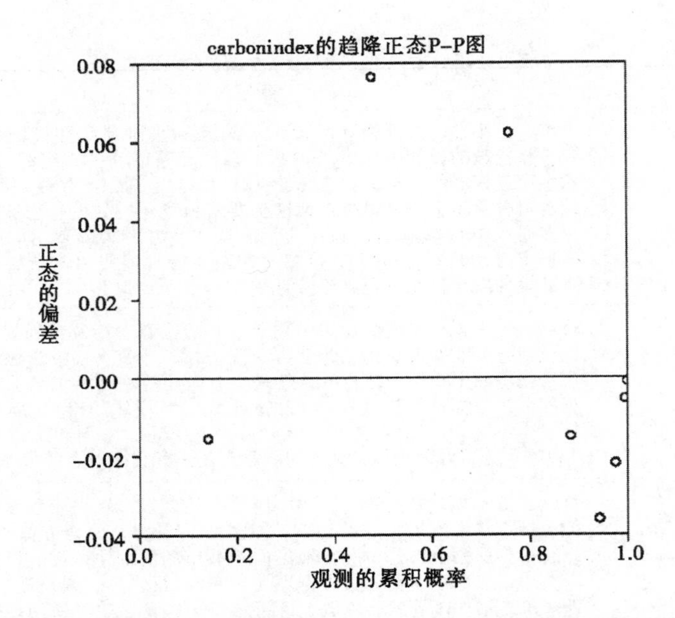

图 4－6　554 家上市公司企业社会责任报告中披露的碳信息的趋降 P－P 检验图

通过图 4－5、图 4－6，可以了解到因变量符合正态分布，可以使用 OLS 回归方法。

第五节　实证结果与说明

一　各变量的描述性统计

首先是各个变量的描述性统计结果。结果见表 4－4。

表 4－4　各个变量的描述性统计

变量名称	最小值	最大值	平均值	标准差
Carbonindex	0	7	1. 33	1. 315
Tradecity	0	1	0. 37	0. 482
Lnasset	18. 76	30. 23	22. 85	1. 792
Lev	0. 158	1. 399	0. 515	0. 213
Incash	－24. 79	1. 10	－0. 916	1. 738
Opcash	－5. 05	19. 63	0. 565	1. 71
Ficash	－2. 85	21. 18	0. 784	1. 943
Guokong	0	1	0. 2	0. 401

续表

变量名称	最小值	最大值	平均值	标准差
Roa	-0.166	0.326	0.067	0.055
Yingshou	0.086	50.71	7.28	7.50
Grow	-0.259	7.489	0.328	0.668
Gongyong	0	1	0.12	0.32
Law	2.79	16.61	8.58	3.67
Yaosu	2.04	11.93	7.58	2.85
Chanpin	5.52	10.61	9.44	0.97
Trust	3	219	78.3	67.09
Fangdichan	0	1	0.07	0.25
Gongye	0	1	0.55	0.498
Jinrong	0	1	0.06	0.247
Shangye	0	1	0.05	0.212

通过对表4-4中所包括的公式（1）中各个研究变量的描述性统计可以看出，负债水平最低的是北陆药业（300016），仅有0.158；负债水平最高的是云煤能源（600792），达到1.339，已经资不抵债。每股营业收入最高的福田汽车（600166），达到50.71；每股营业收入最低的是银亿股份（000981），全年营业收入仅有13873267.78元，股票达到16100万股；因此，每股营业收入是0.086。就公司规模来说，工商银行（601398）总资产最大，其自然对数达到30.23；资产规模最小的是元力股份（300174），总资产自然对数仅有18.76。每股投资活动的现金流量最高的是渝三峡A（000565），每股投资活动的现金流量达到1.10元；最低的是中国平安（601318），达到-24.79元。每股经营活动的现金流量最高的是兴业银行（601166），达到每股19.63元；每股经营活动的现金流量最低的是房地产行业的首开股份（600376），达到每股-5.05元。每股筹资活动的现金流量最高的是制造业公司国民技术（300077），达到每股21.18元；每股筹资活动的现金流量最低的是航空动力（600893），达到每股-2.85元。

二　单变量之间的相关性

通过对表4-5中所包括的公式（1）中各个研究变量的单变量之间的

表 4－5　　单变量之间的 Pearson 相关系数

	Carbonindex	Tradecity	Lnasset	Lev	Incash	Opcash	Ficash	Guokong	Roa	Grow	Yingshou	Trust	Law	Yaosu	Chanpin	Gongye	Shangye	Jinrong	Gongyong	Fangdichan
Carbonindex	1	0.164 (***)	0.403 (***)	0.179 (***)	-0.15 (***)	0.193 (***)	0.019	0.095 (**)	-0.094 (**)	-0.066	0.09 (**)	0.186 (***)	0.109 (***)	0.104 (**)	-0.016	0.11 (***)	-0.062	0.012	0.056	-0.072 (*)
Tradecity		1.000	0.308 (***)	0.076 (*)	0.000	0.004	0.008	0.069	-0.072 (*)	0.02	-0.051	0.773 (***)	0.554 (***)	0.758 (***)	0.031	-0.185 (***)	0.062	0.134 (***)	0.030	0.082 (*)
Lnasset			1.000	0.546 (***)	-0.236 (***)	0.231 (***)	-0.013	0.156 (***)	-0.225 (***)	-0.12 (***)	0.182 (***)	0.327 (**)	0.132 (***)	0.224 (***)	-0.112 (***)	-0.223 (***)	-0.036	0.482 (***)	0.082 (*)	0.066
Lev				1.000	-0.151 (***)	0.094 (**)	-0.054	-0.011	-0.482 (***)	-0.208 (***)	0.275 (***)	0.075 (*)	-0.005	0.033	-0.144 (***)	-0.12 (***)	0.052	0.339 (***)	-0.115 (***)	0.183 (***)
Incash					1.000	-0.587 (***)	-0.413 (***)	0.049	0.030	-0.270 (***)	-0.157 (***)	0.002	0.003	0.045	-0.009	-0.027	0.059	-0.193 (***)	-0.005	0.097 (**)
Opcash						1.000	-0.082 (*)	-0.041	0.127 (***)	-0.019	0.166 (***)	0.027	0.009	0.005	0.000	0.024	-0.049	0.187 (***)	0.066	-0.172 (***)
Ficash							1.000	-0.045	-0.022	0.779 (***)	0.091 (**)	-0.034	0.000	-0.024	0.069	0.036	0.014	-0.043	-0.064	0.029
Guoyou								1.000	-0.088 (**)	-0.083 (**)	-0.013	0.065	-0.067	0.022	-0.156 (***)	-0.068	-0.004	0.033	0.144 (***)	-0.026
Roa									1.000	0.186 (***)	0.031	-0.015	0.052	-0.021	0.158 (***)	0.038	0.002	-0.18 (***)	0.063	-0.077 (*)
Grow										1.000	0.004	-0.027	0.026	0.015	0.122 (***)	0.045	0.005	-0.076 (*)	-0.034	-0.017

续表

	Carbonindex	Tradecity	Lnasset	Lev	Incash	Opcash	Ficash	Guokong	Roa	Grow	Yingshou	Trust	Law	Yaosu	Chanpin	Gongye	Shangye	Jinrong	Gongyong	Fangdichan
Yingshou											1.000	-0.15	-0.045	-0.061	-0.021	0.177 (***)	0.159 (***)	-0.156 (***)	-0.158 (***)	-0.138 (***)
Trust												1.000	0.747 (***)	0.817 (***)	0.078 (*)	-0.162 (***)	0.052	0.146 (***)	0.015	0.073 (*)
Law													1.000	0.747 (***)	0.462 (***)	-0.11 (***)	0.051	0.066	0.022	0.045
Yaosu														1.000	0.301 (***)	-0.172 (***)	0.076 (*)	0.117 (***)	0.015	0.063
Chanpin															1.000	0.000	0.001	-0.052	0.019	0.023
Gongye																1.000	-0.247 (***)	-0.294 (***)	-0.403 (***)	-0.298 (***)
Shangye																	1.000	-0.059	-0.08 (*)	-0.059
Jinrong																		1.000	-0.095 (**)	-0.071 (*)
Gongyong																			1.000	-0.097 (**)
Fangdichan																				1.000

注：双尾检验；表中数字为系数；***：在1%水平上显著；**：在5%水平上显著；*：在10%水平上显著。

相关性进行了检验，结果显示，存在碳交易的城市、企业年初的资产规模、年初的负债规模、年初的每股投资现金流量净额、直接控制人为国有股、年初的每股经营活动现金流量净额、企业所在地区的信任度、企业所在地区的法律环境、企业所在地区的要素市场、工业企业与企业碳信息披露显著正相关；年初的每股投资现金流量净额、房地产企业与企业碳信息披露显著负相关，这初步验证了假说1、假说2、假说5、假说7、假说8、假说9。

因为综合考虑各种因素的影响所得出的结论更加稳健，所以，我们进行了下面的多元回归分析，结果见表4－6。

三　多变量之间的相关性

表4－6是运用公式（1）进行多元回归的结果，由于每股经营活动现金流量（opcash）、每股投资活动现金流量（incash）、每股筹资活动现金流量（ficash）之间存在着相关性；而且，这三个变量都属于上市公司现金流量能力的考察。所以，把上述三个因素分别放入公式（1）进行多元回归分析。

表4－6　按照不同的影响因素所得到的多元回归结果（测试Tradecity）

自变量＼方程	方程1	方程2	方程3
Tradecity	0.182* (1.669)	0.186* (1.703)	0.183* (1.669)
Lnasset	0.375*** (9.478)	0.379*** (9.548)	0.386*** (9.769)
Lev	0.051 (0.151)	0.045 (0.132)	0.097 (0.283)
Grow	−0.039 (−0.519)	−0.098 (−1.232)	−0.222* (−1.769)
Yinshou	−0.017** (−2.115)	−0.016** (−1.988)	−0.015* (−1.955)
Roa	−0.828 (−0.78)	−0.243 (0.231)	0.193 (0.178)
Guokong	0.079 (0.63)	0.069 (0.544)	0.05 (0.396)
opcash	0.094*** (3.047)		
Incask		−0.067** (−2.135)	
Ficash			0.075* (1.78)

续表

自变量 \ 方程	方程 1	方程 2	方程 3
Jinrong	-1.294*** (-4.658)	-1.256*** (-4.505)	-1.172*** (-4.234)
Gongyong	0.118 (0.60)	0.148 (0.746)	0.182 (0.922)
Gongye	0.46*** (3.24)	0.47*** (3.299)	0.488*** (3.424)
Fangdichan	-0.366 (-1.531)	-0.411** (-1.716)	-0.462* (-1.929)
Shangye	0.006 (0.021)	0.006 (0.021)	-0.02 (-0.076)
截距项	-7.374*** (-8.922)	-7.517*** (-9.075)	-7.692*** (-9.359)
Adjucted R2	24.5%	23.9%	23.7%
杜宾—瓦森值	2.028	2.041	2.025
模型 F 值	14.82***	14.335***	14.192***
样本数	554	554	554

注：因变量为碳信息披露指数；表中的数字第一行为系数，第二行数字为 t 值，星号代表显著性水平；***：在 1% 水平上显著；**：在 5% 水平上显著；*：在 10% 水平上显著。

由表 4-6 可见，在方程（1）、（2）、（3）中，上市公司的规模越大，越有可能进行碳信息披露，假说 1 得到验证；表明政治成本是公司需要考虑的重要因素之一，大公司的确承担了更多的节能减排责任；这类企业更愿意进行企业碳信息披露活动，以避免更多的政治成本或来自于利益相关者的压力。资产负债率与企业碳信息披露不相关，虽然表 4-5 表明二者具有单变量上的相关性，但是，在多元回归时，因控制了其他变量，则不显著，说明稳定性较差，假说 2 未得到验证。对于发展能力，虽然方程（3）中，总资产增长率与碳信息披露显著负相关，方程（1）、（2）虽然负相关，但是，并不显著，表明发展能力与碳信息披露之见存在相关性的结论不够稳健；假说 6 未得到验证。对于股东获利能力，公司的股东获利能力越好，披露的碳信息越少；股东获利能力越差，披露的碳信息越多，即股东获利能力与碳信息披露之间存在负相关关系；假说 4 得到验证。股东获利能力（每股营业收入）高不但不能促进企业的节能减排活动，反而促使股东为维护这一高收入活动，从而不进行或者减少企业的节能减排活动，进而披露更加少的碳信息。股东获利能力与企业碳信息披露负相关，极有可能使得碳信息披露的市场价值受到影响，本书在第六章将检验碳信息披露与公司市场价值之间的相关性问题。在公司盈利能力方面，无论是表4-5的单变量的相关性，还是在表4-6的多元回归的情况下，方程（1）、方程（2）、方程（3）的结果表明，公司盈利能力与企业碳信息披露不相关，假说3未得到验证。在现金流量方面，投资活动的现金流量与碳信息披露负相关，表明投资活动需要现金越多，碳信息披露越少；筹资活动的现金流量与碳信息披露正相关，表明企业筹资越多，越有可能投入到节能减排中去，从而披露更多的碳信息；本书的第五章将检验企业碳信息披露与银行贷款的相关性以便于进一步检验二者之间的关系；经营活动产生的现金流量与企业碳信息披露正相关，表明企业经营活动中获取的现金流因素也是企业节能减排需要考虑的因素，如果没有经营活动的现金流支持，一味地靠筹资活动支持节能减排，将影响企业的正常运行；假说5的得到验证。在股权结构方面，直接控股股东是国有股虽然与碳信息披露正相关，但并不显著，假说7未得到验证。在制度背景方面，公司注册所在地为碳交易试点城市的上市公司与碳信息披露显著正相关，并且在方程（1）、方程（2）、方程（3）中都是显著正相关的，因此，假说8a得到验证，表明制度因素对于企业节能减排并且促进企业进行碳信息披露起到了重要作用，这一结果也间接佐证了本书第三章所提出的制度经济学因素对企业碳信息披露的影响。在行业因素方面，工业企业与碳信息披露显著正相关；金融类企业与碳信息披露显著负相关。表明碳信息披露存在着行业差异；假说9得到验证。综上所述，假说1、假说4、假说5、假说8a、假说9得到验证。下面的多元回归则进一步就制度因素进行检测，下面表格中，除了制度类的研究变量之外，其他的控制变量与表4-6相同。需要说明的是，在制度类的变量中，如表4-5所示，企业所在地区的信任度（trust）、企业所在地区的法律环境（law）、企业所在地区的要素市场（yaosu）、企业所在地区的产品市场（chanpin）之间存在着强正相关关系，为避免多重共线性，把上述变量分别放入多元回归方程，其他控制变量与表4-6相同。姜英兵、严婷（2012），周中胜、何德旭、李正（2012）在研究正式制度和非正式制度的影响时也采取了类似的做法。

表4－7　按照不同的影响因素所得到的多元回归结果（测试Law）

自变量 \ 方程	方程4	方程5	方程6
Law	0.028 ** (2.048)	0.028 ** (2.041)	0.028 ** (2.019)
Lnasset	0.383 *** (10.054)	0.388 *** (10.153)	0.394 *** (10.369)
Lev	0.034 (0.101)	0.027 (0.08)	0.079 (0.231)
Grow	-0.035 (-0.473)	-0.093 (-1.176)	-0.214 * (-1.713)
Yinshou	-0.017 ** (-2.149)	-0.016 ** (-2.02)	-0.016 ** (-1.985)
Roa	-1.01 (-0.953)	-0.429 (-0.409)	0.000 (0.000)
Guokong	0.105 (0.833)	0.094 (0.745)	0.076 (0.598)
Opcash	0.094 *** (3.045)		
Incash		-0.066 ** (-2.099)	
Ficash			0.074 * (1.743)
Jinrong	-1.312 *** (-4.736)	-1.273 *** (-4.579)	-1.191 *** (-4.314)
Gongyong	0.105 (0.532)	0.134 (0.677)	0.168 (0.853)
Gongye	0.452 *** (3.194)	0.461 *** (3.250)	0.479 *** (3.377)
Fangdichan	-0.368 (-1.54)	-0.413 * (-1.726)	-0.463 * (-1.935)
Shangye	0.003 (0.012)	0.003 (0.013)	-0.022 (-0.083)
截距项	-7.699 *** (-9.63)	-7.854 *** (-9.814)	-8.02 *** (-10.09)
Adjucted R2	24.7%	24.0%	23.9%
杜宾—瓦森值	2.053	2.067	2.051
模型F值	14.966 ***	14.465 ***	14.324 ***
样本数	554	554	554

注：因变量为碳信息披露指数；表中的数字第一行为系数，第二行数字为t值，星号代表显著性水平；***：在1%水平上显著；**：在5%水平上显著；*：在10%水平上显著。

表4－7的结果表明，法律制度环境显著地影响了企业的碳信息披露，

假说8b得到验证。

表4-8 按照不同的影响因素所得到的多元回归结果（测试Yaosu）

自变量 \ 方程	方程7	方程8	方程9
Yaosu	0.019 (1.04)	0.021 (1.165)	0.02 (1.114)
Lnasset	0.386 *** (9.955)	0.389 *** (9.995)	0.396 *** (10.230)
Lev	0.024 (0.071)	0.02 (0.06)	0.072 (0.21)
Grow	-0.035 (-0.463)	-0.094 (-1.181)	-0.218 * (-1.731)
Yinshou	-0.017 ** (-2.168)	-0.016 ** (-2.039)	-0.016 ** (-2.006)
Roa	-0.899 (-0.038)	-0.32 (-0.304)	0.117 (0.108)
Guokong	0.084 (0.664)	0.074 (0.584)	0.055 (0.435)
Opcash	0.094 *** (3.016)		
Incash		-0.067 ** (-2.129)	
Ficash			0.075 * (1.771)
Jinrong	-1.311 *** (-4.717)	-1.273 *** (-4.567)	-1.19 *** (-4.296)
Gongyong	0.11 (0.555)	0.14 (0.702)	0.174 (0.88)
Gongye	0.452 *** (3.174)	0.463 *** (3.241)	0.48 *** (3.364)
Fangdichan	-0.362 (-1.513)	-0.406 * (-1.695)	-0.458 * (-1.908)
Shangye	0.012 (0.045)	0.011 (0.04)	-0.015 (-0.055)
截距项	-7.673 *** (-9.557)	-7.816 *** · (-9.722)	-7.987 *** (-10.007)
Adjucted R2	24.3%	23.6%	23.5%
杜宾—瓦森值	2.035	2.049	2.033
模型F值	14.643 ***	14.176 ***	14.033 ***
样本数	554	554	554

注：因变量为碳信息披露指数；表中的数字第一行为系数，第二行数字为t值，星号代表显著性水平；***：在1%水平上显著；**：在5%水平上显著；*：在10%水平上显著。

表4－8的结果表明，总体来说，要素市场发达程度虽然与企业碳信息披露指数正相关，但是，并没有显著影响企业的碳信息披露。因此，引入交乘项 Yaosu × Trade,[①] 该交乘项的意义是测试企业所在地区的要素市场化程度与企业所在地区是否为碳排放交易试点城市两个因素同时存在时，对因变量的影响。那些存在于碳排放交易试点地区的企业为了更加方便地获得金融资本或交易收益等生产要素，而有动机去披露碳排放信息，而不存在于碳排放交易市场试点地区的企业则无此动机。

表4－9　按照不同的影响因素所得到的多元回归结果（测试 Yaosu × Trade）

自变量 \ 方程	方程10	方程11	方程12
Yaosu × Trade	0.019 * (1.824)	0.020 * (1.869)	0.019 * (1.830)
Lnasset	0.372 *** (9.348)	0.376 *** (9.407)	0.383 *** (9.633)
Lev	0.057 (0.167)	0.05 (0.148)	0.103 (0.301)
Grow	－0.037 (－0.487)	－0.096 (－1.212)	－0.222 * (－1.772)
Yinshou	－0.016 ** (－2.095)	－0.016 ** (－1.969)	－0.015 * (－1.936)
Roa	－0.816 (－0.769)	－0.227 (－0.216)	0.215 (0.199)
Guokong	0.079 (0.630)	0.069 (0.545)	0.050 (0.395)
Opcash	0.095 *** (3.059)		
Incash		－0.068 ** (－2.165)	
Ficash			0.077 * (1.807)
Jinrong	－1.285 *** (－4.625)	－1.247 *** (－4.474)	－1.163 *** (－4.198)
Gongyong	0.122 (0.62)	0.152 (0.767)	0.187 (0.945)
Gongye	0.467 *** (3.281)	0.477 *** (3.340)	0.495 *** (3.466)

① 交乘项在碳信息披露的很多研究中使用，例如，Jose－Manuel Prado－Lorenzo& Isabel－Maria Garcia－Sanchez.（2008）；在市场化进程方面，方军雄（2011）也使用了交乘项的方法来检验市场化进程与研究变量同时存在时，对因变量的影响。

续表

自变量 \ 方程	方程 10	方程 11	方程 12
Fangdichan	-0.361 (-1.509)	-0.405* (-1.693)	-0.457* (-1.910)
Shangye	0.006 (0.023)	0.006 (0.024)	-0.02 (-0.075)
截距项	-7.317*** (-8.82)	-7.455*** (-8.964)	-7.634*** (-9.253)
Adjucted R^2	24.6%	23.9%	23.8%
杜宾—瓦森值	2.028	2.041	2.024
模型 F 值	14.876***	14.396***	14.25***
样本数	554	554	554

注：因变量为碳信息披露指数；表中的数字第一行为系数，第二行数字为 t 值，星号代表显著性水平；***：在1%水平上显著；**：在5%水平上显著；*：在10%水平上显著。

表4-9的结果说明，交乘项（Yaosu × trade）提高了表4-8中要素市场化程度（Yaosu）的t值，使原来不显著的变量"要素市场化程度（Yaosu）"在表4-9中成为具有统计意义上显著的变量（Yaosu × Trade），这一结果表明了只有在碳排放交易试点城市，企业披露碳排放信息以便于获取生产要素的动机才更加强烈，表4-9的结果验证了假说8c。此外，表4-9的交乘项（Yaosu × Trade）也比表4-6中的变量"碳排放交易试点地区（Tradecity）"的t值要高；表明要素市场化程度进一步强化了碳排放交易制度的效果。

表4-10 按照不同的影响因素所得到的多元回归结果（测试 Chanpin）

自变量 \ 方程	方程 13	方程 14	方程 15
Chanpin	0.061 (1.182)	0.061 (1.167)	0.061 (1.169)
Lnasset	0.397*** (10.537)	0.402*** (10.642)	0.408*** (10.852)
Lev	0.017 (0.051)	0.011 (0.031)	0.061 (0.179)
Grow	-0.04 (-0.525)	-0.096 (-1.20)	-0.213* (-1.699)
Yinshou	-0.018** (-2.281)	-0.017** (-2.149)	-0.017** (-2.114)

续表

自变量＼方程	方程 13	方程 14	方程 15
Roa	-1.003 (-0.943)	-0.429 (-0.408)	-0.014 (-0.013)
Guokong	0.102 (0.797)	0.09 (0.707)	0.073 (0.568)
Opcash	0.093 *** (2.999)		
Incash		-0.064 ** (-2.029)	
Ficash			0.072 * (1.687)
Jinrong	-1.332 *** (-4.795)	-1.292 *** (-4.634)	-1.212 *** (-4.38)
Gongyong	0.086 (0.435)	0.115 (0.582)	0.149 (0.752)
Gongye	0.436 *** (3.077)	0.446 *** (3.134)	0.463 *** (3.258)
Fangdichan	-0.377 (-1.575)	-0.422 * (-1.759)	-0.471 ** (-1.961)
Shangye	0.024 (0.094)	0.024 (0.092)	0.000 (0.002)
截距项	-8.334 *** (-8.720)	-8.486 *** (-8.859)	-8.648 *** (-9.069)
Adjucted R2	24.3%	23.6%	23.5%
杜宾—瓦森值	2.030	2.044	2.030
模型 F 值	14.676 ***	14.176 ***	14.046 ***
样本数	554	554	554

注：因变量为碳信息披露指数；表中的数字第一行为系数，第二行数字为 t 值，星号代表显著性水平；***：在 1% 水平上显著；**：在 5% 水平上显著；*：在 10% 水平上显著。

表 4－10 的结果表明，总体来说，产品市场发达程度虽然与企业碳信息披露指数正相关，但是，并没有显著影响企业的碳信息披露。因此，引入交乘项 Chanpin × Trade，该交乘项的意义是那些存在于碳排放交易试点地区的企业更有可能去把碳排放权作为一种产品进行交易，从而有动机去披露碳排放信息，而不存在于碳排放交易市场试点地区的企业则无此动机。表 4－11 是回归结果。

表 4 - 11　　按照不同的影响因素所得到的多元回归结果

（测试 Chanpin × Trade）

自变量 \ 方程	方程 16	方程 17	方程 18
Chanpin × Trade	0.020 * (1.794)	0.021 * (1.816)	0.020 * (1.785)
Lnasset	0.374 *** (9.496)	0.379 *** (9.573)	0.385 *** (9.792)
Lev	0.053 (0.157)	0.047 (0.137)	0.099 (0.289)
Growe	-0.041 (-0.539)	-0.10 (-1.249)	-0.223 * (-1.776)
Yinshou	-0.017 ** (-2.106)	-0.016 ** (-1.979)	-0.015 * (-1.945)
Roa	-0.833 (-0.785)	-0.248 (-0.237)	0.187 (0.172)
Guokong	0.082 (0.651)	0.071 (0.565)	0.053 (0.416)
Opcash	0.094 *** (3.050)		
Incash		-0.067 ** (-2.130)	
Ficash			0.075 * (1.775)
Jinrong	-1.294 *** (-4.66)	-1.255 *** (-4.506)	-1.172 *** (-4.236)
Gongyong	0.117 (0.595)	0.147 (0.741)	0.181 (0.917)
Gongye	0.461 *** (3.246)	0.471 *** (3.303)	0.489 *** (3.429)
Fangdichan	-0.368 (-1.538)	-0.412 * (-1.724)	-0.464 ** (-1.936)
Shangye	0.003 (0.011)	0.003 (0.011)	-0.022 (-0.086)
截距项	-7.363 *** (-8.933)	-7.509 *** (-9.093)	-7.684 *** (-9.374)
Adjucted R2	24.6%	23.9%	23.7%
杜宾—瓦森值	2.029	2.042	2.025
模型 F 值	14.865 ***	14.376 ***	14.233 ***
样本数	554	554	554

注：因变量为碳信息披露指数；表中的数字第一行为系数，第二行数字为 t 值，星号代表显著性水平；***：在 1% 水平上显著；**：在 5% 水平上显著；*：在 10% 水平上显著。

表4-11的结果说明，交乘项（Chanpin×Trade）提高了表4-10中产品市场化程度（Chanpin）的t值，使原来不显著的变量“产品市场化程度（Chanpin）”在表4-11中成为具有统计意义上显著的变量（Chanpin×Trade），这一结果表明了只有在碳排放交易试点城市，企业披露碳排放信息以便于进行碳排放权交易的动机才更加强烈，表4-11的结果验证了假说8d。此外，表4-11的交乘项（Chanpin×Trade）也比表4-6中的变量“碳排放交易试点地区（Tradecity）”的t值要高；表明产品市场化程度进一步强化了碳排放交易制度的效果。

表4-12的结果表明，信任环境显著地影响了企业的碳信息披露，假说8e得到验证。

表4-12　按照不同的影响因素所得到的多元回归结果（测试trust）

自变量 \ 方程	方程19	方程20	方程21
Trust	0.002** (2.058)	0.002** (2.083)	0.002** (2.044)
Lnasset	0.369*** (9.309)	0.374*** (9.381)	0.38*** (9.605)
Lev	0.067 (0.197)	0.06 (0.177)	0.112 (0.329)
Growe	-0.031 (-0.414)	-0.091 (-1.14)	-0.215* (-1.72)
Yinshou	-0.017** (-2.153)	-0.016** (-2.028)	-0.016** (-1.993)
Roa	-0.953 (-0.900)	-0.368 (-0.351)	0.074 (0.068)
Guokong	0.08 (0.634)	0.069 (0.548)	0.050 (0.398)
Opcash	0.095* (3.065)		
Incash		-0.068** (-2.158)	
Ficash			0.076* (1.794)
Jinrong	-1.30*** (-4.691)	-1.262*** (-4.539)	-1.178*** (-4.265)
Gongyong	0.125 (0.632)	0.154 (0.778)	0.189 (0.955)
Gongye	0.46*** (3.246)	0.469*** (3.302)	0.488*** (3.43)

续表

自变量＼方程	方程 19	方程 20	方程 21
Fangdichan	-0.371 (-1.553)	-0.416 * (-1.739)	-0.468 * (-1.953)
Shangye	0.003 (0.011)	0.003 (0.012)	-0.023 (-0.086)
截距项	-7.302 *** (-8.857)	-7.447 *** (-9.014)	-7.625 *** (-9.3)
Adjucted R2	24.7%	24.1%	23.9%
杜宾—瓦森值	2.038	2.052	2.035
模型 F 值	14.97 ***	14.483 ***	14.335 ***
样本数	554	554	554

注：因变量为碳信息披露指数；表中的数字第一行为系数，第二行数字为 t 值，星号代表显著性水平；***：在 1% 水平上显著；**：在 5% 水平上显著；*：在 10% 水平上显著。

四　模型的稳健性检验

对于方程（1）、（2）、（3）的稳健性，我们采用 SPSS17.0 来检验模型的多重共线性问题，方差膨胀因子（VIF 值）最大的为 2.302，最小的为 1.111，表明模型的自变量之间没有多重共线性问题。方程的杜宾—瓦森值为 1.997、2.003 和 2.013，非常接近于 2，表明方程没有自相关。

第六节　政策建议

根据上文的理论分析和实证结果，就如何促进我国的碳信息披露活动，提出如下建议：

第一，高股东回报的公司应当承担相应的节能减排责任和碳信息披露责任。我们发现，那些高股东回报的公司，更加不倾向于进行碳信息披露活动，说明这类企业的高管在尽可能地维护高盈利能力、高股东回报，如果没有强有力的政策手段和制度规范以及执行机制，很难促使这类企业从事节能减排和碳信息披露工作，而这类企业又是“自身造血”机能很强的企业，进行节能减排更有优势，如果主要靠筹资活动获得的资金进行节能减排，将加重这类企业的财务负担。因此，我们建议对高股东回报的企业加强监管，如果这类企业违反相关的节能减排法规，要坚决予以处罚。

第二，制度因素是促进企业碳信息披露的重要动因。根据表4-6，公司注册地址处于从事碳交易试点的城市的上市公司披露了更多的碳信息；根据国家发展改革委员会于2011年12月发布的《关于开展碳排放权交易试点工作的通知》，批准在北京、天津、上海、重庆、湖北、广东、深圳开展碳排放权交易试点，制度背景对企业经营活动产生的影响是实实在在的，如果相应的碳排放量测算、核证工作等制度能够进一步推进，将使得企业从事节能减排工作的积极性提高，并披露更多的碳信息。因此，继续重视碳排放权交易、碳排放量审核等方面的制度建设是促进企业披露碳信息的重要因素。

第三，行业因素是影响企业碳信息披露的重要因素。研究发现，工业企业披露了更多的碳信息；金融业则披露了更少的碳信息；这说明，工业企业所承担的节能减排任务较重，金融业除了购买电力、使用纸张、水等资源产生一定的碳排放之外，节能减排压力较小，因此，可以考虑对工业企业尤其是碳排放大户给予相应的财政补贴或者税收优惠，否则，将使得工业企业的运营负担更大。

第四，规模因素是影响企业碳信息披露的重要因素。大企业更加可能进行节能减排工作，从而也有更多的碳信息可以披露。这也符合我国当前节能减排的现状，即重点抓节能减排大户，只有碳排放大户的节能减排工作卓有成效，才能把经验进一步推广到小企业，促进我国总体的节能减排工作，并进而提高碳信息披露水平。

第五，现金流量影响企业的碳信息披露。本章的实证结果表明，公司每股投资活动的现金流量与碳信息披露负相关；经营活动的现金流量、筹资活动的现金流量与碳信息披露正相关；这充分说明了资金对于企业节能减排的重要性。需要说明的是，节能减排工作应当是企业运营的“硬约束”，如果可以节能减排也可以不进行节能减排，企业必然把资金用到投资回报更加高的投资项目当中去，根本不会用于几乎没有收益的节能减排工作。节能减排的收益体现在企业的社会责任感所获得的商誉、企业降低排放所带来的碳排放权，但是，这类收益一般见效较慢，与好的投资项目相比较，仍然是缺乏吸引力的，因此，加强节能减排工作的“硬约束”是十分有必要的。筹资活动的现金流量和经营活动的现金流量与企业的碳信息披露正相关，说明企业自身具有产生现金流的能力使得企业在满足自身运营之外，有余力进行节能减排工作，并进而披露相关的碳信息。本书下一章将进一步检验筹资活动中的银行贷款对企业碳信息披露的影响。

第七节 本章小结

对于哪些因素能够影响企业的碳信息披露，外国的研究者得出了不同的结论，本章通过实证检验，发现了影响我国企业碳信息披露的因素，实证结果表明，资产规模、行业因素、经营活动产生的现金流量、筹资活动产生的现金流量、制度因素与公司的碳信息披露正相关；较高的股东回报、投资活动产生的现金流量与公司的碳信息披露负相关。本章的内容实证检验了本书第三章所提出的“碳信息披露作为降低交易成本的重要方式，对于碳排放权交易制度的建立和完善具有重要意义，我国碳排放权交易制度建立之后，企业将通过碳信息披露来降低交易成本”这一假说。本章的实证研究结果表明碳排放权交易制度建设、产品市场化程度、要素市场化程度等正式制度建设、信任度等非正式制度建设对于企业披露碳信息具有重要的促进意义。除了本章论述并实证检验的企业碳信息披露的影响因素之外，企业碳信息披露对于债权人、投资者的决策也可能具有经济后果，本书第五章、第六章将实证检验碳信息披露的经济后果。

第五章

中国上市公司碳信息披露与银行贷款的相关性研究

第一节 引言

碳信息披露的经济后果体现在两个方面，一是投资者对企业碳信息披露的市场反应或者由于股价变动所引起的企业价值的变化；二是债权人对企业碳信息披露的态度，是否会增加企业的贷款或者降低企业的贷款。投资者对碳信息披露的市场反应或者价值相关性的文献众多，在本书第六章进行了全面回顾和点评。而对于债权人对企业碳信息披露的态度，国内外鲜有相关的研究。企业获取资金进行碳减排活动有两种途径，第一，向资本市场的投资者增发、配股；第二，通过银行贷款获得相应的资金。科尔克、利维和乔纳森（2008）认为，碳信息披露项目（CDP）之所以能够在全球盛行，关键是CDP代表了资产71万亿美元的551家机构投资者，[①] 如果企业不披露碳信息，不回答问卷，将不会得到机构投资者的资金，即企业将失去一个非常重要的资金来源。在我国，社会责任型投资基金数额非常小，因此，企业获取资金更有可能通过银行贷款而非股票市场。本章则分析，企业碳信息披露是否有助于获取银行贷款。

第二节 文献回顾

多年以来，研究者们把研究重点放在了碳信息披露所带来的投资者的市场反应或者对企业价值的影响方面，也就是说，更多地关注投资者的态

---

① 商道纵横：《碳信息披露项目（CDP）——中国报告2011》，http：//www. syntao. com/AboutUs/SyntaoNews_ Show_ CN. asp？ID＝14541.

度；而债权人的态度如何则一直被忽略。通过我们对国内外现有文献的检索，仅有部分文献论述了金融机构贷款对企业碳减排的重要性，例如，高歌（2010），余敏、章伟（2010）和热带雨林行动网络（2008）等的研究，但上述研究者或者非政府组织并没有进行相关的经验研究。本章的内容则意在探索碳信息披露与银行贷款的相关性，以弥补这一领域欠缺实证证据的缺憾。

第三节　理论分析与假说发展

中国目前处于经济转型阶段（艾伦、钱和钱，2005），政府管制是转型经济国家的重要特征（普林斯特和徐，2005；黎文靖，2011），我国的碳减排工作受政府管制因素影响很大；这与我国政府激励机制中长期存在的“晋升锦标赛”现象有密切关联，即上级政府对多个下级政府部门的行政长官设计的一种晋升竞赛，竞赛优胜者将获得晋升，竞赛标准由上级政府确定（周黎安，2007）。在“晋升锦标赛”的政府激励模式下，各级政府负责人必然要求政府相应的职能部门配合国家的碳减排要求，制定相应的政策。例如，2011 年 9 月，国务院发布的《国务院关于印发“十二五”节能减排综合性工作方案的通知》提出，“进一步落实地方各级人民政府对本行政区域节能减排负总责、政府主要领导是第一责任人的工作要求”，并且将各个省的碳减排目标细化到 2015 年底必须完成的、以万吨为单位的碳减排数量值。再例如，早在 2007 年 7 月，环境保护部、中国人民银行、中国银行业监督管理委员会联合发布了《关于落实环保政策法规防范信贷风险的意见》，该意见体现了政府部门以金融杠杆作为手段来助力国家实现环保调控目标的战略意图，被形象地称为绿色信贷政策。此后，绿色信贷政策不断被强化，例如，山西省环保厅、山西省人民银行 2012 年 7 月发布的《山西省绿色信贷政策效果评价办法（试行）》使用组织机制、支持类绿色贷款、限制类贷款等三项内容来评价商业银行的绿色信贷履行情况。河北省环保厅、省人民银行发布的《河北省绿色信贷政策效果评价办法（试行）》，采用自我评价、核查评价、社会评价、新闻单位评价和网络评价等五种方式（含有 14 项具体指标）对商业银行进行绿色信贷实施效果评价。一般来说，银行业支持企业的节能减排工作是履行绿色信贷活动的重要评价指标，不但能够满足国家环境保护的宏观调控要求，也能够相应地降低银行涉足高污染行业所带来的风险。通过企业温室气体信息披露情况，可以使银行了解企业的节能减排情况，如果企业的温室气体信息披露透明度高，则信贷风险更低，更加有可能获得商业银行的贷款。

H_1：碳信息披露较多的企业，更加可能获得银行贷款。

第四节 研究设计

一 样本选择与数据来源

1. 样本来源

在2012年4月30日之前，我国沪深两市共有586家上市公司披露了2011年企业履行社会责任情况的企业社会责任报告，其中，有39家属于金融类企业，由于研究的是贷款问题，因此，把金融类企业剔除在外；此外，还有10家公司因为缺乏下面公式（1）中的部分财务数据和所在地区的数据被剔除出研究样本，共得到研究样本537个。按照我国的会计准则规定，样本中的长期借款是指公司向银行或其他金融机构借入的期限在一年期以上的各项借款。短期借款是指公司借入的尚未归还的一年期以下的借款。因此，长期借款更能反映银行绿色信贷的支持力度。

2. 数据来源

企业社会责任报告中的碳信息披露数据来自于作者手工收集，其他数据来自于国泰安CSMAR数据库。

二 构建模型

$$Loan_{i,t+1} = \beta_0 + \beta_1 \cdot carbonindex_{i,t} + \beta_2 \cdot lnasset_{i,t} + \beta_3 \cdot lev_{i,t} + \beta_4 \cdot opcash_{i,t} + \beta_5 \cdot roe_{i,t} + \beta_6 \cdot liquid_{i,t} + \beta_7 \cdot industry_{i,t} + \beta_8 \cdot grow_{i,t} + \varepsilon \quad \text{公式 5-1}$$

表5-1　　各个变量名称和说明

变量名称	变量说明
Longloannext	因变量之一，使用每个上市公司下一年度的长期借款总额除以期初资产总额，以统一量纲。戴璐（2010）、杜颖洁和杜兴强（2013）也曾使用这种方法。
Loannext	因变量之二，使用每个上市公司下一年度的借款总额除以期初资产总额，以统一量纲。戴璐（2010）、杜颖洁和杜兴强（2013）也曾使用这种方法。
Carbonindex	研究变量，发布企业社会责任报告的上市公司进行碳信息披露的得分。

续表

变量名称	变量说明
Loanlast	公式（5-2）的研究变量，使用每个上市公司上一年度的借款总额除以期初资产总额，以统一量纲。
Longloanlast	公式（5-2）的研究变量，使用每个上市公司上一年度的长期借款总额除以期初资产总额，以统一量纲。
Lnasset	控制变量，公司规模，以年初总资产的自然对数 lnasset 来表示。
Lev	控制变量，企业的负债规模，以年初企业年末的负债总额除以资产总额来表示。衡量长期偿债能力对企业贷款的影响。
Opcash	控制变量，公司现金流量指标，使用经营活动现金净流量除以总股数，衡量企业的现金流量能力是否会影响贷款状况。数据来源于 CSMAR 数据库。一般来说，公司的经营活动产生的现金流越充分，贷款的风险越低。
Grow	控制变量，公司发展能力指标，使用（年末的营业收入－年初的营业收入）/年初的营业收入来计算；用于衡量公司的发展能力对公司贷款的影响。
Roe	控制变量，公司盈利能力，企业年末的净资产收益率，用来衡量公司盈利情况对企业贷款的影响。
Liquidity	控制变量，流动比率，使用流动资产除以流动负债来计算该值。衡量短期偿债能力对企业贷款的影响。数据来源于 CSMAR 数据库。
Industry	行业控制变量：我们按照 CSMAR 数据库的行业分类标准，把样本中的上市公司的行业分为六类：金融业、公用事业、房地产、综合、工业、商业。由于金融业已经剔除，为防止多重共线性，最终将有公用事业、综合、房地产、商业等 4 个行业虚拟变量进入到公式（1）的回归分析中。

第五节 实证结果与说明

一 变量的描述性统计

首先是各个变量的描述性统计结果。结果见表 5-2。

表 5-2 各个变量的描述性统计

变量名称	最小值	最大值	平均值	标准差
Longloannext	0	0.71	0.083	0.117
Loannext	0	0.859	0.203	0.17
Carbonindex	0	7	1.20	1.241
Lnasset	19.75	28.28	22.79	1.448
Lev	0.039	0.944	0.491	0.2056
Opcash	-4.40	6.17	0.34	1.049
Grow	-0.82	22.74	0.356	1.701
Roe	-0.48	0.86	0.121	0.112
Liquidity	0.106	21.97	2.22	2.83

续表

变量名称	最小值	最大值	平均值	标准差
Gongyong	0	1	0.12	0.324
Fangdichan	0	1	0.07	0.260
Gongye	0	1	0.58	0.494
Shangye	0	1	0.06	0.237

通过对表5－2中所包括的公式（1）中各个研究变量的描述性统计可以看出，长期借款总量除以期初总资产（Longloannext）最大的上市公司是泰禾集团（000732），达到0.71；最小的是0，即没有长期借款。借款总量除以期初总资产（Loannext），最大的上市公司是锡业股份（000960），达到0.859；最小的借款总额是0。获得流动比率最高的公司是北陆药业（300016），达到21.97；流动比率最低的公司是福建高速（600033），仅有0.106。净资产收益率最高的公司是包钢稀土（600111），达到0.86；最低的上市公司是太工天成（600392），仅有－0.48。在每股经营活动产生的现金流量方面，最大的是洋河股份（002304），达到每股6.17元；最小的是房地产企业阳光城（000671），仅有每股－4.4元；可见酒类企业的经营活动现金流较好，而风光一时的房地产企业的经营活动现金流则堪忧。在负债比率方面，最大的是上市公司洛阳玻璃（600876），达到0.94；最小的是信息技术类上市公司天源迪科（300047），仅有0.039；整个样本标准差较小，分布较好。

二　单变量的相关性结果与说明

通过对表5－3、表5－4的单变量相关性统计中可以看出，碳信息披露指数与贷款总量增长率呈现正相关性关系；与长期贷款总量增长率呈现正相关关系。这初步验证了假说1。因为综合考虑各种因素的影响所得出的结论更加稳健，所以，我们进行了下面的多元回归分析，结果见表5－5和表5－6。

三　多元回归结果与说明

通过表5－5和表5－6可以看出，无论是下一年度的贷款总量指标，还是下一年度的长期贷款总量指标，都与碳信息披露指数正相关；这一结

表 5-3　单变量之间的 **Pearson** 相关系数（测试变量为 **Loannext**）

	Loannext	Carbonindex	Lnasset	Lev	Opcash	Grow	Roe	Liubilv	Gongyong	Fangdichan	Gongye	Shangye
Loannext	1.000	0.219 (***)	0.265 (***)	0.557 (***)	0.024	0.022	-0.175 (***)	-0.373 (***)	-0.027	0.097 (**)	0.065	-0.053
Carbonindex		1.000	0.395 (***)	0.179 (***)	0.169 (***)	-0.072 (*)	-0.004	-0.183 (***)	0.039	-0.062	0.129 (***)	-0.078 (*)
Lnasset			1.000	0.547 (***)	0.118 (***)	0.081 (**)	0.126 (***)	-0.376 (***)	0.152 (***)	0.136 (***)	-0.129 (***)	-0.004
Lev				1.000	-0.096 (**)	0.093 (**)	-0.044	-0.627 (***)	-0.091 (**)	0.248 (***)	-0.061	0.095 (**)
Opcash					1.000	-0.192 (***)	0.174 (***)	-0.088 (**)	0.160 (***)	-0.265 (***)	0.145 (***)	-0.039
Grow						1.000	0.084 (*)	-0.006	-0.064	0.361 (***)	-0.149 (***)	-0.008
Roe							1.000	-0.017	-0.049	0.092 (**)	-0.078 (*)	0.089 (**)
Liubilv								1.000	-0.078 (*)	-0.037	0.000	-0.069
Gongyong									1.000	-0.103 (**)	-0.433 (***)	-0.093 (**)
Fangdichan										1.000	-0.330 (***)	-0.070
Gongye											1.000	-0.296 (***)
Shangye												1.000

注：双尾检验；***：在1%水平上显著；**：在5%水平上显著；*：在10%水平上显著。

表 5-4 单变量之间的 Pearson 相关系数（测试变量为 Longloannext）

	Longloannext	Carbonindex	Lnasset	Lev	Opcash	Grow	Roe	Liubilv	Gongyong	Fangdichan	Gongye	Shangye
Longloannext	1.000	0.269 (***)	0.360 (***)	0.464 (***)	0.050	0.093 (**)	-0.093 (**)	-0.245 (***)	0.151 (***)	0.264 (***)	-0.124 (***)	-0.091 (**)
Carbonindex		1.000	0.395 (***)	0.179 (***)	0.169 (***)	-0.072 (*)	-0.004	-0.183 (***)	0.039	-0.062	0.129 (***)	-0.078 (*)
Lnasset			1.000	0.547 (***)	0.118 (***)	0.081 (**)	0.126 (***)	-0.376 (***)	0.152 (***)	0.136 (***)	-0.129 (***)	-0.004
Lev				1.000	-0.096 (**)	0.093 (**)	-0.044	-0.627 (***)	-0.091 (**)	0.248 (***)	-0.061	0.095 (**)
Opcash					1.000	-0.192 (***)	0.174 (***)	-0.088 (**)	0.160 (***)	-0.265 (***)	0.145 (***)	-0.039
Grow						1.000	0.084 (*)	-0.006	-0.064	0.361 (***)	-0.149 (***)	-0.008
Roe							1.000	-0.017	-0.049	0.092 (**)	-0.078 (*)	0.089 (**)
Liubilv								1.000	-0.078 (*)	-0.037	0.000	-0.069
Gongyong									1.000	-0.103 (**)	-0.433 (***)	-0.093 (**)
Fangdichan										1.000	-0.330 (***)	-0.070
Gongye											1.000	-0.296 (***)
Shangye												1.000

注：双尾检验；***：在1%水平上显著；**：在5%水平上显著；*：在10%水平上显著。

果再次验证了假说1。长期借款是指公司向银行或其他金融机构借入的期限在一年期以上的各项借款；短期借款是指公司借入的尚未归还的一年期以下的借款。因此，长期借款这一指标的显著性更加具有说服力，表明我国企业节能减排活动获得了银行的资金支持，说明了银行业履行了绿色信贷职责。在控制变量中，每股经营活动产生的现金流量越多，企业越有可能获得银行贷款，较高的经营活动现金流量使得企业偿债能力增强，表明贷款的风险更低。公司规模对银行贷款的影响不够稳健。

表5－5是运用公式5－1进行多元回归的结果。

表5－5　　　　公式5－1的多元回归结果（OLS回归结果）

自变量 \ 方程	方程1（因变量为 Loannext）	方程2（因变量为 Longloannext）
截距项	0.252** (2.163)	－0.103* (－1.258)
Carbonindex	0.018*** (3.279)	0.017*** (4.653)
Lnasset	－0.013** (－2.372)	0.001 (0.213)
Lev	0.492*** (10.919)	0.271*** (8.574)
Opcash	0.014** (2.373)	0.013*** (3.031)
Grow	0.002 (0.447)	0.002 (0.788)
Roe	－0.213*** (－3.820)	－0.102*** (－2.615)
Liubilv	0.000 (－0.301)	0.005** (2.430)
Gongyong	0.02 (0.836)	0.065*** (3.92)
Fangdichan	0.012 (0.429)	0.089*** (4.476)
Gongye	0.018 (1.085)	－0.004 (－0.344)
Shangye	－0.047 (－1.634)	－0.037* (－1.851)
模型的 Adjucted R^2	35.7%	33.7%
模型杜宾—瓦森值	1.851	1.651

续表

自变量 \ 方程	方程 1（因变量为 Loannext）	方程 2（因变量为 Longloannext）
模型 F 值	27.999 ***	25.797 ***
样本数	537	537

注：表中的数字第一行为系数，第二行数字为 t 值，星号代表显著性水平；*** ：在 1% 水平上显著；** ：在 5% 水平上显著；*：在 10% 水平上显著。四个方程中的短期借款都不显著，所以，表格中未列入短期借款的回归结果。

（一）模型的稳健性检验

对于方程（1）、（2）、（3）、（4）的稳健性，笔者采用 SPSS17.0 来检验模型的多重共线性问题，方程（1）的方差膨胀因子（VIF 值）最大的为 2.477，最小的为 1.126，表明模型的自变量之间没有多重共线性问题。方程的杜宾—瓦森值非常接近于 2，表明方程没有自相关。

我们使用经怀特调整的方法来克服异方差问题，表 5 – 6 显示，统计结果不变。

表 5 – 6　　公式 5 – 1 的多元回归结果（怀特调整）

自变量 \ 方程	方程 3（因变量为 Loannext）	方程 4（因变量为 Longloannxt）
截距项	0.25 ** (2.32)	−0.102 (−1.19)
Carbonindex	0.0175 *** (2.87)	0.017 *** (3.55)
Lnasset	−0.013 *** (2.58)	0.0008 (0.02)
Lev	0.49 *** (10.72)	0.27 *** (7.56)
Opcash	0.014 ** (2.01)	0.013 ** (2.17)
Grow	0.0017 (0.53)	0.002 (0.68)
Roe	−0.213 *** (−2.70)	−0.102 ** (−2.18)
Liubilv	−0.0008 (−0.43)	0.0048 *** (3.78)
Gongyong	0.02 (0.97)	0.065 *** (3.72)
Fangdichan	0.012 (0.51)	0.089 *** (4.43)

续表

自变量＼方程	方程 3（因变量为 Loannext）	方程 4（因变量为 Longloannxt）
Gongye	0.018 (1.14)	-0.004 (-0.40)
Shangye	-0.047 * (-1.71)	-0.037 ** (-2.45)
模型的 Adjucted R^2	36.97%	35.09%
模型 F 值	38.69 ***	28.13 ***
样本数	537	537

注：表中的数字第一行为系数，第二行数字为 t 值，星号代表显著性水平；***：在 1% 水平上显著；**：在 5% 水平上显著；*：在 10% 水平上显著。

为了检验贷款是否推进了企业碳信息披露的关系，我们对于公式 5-1 变化为如下的公式：

$$carbonindex_{i,t} = \beta_{0+}\ \beta_1\ loan_{i,t-1} + \beta_2 .\ lev_{i,t-1} + \beta_3 .\ roe_{i,t-1} + \beta_4 .\ lnasset_{i,t-1} + \beta_5 .\ opcash_{i,t-1} + \beta_6 .\ grow_{i,t-1} + \beta_7 .\ industry_{i,t-1} + \varepsilon$$

公式 5-2

表 5-7　　公式 5-2 的多元回归结果（OLS 回归结果）

自变量＼方程	方程 5（因变量为 carbnoindex）	方程 6（因变量为 carbonindex）
截距项	-7.674 *** (-8.638)	-7.427 *** (-8.476)
Loanlast（总量标准化）	0.821 *** (2.613)	.
Longloanlast（总量标准化）		1.435 *** (3.652)
Lnasset	0.397 *** (9.417)	0.389 *** (9.372)
Lev	-0.846 ** (-2.16)	-0.857 ** (-2.388)
Opcash	0.131 *** (2.707)	0.109 ** (2.283)
Grow	-0.054 (-0.752)	-0.064 (-0.905)
Roe	-1.64 (-1.478)	-1.654 (-1.502)
Gongyong	-0.078 (-0.411)	-0.149 (-0.778)

续表

自变量 \ 方程	方程 5（因变量为 carbnoindex）	方程 6（因变量为 carbonindex）
Fangdichan	-0.157 (-0.712)	-0.303 (-1.375)
Gongye	0.345 ** (2.514)	0.366 *** (2.69)
Shangye	-0.041 (-0.176)	-0.018 (-0.079)
模型的 Adjucted R^2	21.9%	22.9%
模型杜宾—瓦森值	2.089	2.071
模型 F 值	14.939 ***	15.778 ***
样本数	499	499

注：表中的数字第一行为系数，第二行数字为 t 值，星号代表显著性水平；***：在1%水平上显著；**：在5%水平上显著；*：在10%水平上显著。

在表格 5-7 中，公式 5-2 的结果是稳健的，公式 5-2 的方差膨胀因子（VIF）值最大为 2.688，最小为 1.092；没有多重共线性问题；公式 5-2 的杜宾—瓦森值接近 2，没有自相关。在考虑异方差的情况下，调整结果并没有改变，见表格 5-8。表明银行贷款的支持促进了企业的节能减排工作，这进一步支持了我国商业银行履行了绿色信贷职责。

表 5-8　　公式 5-2 的多元回归结果（怀特调整）

自变量 \ 方程	方程 7（因变量为 Carbnoindex）	方程 8（因变量为 Carbonindex）
截距项	-7.67 *** (-7.56)	-7.427 *** (-7.46)
Loanlast	0.821 ** (2.53)	
Longloanlast		1.435 *** (3.35)
Lnasset	0.397 *** (7.99)	0.389 *** (7.95)
Lev	-0.846 ** (-2.10)	-0.857 ** (-2.24)
Opcash	0.13 *** (2.85)	0.109 ** (2.46)
Grow	-0.538 (-1.37)	-0.064 (-1.62)
Roe	-1.64 (-1.58)	-1.65 (-1.60)

续表

自变量＼方程	方程7（因变量为 Carbnoindex）	方程8（因变量为 Carbonindex）
Gongyong	-0.78 (-0.47)	-0.149 (-0.88)
Gongye	0.345*** (2.78)	0.366*** (2.91)
Fangdichan	-0.157 (-0.89)	-0.303* (-1.70)
Shangye	-0.405 (-0.25)	-0.018 (-0.11)
模型的 Adjucted R2	23.44%	24.43%
模型F值	11.25***	11.96***
样本数	499	499

注：表中的数字第一行为系数，第二行数字为t值，星号代表显著性水平；***：在1%水平上显著；**：在5%水平上显著；*：在10%水平上显著。

表5-9是表5-7的单变量之间的 pearson 相关系数表；表5-10是表5-8的单变量之间的 pearson 相关系数表。从表5-9中可以看出，上一年度的贷款总量（loanlast）与碳信息披露指数正相关；上一年度的长期贷款总量（longloanlast）也与碳信息披露指数正相关；无论是单变量的相关性还是多元回归结果，都表明上一年度的银行贷款推动了企业的节能减排活动。

第六节　政策建议

上文的理论分析和实证结果表明，碳信息披露越多的企业越容易获得银行贷款，进一步分析发现，银行贷款也促进了企业的节能减排和碳信息披露。尤其是长期借款对于企业节能减排活动表现出更大的贡献，而短期借款对于节能减排贡献并不突出，这充分说明了节能减排所需要的资金量较大，单纯依靠短期借款是无法在短时期内完成节能减排的技术改造，因此，提出如下建议。

第一，我国的绿色信贷政策对企业进行节能减排起到了巨大的促进作用，绿色信贷政策是国家节能减排的重要政策，是实现“十二五”规划

表 5-9　　单变量之间的 **Pearson** 相关系数（测试变量为 **Loanlast**）

	Carbonindex	Loanlast	Lnasset	Lev	Opcash	Grow	Roe	Gongyong	Fangdichan	Gongye	Shangye
Carbonindex	1.000	0.154 (***)	0.417 (***)	0.19 (***)	0.157 (***)	-0.083 (*)	-0.086 (*)	0.020	-0.065	0.142 (***)	-0.075 (*)
Loanlast		1.000	0.209 (***)	0.605 (***)	-0.142 (***)	-0.034	-0.347 (***)	0.023	0.084 (*)	0.011	0.000
Lnasset			1.000	0.512 (***)	0.092 (**)	-0.146 (***)	-0.139 (***)	0.149 (***)	0.126 (***)	-0.103 (**)	-0.02
Lev				1.000	-0.052	-0.215 (***)	-0.427 (***)	-0.08 (*)	0.245 (***)	-0.066	0.097 (**)
Opcash					1.000	-0.056	0.303 (***)	0.119 (***)	-0.241 (***)	0.138 (***)	-0.086 (*)
Grow						1.000	0.171 (***)	-0.053	-0.03	0.042	-0.001
Roa							1.000	0.026	-0.103 (**)	-0.002	-0.036
Gongyong								1.000	-0.109 (**)	-0.432 (***)	-0.096 (**)
Fangdichan								1.000	1.000	-0.337 (***)	-0.075 (*)
Gongye									1.000	1.000	-0.298 (***)
Shangye											1.000

注：双尾检验；***：在1%水平上显著；**：在5%水平上显著；*：在10%水平上显著。

表 5－10　　单变量之间的 **Pearson** 相关系数（测试变量为 **Longloanlast**）

	Carbonindex	Longloanlast	Lnasset	Lev	Opcash	Grow	Roe	Gongyong	Fangdichan	Gongye	Shangye
Carbonindex	1. 000	0. 200 （***）	0. 417 （***）	0. 19 （***）	0. 157 （***）	－0. 083 （*）	－0. 086 （*）	0. 020	－0. 065	0. 142 （***）	－0. 075 （*）
Longloanlast		1. 000	0. 270 （***）	0. 526 （***）	－0. 026	－0. 021	－0. 25 （***）	0. 146 （***）	0. 232 （***）	－0. 127 （***）	－0. 044
Lnasset			1. 000	0. 512 （***）	0. 092 （**）	－0. 146 （***）	－0. 139 （***）	0. 149 （***）	0. 126 （***）	－0. 103 （**）	－0. 02
Lev				1. 000	－0. 052	－0. 215 （***）	－0. 427 （***）	－0. 08 （*）	0. 245 （***）	－0. 066	0. 097 （**）
Opcash					1. 000	－0. 056	0. 303 （***）	0. 119 （***）	－0. 241 （***）	0. 138 （***）	－0. 086 （*）
Grow						1. 000	0. 171 （***）	－0. 053	－0. 03	0. 042	－0. 001
Roa							1. 000	0. 026	－0. 103 （**）	－0. 002	－0. 036
Gongyong								1. 000	－0. 109 （**）	－0. 432 （***）	－0. 096 （**）
Fangdichan								1. 000	1. 000	－0. 337 （***）	－0. 075 （*）
Gongye									1. 000	1. 000	－0. 298 （***）
Shangye											1. 000

注：双尾检验；***：在 1% 水平上显著；**：在 5% 水平上显著；*：在 10% 水平上显著。

中所制定的国家碳减排计划的重要因素，本书的实证研究表明，我国商业银行履行了绿色信贷的职责。绿色信贷是金融机构履行社会责任的重要方面，有利于提高金融机构的社会责任形象。金融机构向企业提供碳减排贷款，不但履行了社会责任，从长远来看，尤其是随着我国碳排放权交易市场的进一步发展，碳减排活动将为碳减排企业带来长久收益，银行的绿色信贷资金是安全的。因此，银行应该继续增加碳减排企业的贷款，增加其未来在碳排放权交易市场获利的潜力。而且，银行通过绿色信贷活动，可以避免国家关停高碳排放量企业所带来的贷款本金无法收回的风险，这对债权人规避贷款风险是有利的。但是，银行贷款所需要缴纳的利息是不可避免的。因此，国家财政可以考虑对于企业的节能减排工作给予一定的补贴，例如，对于发电企业的脱硫脱硝工作给予补偿，使得企业节能减排的成本有所降低。

第二，企业应当利用节能减排所带来的温室气体减排量，积极进行碳排放权交易，增加企业的资金来源；尤其是通过主营业务活动获得的资金进行节能减排，构建节能减排的长效机制，才能使得我国的节能减排工作持续推进。

第三，债权人应当履行债权治理的责任。目前，我国现有的绿色信贷政策是商业银行是否支持企业的碳减排活动，至于企业在获得了银行的贷款之后，是否按照原有的合约，真正从事碳减排活动就不得而知。因此，商业银行作为企业碳减排活动重要的债权人，可以由银行管理机构或者聘请中介机构对碳减排企业按照贷款前审查、贷款中检查、贷款后评价三个阶段对企业碳减排贷款使用情况进行监督检查，坚决打击虚假碳减排行为。

第七节　本章小结

对于绿色信贷是否影响了企业的节能减排工作，多年来，国内外鲜有类似的经验证据，本书的实证研究表明，我国的绿色信贷政策极大地支持了企业的节能减排工作，为实行国家的节能减排计划作出了突出的贡献。那么，投资者如何对待企业的节能减排工作呢？下一章将研究投资者对于企业节能减排工作的态度，即企业碳信息披露的价值相关性问题。

第六章

中国上市公司碳信息披露的价值相关性的实证研究

第一节 引言

碳信息披露的核心是反映企业的长效盈利模式，投资者对企业的碳排放现状、碳排放目标所可能带来的未来成长能力会通过企业的托宾Q值反映出来，本章的目的是检验企业碳信息披露的经济后果，具体的研究设计在下文的基本思路部分进行说明。

第二节 文献回顾

1. 碳信息披露具有市场反应的理论分析

碳信息披露项目（CDP）中国区项目主任李如松（2012）认为，企业披露碳信息很大程度上是为了获得良好的可持续发展品牌形象（转引自赵川，2012）。王宁宁（2012）认为，企业披露碳信息可以增加企业与利益相关者之间的信任，发出企业值得投资的信号，使企业获得竞争优势，提升公司形象，从而提升公司价值。但是，企业披露碳信息也会带来政府管理者更高的监管水平；竞争对手了解企业的碳排放空间、资源使用等情况；企业碳数据搜集技术不能满足碳信息披露需求等因素，这会影响企业积极披露碳信息。谭德明、邹树梁（2010）认为，气候变化的风险包括四个方面：自然风险（气候变化的风险）、法规风险（企业可能违反不断提高的能源效率标准）、竞争风险（竞争对手使用低碳技术所带来的竞争优势）、声誉风险（企业没有承担节能减排的环保责任）。虽然他们提出了四类风险，但并没有从实证上去检验是否排放压力更大的企业所带来的负向市场反应越明显。贝宾顿和拉里纳加－冈萨雷斯（2008）认为，碳信息是利益相关者关注的企业财务和非财务信息之一，而且，全球气候变化的风险是公司利益相关者关注的不确定性风险之一。布希和霍夫曼（2007）认为企业风险管理中应该纳入碳排放因素。上述研究者虽然提出了碳信息披露对企业运营可能带来的风险和机会，但是，并没有进行实证研究。下面是已有的碳信息披露的市场反应方面的文献回顾。

2. 碳信息披露的市场反应研究的文献回顾

(1) 负向的市场反应

贝蒂、蒂莫西和士马沙克（2010）以环境组织对企业的气候应对排名作为研究样本，发现排名不好的企业，其股票的市场反应是负向的。马洛里（2011）使用加拿大的877家上市公司为样本，发现企业披露碳排放信息产生了负的超额回报，实证结果表明，投资者认为降低碳排放并不符合公司利益最大化行为。该研究的缺点是对企业碳排放的计量过于简单，仅仅把企业披露碳信息与否作为虚拟变量1或者0，没有使用更加准确的碳信息披露计量方法，这在一定程度上影响了结果的准确性。

张巧良、宋文博、谭婧（2013）以随机抽样的方法，从2010年入选标准普尔500的上市公司中随机抽取85家上市公司为研究样本，使用2010年年末的股票价格作为因变量，使用碳排放总量作为一个研究变量；使用碳信息披露质量作为另一个研究变量；分别测算企业碳排放负担和碳信息透明度对公司股票价格的影响。在全样本回归的情况下，碳排放量与股票价格负相关，表明企业的碳减排压力越大，投资者的负面反应越明显。但是，碳信息披露质量与股票价格并不显著相关，作者认为原因在于碳信息披露项目（CDP）的碳信息并不包括企业社会责任报告或者年度报告中的碳信息，碳信息披露项目（CDP）不是主流的信息披露渠道、碳信息披露质量评分具有一定的主观性等原因。但是，笔者认为，结论不显著的另一个可能原因是作者随机抽取样本数量过小所带来的影响，为什么不选择标准普尔500的所有公司作为研究样本呢？这样才能扩大样本量，增加结论的推广性。

(2) 正向的市场反应

库纳尔和科恩（2001）发现，公司首次披露温室气体排放量降低的当日，股票价格有显著的上升。约翰斯顿、塞夫西克和索多斯特姆（2008）研究发现，那些拥有二氧化硫排放权的美国电力企业，获得了正向的市场反应。此外，他们也发现排放权具有一定的实物期权价值。基姆和里昂（2011）使用碳信息披露项目（CDP）的碳信息披露数据，使用累计非正常报酬率（CAR）作为因变量，使用公司雇员规模、公司盈利能力、是否应答CDP问卷、是否为温室气体减排行业等四个变量作为自变量，仅在第2轮的CDP问卷应答者中发现了参与碳信息披露项目的企业在（0，1）时间窗具有正的、显著的累计非正常报酬率CAR，但是，参与第1轮、第3轮、第4轮CDP问卷的公司与累计非正常报酬率CAR不具有统计相关性。他们发现的另一个结果是，当俄罗斯宣布加入京都议定书之后，俄罗斯未加入京都议定书的企业具有显著的、负的累计非正常报酬率（CAR）值，但是，参加碳信息披露项目（CDP）问卷的企业并不具有统计上显著的、正的累计非正常报酬率（CAR）值。总体来看，当外部商业环境对于气候变化更加敏感的时候，碳信息披露才会显著地增加股东价值。

（3）不具有市场反应

亚当斯（2012）以南非100家上市公司为样本，并没有发现碳信息披露与股价增长之间具有相关性；作者认为是有其他因素影响了公司股价，样本具有局限性等原因所导致。韦格纳（2010）使用回答碳信息披露项目（CDP）问卷的2007—2009年的818个样本公司，对碳信息披露的影响因素和市场反应进行了研究，但是，碳信息披露并没有与累计非正常报酬率呈现统计上显著的相关性。库马尔、马纳基和松田（2012）使用188个样本，发现包含在清洁能源指数中的上市公司的股价变动受到石油价格变动、利息率变动、低碳技术公司股票价格变动等三个因素的影响；上述三个因素与清洁能源公司的股价变动呈现正相关关系，但是，碳排放权交易价格变动与清洁能源公司的股价不相关。他们认为，可能的原因是：碳排放权交易价格长期低于石油价格，碳减排的收入是清洁能源公司收入来源的很小部分，因此，股份变动并不显著。在研究方法上，他们并没有使用碳信息披露的累计非正常报酬率（CAR）方法，而是使用了组间对比的非参数检验方法。

王君彩、牛晓叶（2013）以2008—2011年受碳信息披露项目（CDP）邀请填写问卷的400家中国公司为初选样本，剔除B股、H股、数据缺失的公司之后，得到研究样本278家；她们发现，对CDP问卷做出回应的上市公司有106家，未做出回应的有183家；实证结论发现：资本市场的投资者并没有对那些应答碳信息披露项目（CDP）的企业给予更多的支持，即累计超额回报率并不显著。她们对此结果的解释是投资者环保意识不强，不关心企业是否做出了低碳管理的准备；碳信息披露项目（CDP）提供的碳信息缺乏可比性等原因。但是，据笔者分析，最大的原因恐怕是样本遗漏的问题，除了 CDP 问卷的那些上市公司之外，中国大陆 A 股市场还有好多其他公司披露了碳信息，如果遗漏了这些研究样本，结论并不稳健。因此，我们在研究设计中全面考虑了所有发布企业社会责任报告的上市公司的碳信息披露问题。此外，她们把是否披露碳信息作为市场反应研究的自变量，并没有较好地显示出不同企业的碳信息披露水平，这也会影响实证结果的显著性。

（4）先正后负的市场反应

格里芬、朗特和孙（2011）以 2309 家不同国家的上市公司为总样本，其中 970 家披露了碳信息，他们使用事件研究法，发现披露碳信息的企业在交易日的第 0 天、第 1 天有正的显著的超额收益；但是，从长期来看，他们使用披露年度终了之后的第一个季度末的股票价格作为因变量时，发现碳信息披露与长期股价具有统计意义上显著的负相关关系。他们对此现象的解释是二氧化碳排放是具有成本的，长期来看，将增加企业的负担，并且作为一种资产负债表外的负债而存在，因此，长期是价值负相关的。

3. 碳信息披露的长期价值相关性方面的研究

（1）碳信息披露的长期价值相关性的理论分析

碳信息披露的长期价值相关性的理论分析的文献包括下面三个部分：

第一，披露碳信息的风险和机会。沙茨（2008）认为，温室气体排放将给企业带来六种风险和五种机会，这六种风险是：诉讼风险、股东发起的抵制、SEC 的披露法规、由于温室气体管制或者披露要求所带来的财务损失、行业或地区管制带来的经营风险、投资者的关注。五种机会是：提高能源效率、发展清洁能源的机会、改进公共关系、碳交易所带来的战略变化、在商业决策中考虑气候变化的影响等方面。

第二，对资本市场的影响。安德鲁和科特（2011a）提出了碳信息披露对资本市场具有影响，将使得投资者关注环境变化带来的风险和机会。弗洛尼和萨利姆（2011）认为，能源信息披露是以自愿或管制为基础来进行的，所披露的信息将改变信息使用者的决策。但是，他们都没有进行相应的实证研究。哈尼施（2011）测算，2010 年，全球与煤炭、风能、天然气、核能等温室气体相关的项目销售额达到了 3200 亿英镑；因此，企业披露这方面的信息，更加有助于投资者做出决策。菲佛和沙利文（2008）以访谈的方式，研究了英国的26家机构投资者的分析师或者管理者，考察他们从1990年到2005年之间对待气候变化信息的态度，机构投资者认为，气候变化可以引发洪水、干旱等自然灾害并带动政府政策的变更；因此，机构投资者可能因为碳排放问题面临法律风险、声誉风险、竞争压力等问题。在制度背景方面，英国在2000年7月生效的《养老基金法》，要求机构投资者披露投资原则，其中包括对被投资企业环境问题、伦理问题、社会责任问题的考虑。科尔克、利维和匹克瑟（2008）认为，碳信息披露活动的中心逻辑是碳信息披露可以使投资者评估市场风险和投资机会；但是，碳信息缺乏可靠性、完整性、可比性而使得其决策价值受到质疑。因此，一些投资者并没有把碳信息用于财务分析（Mercer，2009）。

第三，声誉因素的影响。赫尔特曼、普尔弗、吉马奥斯、德希穆克和凯恩（2012）调查了印度和巴西82家实施清洁发展机制（CDM）的企业，样本企业来自于水泥和制糖行业，研究发现，由于管制环境的不确定性和实施清洁发展机制（CDM）所产生的成本因素，管理者实施清洁发展机制（CDM）项目并不会获得显著的财务收益，但是，管理者看重由此而带来的声誉。冯登博格、米切尔和科恩（2010）、冯登博格、米切尔、迪茨和斯特恩（2011）指出，在英国、日本、瑞典等国家，消费者对低碳产品有很大的兴趣；美国能源署（EPA）指出，1986年，绿色产品的销售增长率是1.1%，到了1991年，绿色产品的销售增长率是12.6%。因此，披露碳信息可以为企业增加声誉，获得未来的销售业绩。科恩和威斯库西（2011）认为，消费者必须了解企业降低碳排放的信息，并且相信这些信息是真实的，并据此去修正对企业产品是否购买的决策。邦菲等学者（2008）的研究表明，消费者愿意为高效率的能源支付更高的价格。

（2）碳信息披露与企业价值的负相关关系

松村等学者（2010）使用两阶段最小二乘法研究了碳信息披露与公司价值之间的关系，他们发现，碳信息披露越多的公司，其市场价值越低。该研究结论的缺点是未进行模型设定的豪斯曼检验，这影响了实证结果的可靠性。在我国的制度背景下，企业碳信息披露的经济后果是否也会产生负的经济后果需要我们进行实证检验。于和亭（2012）考察了三个国家层面的因素：财务发展指数、股东权力指数、投资者保护强度；考察这三个因素与碳披露领导力指数、温室气体排放量、碳强度之间的关系。他们使用FTSE全球500指数中的369家大公司为样本，发现碳披露领导力指数与财务发展指数、股东权力指数显著正相关；温室气体排放量与投资者保护强度、股东权力指数显著正相关；碳强度与财务发展指数显著负相关。阿加沃尔和道（2011）使用美国、加拿大、欧洲的600家公司为研究样本，发现温室气体信息披露与企业价值负相关，降低温室气体排放的项目也没有增加公司的价值。他们把Tobin'Q作为因变量，把企业是否披露碳信息披露项目（CDP）带来的制度机会、碳信息披露项目（CDP）带来的运营机会、碳信息披露项目（CDP）带来的其他机会、是否披露碳信息披露项目（CDP）带来的制度风险、碳信息披露项目（CDP）带来的运营风险、碳信息披露项目（CDP）带来的其他风险作为自变量，研究结论显示碳信息披露项目（CDP）带来的管制机会、运营机会与Tobin'Q负相关。他们的研究设计存在着一定的争议，例如，在样本选择上，仅仅选择美国、加拿大、欧洲的大公司，把小公司都排除在外；在控制变量上，仅仅包括了公司规模、负债水平，还可以增加财务业绩等指标，毕竟资本市场的投资者也将关注每股盈余等会计利润。

（3）碳信息披露与企业价值的正相关关系

萨卡和青鹿（2009）使用216家回答碳信息披露项目（CDP）问卷的日本企业为样本，使用Ohlson（2001）的净剩余模型，把净资产、公司当期盈余、公司下一期的盈余预测作为控制变量，把公司的碳排放量、碳信息披露与否、是否参加碳交易项目作为研究变量，通过多元回归，他们发现公司的碳排放量与企业市场价值负相关；披露碳信息的公司与企业市场价值正相关；参加ETS碳交易的公司与企业市场价值不相关。这一结果说明了碳排放量越大的企业，减排压力越大，从而市场价值为负相关；而参与碳排放交易的公司并不一定就获得减排收益，也有可能支出减排成本，如果作者能够对参加碳交易的公司样本分类为购买排放权还是销售排放权两种情况，其实证结果将会有所改变。约翰斯顿、萨菲克和桑德斯托姆（2008）研究了公司的碳排放权对于资本市场投资者的价值相关性问题。他们认为，碳排放权具有资产价值的因素和实物期权价值的因素，他们以1995—2000年58家公司的195个样本作为混合数据研究样本，使用公司权益的市场价值除以公司净销售额作为因变量；使用权益的账面价值除以净销售额、公司异常项目前盈余除以净销售额、销售增长率、二氧化硫减排设备投资额除以净销售额、年度二氧化硫排放权除以净销售额作为自变量，控制变量还包括公司当年二氧化硫排放的对数值、公司当年能源消耗量的对数值。通过使用最小二乘法，他们的实证结果表明，二氧化硫排放权与公司市场价值呈现显著的正相关关系。这一结果表明，拥有二氧化硫排放权的公司是可以获得经济利益的，获得正向的市场价值在情理之中。

王仲兵、靳晓超（2013）使用上海证券交易所每股社会贡献值排名前100的上市公司作为初选样本，剔除其中的金融类上市公司，得到89家上市公司，使用其2009、2010年两年的碳信息披露数据作为研究样本，样本中共有178个观测值，他们按照量化信息、减排战略和目标、减排管理、减排核算、资金投入和政府补贴五个要素作为内容分析法的赋值依据，其中，碳信息披露最好的公司是5分，最差的是0分，他们通过多元回归分析发现，碳信息披露与企业价值（托宾Q值）弱正相关（P值为10.3%）。但是，他们的研究还存在如下可以改进之处：第一，研究样本可以扩展到发布企业社会责任报告的全部上市公司，较小的样本量可能影响了研究结论的推广性。第二，内容分析法的赋值标准包括五项，但是，他们在文章中提到了碳信息披露包括了国家政策、减排战略、温室气体减排管理、年度碳排放总量、低碳投资、温室气体的种类和处置情况、减排支出及收入等七项内容，而最终进入到内容分析的只有五项内容，那么，这五项内容的界定要有充分的依据，否则，将对研究样本的可靠性和代表性产生影响。第三，研究样本企业碳信息披露指数要进行正态分布检验，如果不符合正态分布，则不能使用OLS回归模型。

综上所述，我国进行碳信息披露的价值相关性方面的研究文献较少，而且研究样本以碳信息披露项目（CDP）的公布数据为主，以国内上市公司自发披露的碳信息作为研究样本的很少。由于中国上市公司回答碳信息披露项目（CDP）问卷的比率较低，因此，从企业社会责任报告中搜集的碳信息来探讨其价值相关性问题更加稳健。此外，国内外对于企业碳信息披露与企业价值的相关性研究的结论并不一致，以上因素都提示我们，进行我国上市公司碳信息披露价值相关性的研究是十分必要的。

第三节 理论分析与假说发展

1. 碳减排的技术限制

任力（2009）认为，“中国向低碳经济转变最大的障碍是低碳技术的开发与储备不足，发达国家并没有向《联合国气候变化框架公约》规定的那样，向发展中国家提供低碳技术转让，按照2006年的状况估计，中国从国际市场引进低碳技术年需要资金250亿美元。而发达国家向发展中国家转让高排放的重化工业，成为全球重化工产品制造大国，但减排的责任却留在中国”。节能减排技术落后以及购买节能减排所需要的巨额资金无疑增加了企业前景的不确定性。而且，本书第四章“企业碳信息披露的影响因素研究”中，已经从实证上发现筹资活动的现金流量与碳信息披露具有显著的正相关性；本书第五章则发现了银行贷款是企业节能减排的主要资金来源，这意味着企业面临着更大的利息压力。

2. 碳减排成本较高

碳减排成本包括购买碳减排设备和技术、编制碳减排量报告、碳排放权交易、碳减排贷款、碳减排政府补贴等五个方面的成本。购买碳减排设备或者淘汰产能落后设备、购买或自行研发碳减排技术都将支出巨额资金（以上市公司2011年度企业社会责任报告中的数据为例，河北钢铁（000709）在碳减排方面，截至2011年底，公司已经累计投入5.7亿；与此类似，新兴铸管（000778）仅2011年就投入碳减排资金1.3亿；宝钢股份（600019）仅2011年投入碳减排资金2.6亿）；在编制碳减排量报告方面，如果地方政府要求辖区内的企业报送本企业碳减排量的相关数据，就涉及碳减排量报告的编制、报告编写人员的培训、碳排放大户还需要被独立第三方审核等都将给企业增加成本；在碳排放权交易方面，碳排放权交易人员培训、寻找交易对手、与政府发展和改革委员会谈判碳排放权配额（我国的碳排放权配额分配存在着一定的谈判空间，以北京市发展和改革委员会于2013年出台的《北京市碳排放权交易试点配额核定方法（试行）》为例，企业碳排放权配额包括既有设施碳排放权配额、新增设施碳排放权配额、配额调整量三项；配额调整量尚无明确标准予以界定，企业和发改委就配额调整量的谈判将增加交易成本）、确定交易价格等活动将增加企业的成本；在碳减排贷款方面，碳减排涉及的资金量往往很大，企业按照绿色信贷政策即使获得了碳减排贷款，也必然给企业带来一定的本金偿还压力和利息压力；在碳减排政府补贴方面，补贴金额往往低于减排成本（郭力方，2011；刘晓东，2012）。

3. 碳减排的获利途径有限

我国的碳排放权交易始于国家发展改革委员会于2011年12月发布的《关于开展碳排放权交易试点工作的通知》，批准在北京、天津、上海、重庆、湖北、广东、深圳开展碳排放权交易试点，但是，我国目前唯一实际启动交易的是深圳碳排放权交易市场，从2013年6月18日上线至11月，深圳碳市场整体交易量不大，约为12万吨（万方，2013）。碳排放权交易量较小，而且存在着定价机制和碳排放权配额分配机制等方面的不确定因素，因此，企业很难在短期内获得足以超过减排成本的碳减排收益；对于那些没有实施碳排放权交易的省份，企业从事碳减排活动的获利途径更加有限。就碳排放权交易的国际市场来看，近年来不但交易数量低迷，而且有一半左右的、涉及中国的清洁发展机制项目面临违约风险（蓝澜，2012）；而且，就国际上的清洁发展机制的交易过程来看，一些中国企业通过清洁发展机制减排温室气体获得的收益，需要向发达国家一些企业购买先进的碳减排技术才能实现减排，交易过程中存在的普遍现象是：发达国家一些企业的碳减排技术价格昂贵，而通过清洁发展机制实现的碳减排量价格却很便宜，即，减排收益仍然会流回到发达国家，发展中国家一些企业在碳减排上获得的经济收益仍然是有限的（胥会云、查多，2010）。

4. 补贴金额低于减排成本

就节能减排的补贴来看，目前我国只有14个省市实行了补贴，其他省市还没有补贴政策。2011年11月29日，广东、北京、河北等14个省市地区开始试点脱硝电价，对安装并运行脱硝装置的燃煤发电企业，经国家或省级环保部门验收合格的，报省级价格主管部门审核后，试行脱硝电价，电价标准暂按每千瓦时0.8分钱执行；相对于1分左右的脱硝成本，每千瓦时8厘钱的加价标准偏低；[①] 补贴标准低于脱硝成本，企业必然承

---

① 证券时报网（www. stcn. com），2012年12月28日讯。电监会称部分地区脱硝电价补贴标准偏低、四概念股潜力大，http：//kuaixun. stcn. com/2012/1228/10206442. shtml.

担一部分成本。有的省对于不达标的企业，不但不给企业脱硝的成本补贴，反而从脱硫的补贴中扣除一部分。而有的省，仅对达到一定标准的发电机组才有补贴，例如，江苏省仅对13.5万千瓦及以上发电机组的脱硝达标排放，进行每度电0.008元的补贴；[①] 功率较小的发电机组没有脱硝补贴。除了上述14个省市地区有脱硝补贴之外，其他省市还没有脱硝补贴，这就意味着那些没有获得补贴的企业的运营压力更大。也就是说，企业披露的温室气体种类越多，越有可能意味着企业的节能减排压力更大，脱硫、脱硝等方面的成本越高。而且，并不能排除有些企业骗取脱硫、脱硝补贴，例如，根据环境保护部公布的2012年度全国主要污染物总量减排核查处罚情况，有15家企业的脱硫设施不正常运行、监测数据弄虚作假。这15家企业被挂牌督办，责令限期整改，追缴二氧化硫排污费，其中享受脱硫电价补贴的，按规定扣减脱硫电价款，并予以经济处罚；这15家企业涉及我国的上市公司中国石油（601857）洛阳分公司、中国铝业（601600）、河北钢铁（000709）。[②]

综上所述，在我国，脱硫、脱硝、节能减排的成本超过了收益，企业获得收益的途径非常有限，因此，减排收益来源有限、减排成本超过补贴金额，使得披露温室气体种类越多的企业，发生的成本就越多。企业在社会责任报告中披露的温室气体信息种类越多，表明企业的节能减排压力越大，这种情况将降低投资者对企业市场价值的判断，所以，提出如下假说。

H_1：碳信息披露越多的企业，企业市场价值越低。

第四节　研究设计

一　样本来源和数据说明

1. 样本来源

在2012年4月30日之前，我国沪深两市共有586家上市公司披露了

① 刘晓东：《我省实行脱硝补贴电价考核》，《江苏经济报》2012年3月20日，第A03版。http：//jsjjb. xhby. net/html/2012－03/20/content_ 530956. htm.

② 况娟：《华电神华多家电厂骗补被查　脱硫脱硝补贴存漏洞》，《21世纪经济报道》2013年8月27日，第01版。http：//epaper. 21cbh. com/html/2013－08/27/content_ 75306. htm？ div＝－1.

2011 年企业履行社会责任情况的企业社会责任报告，其中，有 6 家公司因为缺乏下面公式 6－1 中的部分财务数据和所在地区的数据被剔除出研究样本，共得到研究样本 580 个。

2. 数据来源

企业社会责任报告中的碳信息披露数据来自于作者手工收集，其他数据来自于国泰安 CSMAR 数据库。

二 检验模型

$$Tobin'Q_{i,t+1} = \beta_0 + \beta_1 . carbonindex_{i,t} + \beta_2 . lnasset_{i,t} + \beta_3 . lev_{i,t} + \beta_4 . grow_{i,t} + \beta_5 . roa_{i,t} + \beta_6 . guobilv_{i,t} + \beta_7 . industry_{i,t} + \varepsilon \quad 公式 6-1$$

表 6－1 各个变量名称和说明

变量名称	变量说明
Tobin'Qa	因变量之一，研究碳信息披露与企业价值之间的相关性。计算公式为：企业总资本的市场价值/企业总资本的重置成本＝（股权的市场价值＋负债的账面价值）/总资产的账面价值。股权的市场价值＝A 股收盘价×A 股流通股数＋B 股收盘价×人民币外汇牌价×B 股流通股数＋（总股数－A 股流通股数－B 股流通股数）×每股净资产。使用每个公司 2012 年底的数据来计算该值。
Tobin'Qc	因变量之二，研究碳信息披露与企业价值之间的相关性。企业总资本的市场价值/企业总资本的重置成本＝（股权的市场价值＋负债的账面价值）/总资产的账面价值。股权的市场价值＝A 股收盘价×A 股流通股数＋B 股收盘价×人民币外汇牌价×B 股流通股数＋（总股数－A 股流通股数－B 股流通股数）×每股股价。使用每个公司 2012 年底的数据来计算该值。
Carbonindex	研究变量，发布企业社会责任报告的上市公司进行碳信息披露的得分。
Lnasset	控制变量，公司规模，以 2011 年底总资产的自然对数 Lnasset 表示。
Lev	控制变量，企业的负债规模，以 2011 年底的负债总额除以 2011 年底的资产总额来表示。衡量长期偿债能力对企业价值的影响。
Grow	控制变量，公司发展能力指标，使用（年末的营业收入－年初的营业收入）/年初的营业收入来计算；用于衡量公司的发展能力对公司价值的影响。
Roa	控制变量，公司盈利能力，企业 2011 年末的总资产收益率，采用净利润/总资产平均余额来计算该值。总资产平均余额＝（资产合计期末余额＋资产合计期初余额）/2。公司盈利能力用来衡量公司盈利情况对企业价值的影响。
Guobilv	控制变量，国有股比率，使用国有股股份数除以总股数来计算该值。衡量国有股持股比例对企业价值的影响。数据来源于 CSMAR 数据库。
Industry	行业控制变量：我们按照中国证监会的行业分类标准，控制综合、建筑、服装、房地产、采掘、造纸、设备、电子等 8 个行业。

第五节 实证检验结果及分析

一 变量的描述性统计

首先是各个变量的描述性统计结果。结果见表 6－2。

表 6－2 各个变量的描述性统计

变量名称	最小值	最大值	平均值	标准差
Tobin'Qa	0.701	6.943	1.533	0.843
Tobin'Qc	0.7202	6.943	1.712	1.011
Carbonindex	0	7	1.27	1.312
Lnasset	19.75	30.37	23.03	1.772
Lev	0.0389	0.952	0.508	0.215
Guobilv	0	0.8266	0.08	0.184
Grow	－0.824	22.74	0.331	1.643
Roa	－0.175	0.477	0.0587	2.146
Zonghe	0	1	0.03	0.174
Jianzhu	0	1	0.03	0.159
Fuzhuang	0	1	0.03	0.164
Fangdichan	0	1	0.07	0.251
Caijue	0	1	0.05	0.215
Zaozhi	0	1	0.02	0.13
Shebei	0	1	0.15	0.359
Dianzi	0	1	0.03	0.169

通过对表 6－2 中所包括的公式（6－1）中各个研究变量的描述性统计可以看出，Tobin'Qa 最大的上市公司是张裕 A（000869），达到 6.943；最小的是房地产企业鲁商置业（600223），仅有 0.701，可见，曾经风光一时的房地产企业也有着市场价值极低的时点。Tobin'Qc 最大的上市公司是张裕 A（000869），达到 6.943；最小的是化学塑料企业南京化纤（600889），仅有 0.7202。在国有股比率方面，最小的 0，最大的是农业银行（601288），在样本公司中，国有股比率为 0 的公司数达到 402 家。在成长性方面，最低的是中恒集团（600252），为负增长；最高的是食品饮料业的新希望（000876），营业收入增长率达到 22.74 倍。在公司盈利

能力方面，总资产收益率（roa）最低的是渝三峡（000565），为-0.175；最高的是包钢稀土（600111），达到0.477。在负债比率方面，最大的是上市公司兴业银行（601166），达到0.952；最小的是信息技术类上市公司天源迪科（300047），仅有0.039；整个样本标准差较小，分布较好。

二 单变量的相关性结果与说明

首先是各个变量的描述性统计结果。结果见表6-3，研究变量碳信息披露指数carbonindex与托宾Q值（Tobin'Qa）是显著负相关的；这初步验证了假说1。在控制变量中，国有股持股比率与托宾Q值是显著负相关的，表明国有股持股比率越高，越有可能降低公司价值。公司盈利能力（roa）与托宾Q值正相关，表明公司盈利能力越强，越有可能获得正的托宾Q值。公司资产规模、公司负债比率与托宾Q值负相关，表明规模越大、负债水平越高，公司价值可能越低。单变量之间的相关性仅仅为我们提供了初步证据，在综合考虑所有因素的情况下的结果见多元回归的分析结果表6-3。表6-4的单变量相关性与表6-3基本相同，主要是测试了另一种方法计算的托宾Q值（Tobin'Qc），表6-4的结果表明，碳信息披露指数carbonindex与托宾Q值（Tobin'Qc）也是显著负相关的。

三 多元回归结果与说明

由表6-5所示，研究变量碳信息披露指数carbonindex与托宾Q值（Tobin'Qa和Tobin'Qc）是显著负相关的；这再次验证了假说1。在控制变量中，公司盈利能力（roa）与托宾Q值显著正相关，表明公司盈利能力越强，越有可能获得正的托宾Q值。公司资产规模与托宾Q值负相关，表明规模越大，公司价值可能越低。国有股持股水平、负债比率虽然是负相关，但不够稳健。以上的多元回归结果和单变量相关性结果表明，我国上市公司节能减排工作带来的资本市场价值相关性是负面的，投资者以理性投资者为主体，更多地关注公司盈利能力而非社会责任；本书的实证结果也的确发现了公司盈利能力（roa）与托宾Q值显著正相关。在我国，披露碳信息越多的企业，使用的银行贷款越高，尤其是长期贷款偏高，结合第五章的结论，这一方面说明我国企业的节能减排工作主要是受到债权人的支持，银行贷款的支持虽然促进企业完成了节能减排工作，但是，另

表 6-3　　单变量之间的 Pearson 相关系数（测试 TobinQa）

	TobinQa	Carbonindex	Grow	Guobilv	Roa	Lnasset	Lev	Zonghe	Jianzhu	Fuzhuang	Fangdichan	Caijue	Zaozhi	Shebei	Dianzi
TobinQa	1.000	-0.204 (***)	-0.031	-0.180 (***)	0.445 (***)	-0.405 (***)	-0.397 (***)	-0.018	-0.066	-0.018	-0.152 (***)	0.020	-0.042	0.003	0.083 (**)
Carbonindex		1.000	-0.08 (*)	0.076 (*)	-0.073 (*)	0.393 (***)	0.205 (***)	-0.037	-0.017	-0.099 (**)	-0.061	0.125 (***)	-0.108 (***)	-0.01	-0.036
Grow			1.000	-0.035	0.035	0.033	0.068	0.022	-0.002	-0.015	0.362 (***)	-0.037	-0.016	-0.049	-0.040
Guobilv				1.000	0.008	0.184 (***)	0.074 (*)	-0.052	0.082 (**)	-0.038	-0.010	0.008	-0.056 (*)	-0.002	-0.066
Roa					1.000	-0.162 (***)	-0.460 (***)	-0.103 (**)	-0.043	0.039	-0.068	0.115 (***)	-0.102 (**)	0.048	0.010
Lnasset						1.000	0.618 (***)	-0.051	0.131 (***)	-0.104 (**)	0.077 (*)	0.112 (***)	-0.070 (*)	-0.081 (*)	-0.073 (*)
Lev							1.000	0.024	0.178 (***)	-0.079 (*)	0.212 (***)	-0.075 (*)	0.023	-0.042	-0.087 (**)
Zonghe								1.000	-0.029	-0.030	-0.048	-0.040	0.053	-0.076 (*)	-0.031
Jianzhu									1.000	-0.027	-0.044	-0.037	-0.022	-0.069 (*)	-0.028
Fuzhuang										1.000	-0.045	-0.038	-0.022	-0.071 (*)	-0.029
Fangdichan											1.000	-0.060	-0.036	-0.114 (***)	-0.047
Caijue												1.000	-0.030	-0.095 (**)	-0.039
Zaozhi													1.000	-0.056	-0.023
Shebei														1.000	-0.073 (*)
Dianzi															1.000

注：双尾检验；***：在1%水平上显著；**：在5%水平上显著；*：在10%水平上显著。

表 6-4 单变量之间的 Pearson 相关系数（测试 TobinQc）

	TobinQa	Carbonindex	Grow	Guobilv	Roa	Lnasset	Lev	Zonghe	Jianzhu	Fuzhuang	Fangdichan	Caijue	Zaozhi	Shebei	Dianzi
TobinQa	1.000	-0.233 (***)	-0.023	-0.088 (**)	0.519 (***)	-0.472 (***)	-0.518 (***)	-0.031	-0.068	-0.007	-0.158 (***)	-0.004	-0.039	0.022	0.048
Carbonindex		1.000	-0.08 (*)	0.076 (*)	-0.073 (*)	0.393 (***)	0.205 (***)	-0.037	-0.017	-0.099 (**)	-0.061	0.125 (***)	-0.108 (***)	-0.01	-0.036
Grow			1.000	-0.035	0.035	0.033	0.068	0.022	-0.002	-0.015	0.362 (***)	-0.037	-0.016	-0.049	-0.040
Guobilv				1.000	0.008	0.184 (***)	0.074 (*)	-0.052	0.082 (**)	-0.038	-0.010	0.008	-0.056 (*)	-0.002	-0.066
Roa					1.000	-0.162 (***)	-0.460 (***)	-0.103 (**)	-0.043	0.039	-0.068	0.115 (***)	-0.102 (**)	0.048	0.010
Lnasset						1.000	0.618 (***)	-0.051	0.131 (***)	-0.104 (**)	0.077 (*)	0.112 (***)	-0.070 (*)	-0.081 (*)	-0.073 (*)
Lev							1.000	0.024	0.178 (***)	-0.079 (*)	0.212 (***)	-0.075 (*)	0.023	-0.042	-0.087 (**)
Zonghe								1.000	-0.029	-0.030	-0.048	-0.040	0.053	-0.076 (*)	-0.031
Jianzhu									1.000	-0.027	-0.044	-0.037	-0.022	-0.069 (*)	-0.028
Fuzhuang										1.000	-0.045	-0.038	-0.022	-0.071 (*)	-0.029
Fangdichan											1.000	-0.060	-0.036	-0.114 (***)	-0.047
Caijue												1.000	-0.030	-0.095 (**)	-0.039
Zaozhi													1.000	-0.056	-0.023
Shebei														1.000	-0.073 (*)
Dianzi															1.000

注：双尾检验；***：在1%水平上显著；**：在5%水平上显著；*：在10%水平上显著。

一方面增加了企业的利息压力；降低了企业的净利润。而且，如前文所述，我国仅有14个省市实行脱硝补贴，而且补贴标准低于实际成本，这又一次标示了企业运营成本的提升，降低了企业的净利润。综上所述，理性的投资者更加看重企业的盈利能力，并不看好企业当前的节能减排工作，没有使得公司的市场价值得以提升。在不同的行业方面，服装行业、房地产行业的Tobin'Q值显著低于其他行业，说明这两个行业在2011年不被投资者看好。

表6-5　　公式6-1的多元回归结果（OLS回归结果）

自变量＼方程	方程1（因变量为tobinQa）	方程2（因变量为tobinQc）
截距项	4.695*** (10.119)	5.776*** (11.271)
Carbonindex	-0.046* (-1.907)	-0.056** (-2.095)
Lnasset	-0.146*** (-6.373)	-0.176*** (-6.951)
Lev	0.082 (0.411)	-0.52** (-2.357)
Grow	-0.003 (-0.156)	0.004 (0.181)
Roa	5.702*** (9.956)	7.18*** (11.351)
Guobilv	-0.583*** (-3.674)	-0.153 (-0.874)
Zonghe	-0.064 (-0.381)	-0.10 (-0.541)
Jianzhu	-0.085 (-0.46)	-0.014 (-0.069)
Fuzhuang	-0.444** (-2.508)	-0.512*** (-2.623)
Fangdichan	-0.41*** (-3.22)	-0.418*** (-2.97)
Caijue	0.01 (0.076)	-0.152 (-0.999)
Zaozhi	-0.313 (-1.4)	-0.264 (-1.071)
Shebei	-0.149* (-1.81)	-0.147 (-1.624)
Dianzi	0.16 (0.936)	-0.038 (-0.2)
模型的Adjucted R2	33.8%	43.9%

续表

自变量＼方程	方程 1（因变量为 tobinQa）	方程 2（因变量为 tobinQc）
模型 F 值	22.083 ***	33.35 ***
杜宾—瓦森值	1.879	1.766
样本数	580	580

注：表中的数字第一行为系数，第二行数字为 t 值，星号代表显著性水平；***：在 1% 水平上显著；**：在 5% 水平上显著；*：在 10% 水平上显著。

第六节　政策建议

根据上文的理论分析和实证结果，就如何促进我国企业的碳信息披露，提出如下建议。

一　针对理性投资者的补贴制度建设

以上的多元回归结果和单变量相关性结果表明，我国上市公司节能减排工作带来的价值相关性是负面的。尽管假说 1 得到验证，但是，出现这种现象的原因却是值得深究的。

首先，投资者以理性投资者为主体，更多地关注公司盈利能力而非社会责任。表 6－3、表 6－4、表 6－5 中，总资产收益率（roa）与 Tobin'Q 值都是显著正相关的，说明投资者在做出是否买卖一家上市公司的股票时，企业的盈利能力是首要关注的因素。

其次，规模因素与企业价值 Tobin'Q 值显著负相关，说明规模越大的公司，其企业价值越低，然而，本书第四章也从实证上发现，公司规模越大，其碳信息披露就越多，这也说明大公司往往承担着较大的节能减排压力。我国的投资者在买卖股票时，更加倾向于炒作小盘股，也使得规模较大的企业更加容易陷入与企业价值负相关的境地中。

再次，节能减排的资金支出数额庞大。以附录二中的企业为例，华电国际（600027）在 2010 年投入节能减排资金 2.08 亿元；在 2011 年投入 4.9 亿元；在 2012 年投入 4.9 亿元。其他的重工业企业也存在着类似的现象，这说明节能减排工作是需要大量资金投入的。本书在第五章也从实证上发现了企业碳信息披露越多，其银行长期贷款就越多的经验证据，这也说明企业将为此而承担大量的银行利息，进一步加大企业的经济负担，从而导致投资者不看好企业的投资前景。

最后，本章前文已经论述了我国当前对脱硫、脱硝的补贴制度问题，除了一部分省市的企业没有脱硫、脱硝补贴之外，即使是那些获得脱硫、脱硝补贴的企业，也存在着补贴额度低于成本的现状，使得我国一些企业的碳排放压力越大就成本越高的窘境。而且，在本书使用的580家研究样本中，仅有19家样本使用清洁发展机制（CDM）来为企业节能减排创收，其他绝大多数企业都是处于赔钱来进行节能减排工作的。这种现象提示我国政府部门可以在财政补贴方面，增加企业脱硫、脱硝的补贴力度，同时为了避免企业利用虚假的碳减排信息来骗取补贴，还要加大监督力度，降低规范运作企业的单位成本。这样才能增加投资者的认同感，提高公司价值。

二　针对理性投资者的声誉机制建设

我国相关政府部门应该增加宣传力度，包括政府设立低碳奖项和鼓励各类媒体机构评选低碳公司榜。就政府奖励来说，意在使广大投资者了解节能减排是我国目前及今后的一项工作重点，对于节能减排成绩显著的企业，给予相应的奖励，例如，优秀上市公司、优秀董事会、年度经济人物等，胡润低碳富豪榜、广州日报“仁商—低碳榜”这类宣传有助于投资者认清国家的政策导向，使投资者认识到企业现在减排虽然有一定的成本支出，但是，从长久来看，可以为企业带来稳健的经济利益。

三　针对理性投资者的推进碳排放权交易机制建设

如前所述，国内的碳排放权交易是碳减排企业获得收益的重要渠道。当前，国际清洁发展机制交易并不活跃，在国内，由于中央政府已经确定了各个省在2015年底必须完成碳减排目标，所以，那些拥有碳排放权的企业出售排放权给那些碳排放量超标的企业是碳减排企业获利的重要途径。国家发展改革委员会应当在碳排放权交易试点城市的基础上，尽快总结成熟经验，使得碳排放权交易在国内全面开展。德姆塞茨（Demsetz，1964）认为，任何可接受的资源配置机制都必须解决两个问题：第一，交易者可以获得交易所需要的信息；第二，交易者有动力考虑这些信息。对于碳排放权交易来说，低排放的企业将通过出售碳排放权获益，高排放企业将付费购买排放权；所以，买卖双方都有动力去考虑企业的碳排放量信息。因此，真实、详细的碳减排数据将有助于降低企业之间的交易成本，促进碳排放权交易市场的发展。对于与碳排放权交易密切相关的碳减排数据披露提出如下建议。

1. 政府相关部门应加强对企业碳减排数据真实性的监管。碳排放权交易的一个重要前提条件是企业碳减排量的数据准确，如果企业存在着碳减排量数据造假的现象，将降低我国碳排放权交易市场的运行效率，甚至导致市场失灵。为此，政府各级发展改革委员会除了聘请中介机构或者协商政府审计部门进行碳排放量抽查或定期检查之外，还要加大对碳减排数据造假企业的处罚力度，不断提高碳减排数据的可靠性。

2. 增加企业碳减排数据的透明度。企业披露碳减排数据包括两个方面：第一，向政府相关部门报送碳减排数据；第二，向民众披露碳减排数据。在国际上，政府部门强制要求企业报送碳减排数据渐成趋势，例如，美国政府发布了《温室气体强制报告规则》、澳大利亚政府发布了《国家温室气体和能源报告法案》、日本政府发布了《强制性的温室气体会计和报告制度》。因此，我国若要完成《国务院关于印发“十二五”节能减排综合性工作方案的通知》中所确定的各省以万吨为单位的碳减排量目标，各省、直辖市的发展和改革委员会应该强制要求辖区内的企业向发改委报送碳减排数据，并且建立数据备案制度，以便于及时掌握企业碳减排动态、为碳排放权交易定价、碳排放权配额分配建立数据库，为完成各省的碳减排目标提供坚实的数据基础。

在向民众披露碳减排数据方面，各省发展和改革委员会、环保部门、证券管理部门等政府部门应加大宣传力度，使投资者意识到企业投资于碳减排活动符合中央政府的总体未来规划，任何企业都不能避免，从长远来看，随着我国碳排放权交易市场的进一步发展，碳减排活动将为减排企业带来收益。政府部门的这些举措将促进投资者的环境意识和公民意识不断提升，使投资者意识到企业披露碳减排活动是提升企业社会责任形象、增加品牌知名度的一种举措，这样，向民众披露碳减排数据也将慢慢发展起来。此外，碳排放权交易试点地区的不同企业之间，也将因为企业公布的碳减排数据，更加容易寻找交易对手，了解行业内其他企业的减排动态，降低碳排放权交易的成本，有利于提升碳排放权交易的市场效率。

我国的碳排放权交易应该避免落入到以前二氧化硫交易流于形式的弊端。2002 年 3 月 1 日，国家环保总局（现在的国家环境保护部）发布了

《关于开展“推动中国二氧化硫排放总量控制及排污交易政策实施的研究项目”示范工作的通知》，确定在山东省、陕西省、江苏省、河南省、上海市、天津市、柳州市以及中国华能集团公司，开展二氧化硫排放总量控制及交易政策实施的示范工作，开展“推动中国二氧化硫排放总量控制及排污交易政策实施的研究项目”。但是，我国的二氧化硫交易市场的建设基本上是失败的，很多环境交易所建立多年以来，连一单排放交易都没有。[①] 如前所述，强化企业向国家和各省、市的发展改革委员会报送碳排放数据，还需要向民众公开企业的二氧化硫、二氧化碳排放数据，这样，降低了信息不对称，使得不同的企业之间更加容易寻找交易对手、了解行业减排动态；使得企业不同年度的二氧化碳、二氧化硫等温室气体的减排状况接受非政府组织、社区居民等的监督；为真正使用市场机制进行温室气体减排提供信息方面的支持。

第七节 本章小结

对于我国上市公司的碳信息披露的价值相关性问题，尽管国外有正相关、负相关等不同的结论，但是，本书的实证研究结果表明，我国碳信息披露所带来的价值相关性是负向的。这表明在资本市场中，我国的投资者以理性投资者为主，他们更加关注公司的盈利能力（本书的实证研究表明盈利能力与企业价值是正相关的）；企业从事节能减排所需要的资金量巨大，从而导致由于节能减排所带来的银行利息压力；国家对企业节能减排补贴低于节能减排成本；我国的节能减排技术储备不足、需要巨额资金从发达国家购买减排技术等因素是导致本章所发现的碳信息披露与企业价值负相关的原因所在。若要使得我国企业更加积极主动地进行节能减排工作，并进而披露碳信息，必须要通过碳排放权交易、节能减排补贴，使得企业获得实实在在的好处，才能增加企业的市场价值，增加企业节能减排的动力。本章的结论与第五章的结论相对比，可以发现，我国企业节能减排的资金主要来自于债权人，投资者并未对企业节能减排行为提供支持，反而使用了“用脚投票”行为，导致节能减排较多公司的市场价值下跌。

---

① 李静：《我国发展排污权交易困难重重 各类试点效果并不理想》，http://www.cec.org.cn/xinwenpingxi/2011-11-08/73955.html，2011.

第七章

促进和改进中国企业碳信息披露的建议

根据本书第二章“企业碳信息披露的国际经验”、第三章“企业碳信息披露的经济学分析”、第四章“企业碳信息披露的影响因素研究”、第五章“企业碳信息披露与银行借款的相关性研究”、第六章“企业碳信息披露的价值相关性研究”的理论分析和实证结果，来探讨促进和改进我国企业碳信息披露问题。例如，根据本书第六章发现的“碳信息披露与企业价值存在负相关性的现象”，表明企业因为投资者的“用脚投票行为”，并不情愿披露碳信息，但是，企业不披露碳信息，就无法达到第三章所陈述的“碳信息披露可以降低交易成本”的目的；如何使企业披露碳信息呢？利用第二章中所论述的政府主管部门强制要求企业披露碳信息的国际经验是十分必要的。下面首先对国内外已有的促进企业碳信息披露的文献进行回顾。

第一节 促进企业披露碳信息措施的文献回顾

1. 政府因素对碳信息披露的影响

政府对碳信息披露的影响体现在政府采购和政府对企业节能减排的监督管理两个方面。贾璐（2012）提出，政府采购除了在招标中考虑价格因素之外，还可以考虑供应商的低碳节能因素。英国、美国政府的公共采购领域已经开始考虑供应商的碳排放因素，我国政府在采购中考虑供应商的碳排放情况，将有利于中小企业进一步促进碳信息披露。她还认为，目前，我国应该开展低碳产品、低碳产业的认证工作，在碳排放数据收集、碳排放交易的核算、统计、监测方面加强工作。穆利萍（2011）提出，健全环境会计信息披露方面的会计制度、加强环境保护部门和上市公司监督管理部门对企业碳信息披露情况的监督是重要的制度约束条件。前一个制度因素是涉及企业在年度报告或者企业社会责任报告中披露碳信息的技术标准问题，例如，碳的排放量、减排计划、减排目标、战略规划等；后一个制度因素涉及对企业行为的监督，防止在碳信息披露、碳减排规划方面出现虚假信息，欺骗使用碳信息进行决策的投资者和其他利益相关者。印久青（2009）认为，政府、民间组织、公众运用各自的力量进行监督，可以促进企业披露碳信息。但是，在我国，公众对于垃圾分类还不能有效执行（在亚洲，日本和韩国是极少数垃圾分类成功的国家），对于碳信息披露的监督更加有难度。

2. 碳信息披露标准对碳信息披露的影响

科尔克、利维和匹克瑟（2008）认为，存在着三种碳信息的标准，影响了碳信息披露，这三种标准是：技术标准、价值标准、认知标准。技术标准是把所有其他的温室气体折算成二氧化碳吨数；价值标准是把所有减排的温室气体折算成货币，但是，碳交易市场的差异，使得这种折算的普适性值得探讨；认知标准将污染归集到相关的责任单位存在着争议。叶敏（2011）认为，除了上述三种标准之外，由于碳排放的政治性，也很难使得不同的碳标准得以统一。德拉戈米尔（2012）以欧洲最大的五家石化企业发布的企业社会责任报告作为研究样本，发现这些公司披露的温室气体数据在计量方法上不具有可比性，一些未经解释的专业术语使得企业碳排放数据难以被使用者理解。另外，田翠香、刘雨（2012）认为碳信息披露项目（CDP）作为一个国际组织，提供的碳信息披露内容并不一定适合于每一个国家，因此，根据中国的具体国情，建立中国特色的碳信息披露途径是必要的。

3. 企业切身利益对于碳信息披露的影响

徐颖（2010）认为，跨国公司对于供应链碳排放信息的需求将促进国内企业披露碳信息。田翠香、刘雨、李鸥洋（2012）提出，企业利用碳商机，自觉披露碳信息；政府出台优惠政策鼓励企业积极披露碳信息。

从上面的文献回顾可以看出，若要促进我国的碳信息披露，需要解决以下四个方面的问题：第一，碳信息是否需要强制披露？根据第六章的经验研究的结果，在我国现有的制度环境下，企业主动披露碳信息，将会引起资本市场负面的反应，企业在资本市场的表现可能会影响到企业高级管理层的切身利益。因此，对于促进我国企业披露碳信息的具体措施来说，强制披露无疑是最值得探讨的方法。第二，明确碳信息披露的载体。第三，统一碳信息披露标准。第四，提高碳信息披露的激励措施。

第二节 促进企业披露碳信息的措施之一——强制披露

一 强制要求企业披露碳信息的国际背景

在国际上，强制要求企业披露碳信息已经成为不可逆转的潮流。例如，在2009年底，美国环境保护部（EPA）制定了《温室气体强制报告规则》（Mandatory Reporting of GHG Rule，简称MRR）。该规则是强制性的温室气体报告要求，适用于化石燃料供应商、每年碳排放在25000公吨及以上的汽车、发动机、设备生产商；涉及1万家左右的企业，这一强制报告要求包括了美国85%左右的碳排放量的企业。上述企业在2011年开始，向EPA报告从2010开始的碳排放数据。企业提供的数据将被EPA至少保存3年；如果企业违反了披露规则，EPA可以复核企业提供的碳信息的完整性和准确性；那些排放量低的小公司则不需要向EPA披露碳信息（武木布莱德和克莰，2010）。2003年，法国政府颁布的《碳平衡》（Bilan Carbone）要求企业强制披露碳排放信息。该法规在2004年、2011年分别进行了修订，要求法国超过500个雇员的公司、人口超过5万的地方政府、超过250个雇员的公共机构等营利机构和非营利组织、政府部门报告京都议定书的六种温室气体。日本政府在2005年发布了《强制性的温室气体会计和报告制度》（Mandatory Ghg Accounting and Reporting System），要求年度能源消耗量达到15000千升或者超过21个雇员的企业并且温室气体年排放量达到3000吨的企业强制披露碳信息；加拿大政府在2003年颁布的《温室气体排放报告项目》（GHG Emission Reporting Scheme）要求每年碳排放量大于10万吨二氧化碳当量的企业强制披露碳信息；澳大利亚政府制定了《国家温室气体和能源报告2009》要求年碳排放量达到5万吨碳排放当量的企业强制披露碳信息。

与上述国家相比，我国环境保护部在2013年7月12日发布了《关于加强污染源环境监管信息公开工作的通知》，要求国家重点监控企业细化环境信息披露内容，包括披露重点监控污染源基本情况、污染源监测、总量控制、污染防治、排污费征收、监察执法、行政处罚、环境应急等环境监管信息等八大类信息。但是，企业的碳排放信息在《污染源环境监管信息公开目录（第一批）》中并未明确提出要求企业披露。碳排放信息作为总量控制（主要排放污染物名称、排放浓度限值）信息之一，政府相关部门应该要求企业向县以上地方政府的环境保护部门报送碳排放数据，这使得政府部门可以了解企业节能减排的具体进展，为我国政府完成《2009中国可持续发展战略报告》提出的中国发展低碳经济的战略目标，即到2020年，单位GDP的二氧化碳排放降低50%左右，提供数据支持，也为政府部门重点监控碳排放大户提供了数据依据。此外，国家发展改革委员会于2011年12月发布的《关于开展碳排放权交易试点工作的通知》，批准在北京、天津、上海、重庆、湖北、广东、深圳开展碳排放权交易试点，我国正在试点的碳排放权交易也需要掌握企业详细的碳排放数据，以便制定各地区的碳排放权总量和碳排放权交易规模、交易定价。强制企业向政府部门提供碳排放数据可以为政府部门的上述决策提供数据支持。

但是，上述数据除了向政府管理部门报送，普通的投资者、债权人和其他利益相关者如果想获得更加详细的碳排放信息，则并不容易。本书的第五章、第六章的实证研究表明，企业承担更多的节能减排压力将带来更低的市场价值；债权人根据企业节能减排信息做出是否贷款的决策。因此，企业并不愿意向资本市场投资者公开自身的节能减排压力。而投资者的决策又需要这方面的信息，所以，需要上海证券交易所和深圳证券交易所在企业社会责任报告中进一步强化碳信息的强制披露制度。

二　强制要求企业披露碳信息的经济学分析

1. 信息不对称理论

本书在第三章从信息经济学和制度经济学的角度分析了企业碳信息披露的必要性。在实际生活中，企业对于排放温室气体的数量、排放的种类、控制排放的环保设备是否运营有十分清晰的信息，但是，监管部门和公众则处于信息不对称状态。例如，株洲市环保局环境监察支队对株洲市34家企业的排污设备进行检查，发现一些企业生产照常进行，但是，排污设备根本没有运行。[①] 公开企业的碳排放信息，有利于接受公众的监督，使企业偷排的成本增大。例如，仅2012年，佛山市环境保护局监察

① 周宇欢：《荷塘区天天洗水厂生产不开污水处理设备》，http：//zzwb. zhuzhouwang. com/html/2011 -12/06/content_ 44154. htm？ div = -1.

分局就收到群众报料约9000件，对汾江河畔一批企业进行了查处和实行红牌、黄牌警告。[①] 这说明群众的监督对于降低信息不对称、弥补环境监管队伍人员不足具有一定的意义。因此，强制要求企业披露碳排放信息对于降低信息不对称状况，方便政府环保部门、投资者、债权人和社区居民的监督更加有利。

2. 制度经济学理论

在本书第三章，已经分析了碳信息披露对降低交易成本的重要性。如果企业不披露碳信息，将增加交易对象的搜寻成本、信息成本、议价成本、决策成本和监督成本。因此，为了保证我国的碳交易市场更加有效率和效果地运行，强制披露碳信息是有其必要性的，尤其是针对那些重污染行业或者碳排放大户，强制披露碳信息更加有必要。这除了碳排放权交易市场的有效运行之外，还在于企业披露碳排放信息，更加有利于对其进行审计和监管，而且，我国对企业偷排的处罚太轻，甚至有的政府环保部门对企业偷排只罚款21元。[②] 可以预见，如果企业偷排的成本非常低，企业极有可能在雨天、夜半或者其他不易被人察觉的时间进行偷排。因此，增大偷排温室气体的处罚力度，使其大于每吨温室气体排放的交易价格才具有威慑力。

三　强制要求企业披露碳信息的法律规范

若要强制企业披露碳排放信息，应当有相应的法律或者行政法规进行规范。当前，我国政府对碳信息披露还没有法律规范，但是，如果企业在碳信息披露方面存在夸大或者虚假，将面临行政处罚。例如，2010年12月27日，中国证券监督管理委员会发布了《信息披露违法行为行政责任认定规则（征求意见稿）》，对信息披露违法行为的类型、定义、责任认定等做出明确规定；证监会将根据相应的信息披露法律、行政法规、证监会规章和规范性文件、证券交易所规则等规定，遵循专业标准和职业道德，运用逻辑判断和监管工作经验，来认定信息披露违法行为行政责任。对于碳信息披露来说，企业应该如实披露，如果有虚假或者夸大披露，将面临相应的行政处罚。

---

① 张闻、欧核：《佛山查企业偷排处罚被指太轻　最少只罚21元》，http：//politics. people. com. cn/n/2013/0607/c70731－21777018. html.

② 同上。

就碳信息披露的行政法规来说，广东省已经初步具备了这方面的条件，但政府相关部门还没有颁布相关的规范。根据《广东省低碳发展路线图制定和促进政策研究》的内容，从2010年开始，广东省内的上市公司要求采用碳会计准则，大型企业要进行碳信息披露；争取在广东省“十二五”期间，使广东省的重点排放大户自愿向社会、主管机构披露碳资产。《广东省低碳发展路线图制定和促进政策研究》还仅仅是研究报告，政府部门能否有力推进则是十分重要的。

此外，根据《广东省低碳发展路线图制定和促进政策研究》的相关内容，广东将成立省低碳科技产业发展基金和省低碳慈善基金会，资助低碳企业发展、购买低碳企业股份、推广低碳消费、资助低碳能力建设等。根据广东省“十二五”发展规划纲要，到2015年，广东省单位GDP碳减排强度将比2005年降低30%；2020年底，广东省单位GDP碳减排强度将比2005年降低45%。由于电力和化石能源的二氧化碳排放系数相对容易确定，广东省将向那些直接排放二氧化碳的工业企业从2011年起开始征收碳税。2013—2015年实现碳排放权在广东省内正式交易；2015—2020年，在不同省、自治区、直辖市之间进行碳排放权交易。在税收方面，对于重点扶持的低碳产业，按照15%的所得税率征收企业所得税。[①]上述内容都属于企业碳信息披露的内容，如果政府层面能够给予有力的推动，将为企业实现碳信息披露提供了制度保障。因此，广东省的电力、石化、能源等排放大户在碳信息披露方面必然会领先于其他省市。

借鉴广东省碳信息披露的经验，我国监管部门也可以建议其他省出台相应的法律规范，强制要求企业披露碳信息，在时机成熟时，由国家推出强制碳信息披露法规。

第三节　促进企业披露碳信息的措施之二——对现有的碳信息披露标准进行规范

本书前面的实证研究结果表明，碳信息披露对于投资者、债权人是具有决策有用性的。但是，当前国际上的披露标准很多。例如，本书第二章

---

① 苏稻香：《广东低碳发展时间表初步排定，3—5年实现省内碳交易，未来5—10年实现省际碳排放权交易》，《南方日报》2011年4月2日，第A13版。

所述，国际标准目前有GRI的G4标准、国际标准化组织发布的ISO14064标准、气候披露准则理事会发布的《气候变化报告框架1.1版》、世界资源委员会（World Resource Institute）和可持续发展世界经济理事会（World Business Council for Sustainable Development）发布了温室气体排放的会计和报告准则（Greenhouse Gas Accounting and Reporting Stardand）。如此之多的标准，令国内的上市公司无所适从，国内外的学者对采用哪个标准有不同的态度。例如，安德鲁和科特斯（2011b）认为，在碳信息披露中，企业使用不同的方法来计算碳减排量，这将降低碳信息的决策有用性。因此，他们建议使用碳信息披露项目（CDP）的披露标准或者温室气体议定书（Greenhouse Gas Protocol）的披露要求。沙利文（2006）认为，个人投资者或者集体投资者应当与公司进行沟通，告知公司所需要的碳信息的种类，他认为，投资者需要碳排放风险、碳排放机会方面的信息，并且，投资者的态度可以影响公司的碳信息披露详略程度。

笔者认为，我国的上海证券交易所、深圳证券交易所应当对碳信息披露的内容进行规范。原因是我国上市公司的披露内容是按照交易所的规定来执行的。如果企业主动披露过多信息，将增加企业的成本。因此，在目前交易所对碳信息披露没有要求的情况下，企业是自愿披露的。因此，在《深圳证券交易所上市公司社会责任指引》和上海证券交易所《关于加强上市公司社会责任承担工作暨发布〈上海证券交易所上市公司环境信息披露指引〉的通知》中对碳信息披露的内容进行规范，将极大地促进企业披露碳信息。笔者建议在交易所的上述规范中应当披露的碳信息内容包括：温室气体的种类、节能减排的成绩、计划、投入的节能减排资金量、不同年度温室气体排放量的对比。

第四节　碳信息披露的报告载体

陈莉（2011）提出，碳信息披露可以采取两种方式：单独编制环境会计报告、把低碳信息和财务报告合并披露。对于这两种方式，笔者并不赞同，我国的碳信息披露需要经过手工收集数据，核算碳排放量、制定减排计划、确定减排目标等阶段，企业能够在企业社会责任报告中的环境责任部分予以披露碳信息就是最恰当的符合成本—效益的披露方式了。如果单独披露环境会计报告势必增加披露成本，例如，单独制作报告的成本，未来可能存在的鉴证成本等；把碳信息与财务报告混合披露，也容易使得本来就已经内容繁杂的财务报告信息更加冗余，使报告使用者的信息搜集成本增加，因此，把碳信息放在企业社会责任报告中进行披露是较为符合成本—效益的披露方式。需要特别说明的是，对于那些既在年度报告又在企业社会责任报告中披露碳信息的企业来说，应当保持年度报告中的碳信息披露与企业社会责任报告中的碳信息披露的内容相互一致。否则将误导投资者，在现今信息甄别成本不断提高的情况下，保证信息的一致性是十分重要的，这可以降低信息使用者的信息搜寻成本。为了降低披露成本，笔者建议在企业社会责任报告中进行详细披露就已经足够，不需要进行重复披露；除非碳减排涉及资金项目，资金项目是在年度报告的财务报表中必须披露的；但是，年度报告中的财务报表披露的内容也要保证在企业社会责任报告中进行相同的披露，否则就是披露偏差，这是值得企业特别注意的内容。

第五节 碳信息披露的激励措施

一 企业披露碳信息在公司治理方面的措施

拉特纳顿格（2008）在论述了公司和个人的降低碳排放的措施之后，提出了一个把碳因素融入商业政策、人力资源管理、营销战略、定价战略、国际商务战略、提升战略、供应链战略、业绩评价等环节的战略管理会计的框架。例如，在商业政策中，在波特五力模型之中，加入到一个碳因素，即不同行业的碳管制因素；在人力资源管理中，提倡碳生命周期文化；在营销战略中，系统考虑所有产品的碳影响；在定价战略中，考虑碳成本、顾客的碳意识等；在国际商务战略中，考虑不同国家碳政策的差异，清洁发展机制对企业利润的影响等；在提升战略中，考虑降低纸张使用而采用高效电子设备；在供应链战略中，在采购、运输、仓储中，考虑相应的碳成本；在业绩评价中，考虑碳成本、碳收益等。如果每个企业都实施了全面的碳管理，对碳信息披露无疑将起到巨大的促进作用。

李（2012）把企业的碳管理活动分为如下六类：降低碳排放的承诺、开发低碳产品、改进工作流程和供应链、开发新市场、公司对提高能源效率重要性的认识并积极参与到气候变化的行动中去、发展与外部的联系

（例如，公布企业的碳排放信息、参与碳排放贸易等）。他根据六种碳管理活动，把企业的战略行为分为六种：观察者、谨慎地降低碳排放的公司、积极改进产品的公司、碳排放所有方面都进行管理的公司、碳排放某一领域的探索者、所有碳排放方面都进行探索的公司等。他以韩国的公司为研究样本，发现在发展中国家或者高度发展中国家中，实施碳战略管理的公司仍处在初级阶段；小公司体现为碳排放管理的观察者；政府制定碳排放降低的目标和鼓励企业参与ETS碳交易。公司管理层在碳信息的沟通与交流方面起到重要的作用。

如前所述，如果我国的企业能够把碳管理整合到企业的供应链、生产过程、销售过程、行政管理等所有环节，并且营造出全员节能减排的公司文化，必然在温室气体减排方面取得重大进步，从而带动公司披露碳排放信息。

二 企业披露碳信息在制度创新方面的措施

如前所述，若要不断改进目前的碳信息披露状况，不断进行制度创新推动企业节能减排是前提步骤，只有企业实实在在地进行了节能减排工作，才有相应的信息可以披露。

1. 股权激励或者现金激励

众所周知，植树造林可以吸收二氧化碳等温室气体。但是，我国目前对个人的植树造林行为更多的是给予荣誉，而不是股权激励或者现金激励。股权激励是给予对企业发展有突出贡献的高级管理层或者技术骨干的股份激励，在企业社会责任领域，几乎没有见到股权激励的提法，当然，目前也未见到企业植树造林可以进行清洁发展机制交易带来的好处。我国目前更加常见的是使用风电、太阳能等项目进行清洁发展机制交易，从而为企业节能减排行为带来好处。[①] 但是，在制度创新方面，笔者建议我国政府对连续多年进行义务植树造林的企业管理者或者企业员工以及其他的社会人员，给予股份方面或者现金方面的奖励，而不是单纯的荣誉。这将激励更多的人加大植树造林的力度。例如，海南的陶凤交女士从1986年开始，连续17年在海南棋子湾坚持种树，这片流动的沙丘曾经被德国生态专家认为是不可能种活树的，但是，陶凤交女士坚持不断试验，终于成

① 国家发展和改革委员会应对气候变化司：《中国CDM项目（清洁发展机制项目）注册最新进展》，http：//cdm. ccchina. gov. cn/TableList. aspx？Id =62.

功地开发出野菠萝套种木麻黄树的经验，在每月仅有几百元工资的情况下，坚持种树 17 年，绿化面积达到 1.6 万亩。陶凤交女士因此获得了“全国三八绿色奖章”、“全国绿化劳动模范”、“全国绿化十大女状元”等荣誉，棋子湾现在开始开发旅游项目，陶凤交女士却没有股份，旅游项目她本人也没有经济利益。因为这片绿色林海的产权属于政府，旅游公司需要交租金给政府；有些人可能认为，陶凤交女士不爱钱，但是，她在 25 岁时就开始守寡，一边全天候的植树，一边抚养两个孩子（在 1986 年时，大的孩子 5 岁，小的孩子 3 岁），把众多专家宣告无法植树的流动沙丘植树成功，而且是 1.6 万亩之巨，尽管这里也有陶凤交女士的同村妇女断断续续地参与其中，但可以肯定的是，陶凤交女士的贡献不仅仅是 17 年来连续地植树造林，而且把德国生态专家宣告的既有结论推翻，政府应当给予一定数量的股份奖励。也许，有人认为，给陶凤交女士股份或者金钱是玷污了她高尚的行为，但是，在社会主义市场经济的大环境下，给予一定的股份激励或者现金激励，难道就不能鼓励更多的人去绿化、植树吗？因此，我国相关的政府部门应当考虑对履行社会责任的个人或者群体给予激励制度方面的创新，让她们的贡献在精神上和物质上实现双丰收。与股权相对应的是，树木成材之后可以用现金的方式达到激励制度方面的创新。例如，国龙股权投资基金公司在晋中市五个县共 115 个贫困村捐赠了 100 万株杨树苗，树苗捐赠后，农民与晋中扶贫协会签署协议，按照“谁种谁受益”的原则，农民将获得所培育树木未来收益的 50%；另外 50% 用于扶贫发展基金，这种速生林每 5 年砍伐一次，每亩价值在 6.3 万元左右。[①] 由此可见，这种模式也可以调动农民的种树、养树、护树的积极性。从而既实现了节能减排也达到了让企业受益，构建了节能减排和企业可持续发展的长效机制。

2. 推广两型社会等区域性的社会责任建设经验

我国当前官员晋升的锦标赛制度，使得 GDP 在官员的升迁考核中占有重要的比重。[②] 因此，在政府管制方面，借鉴两型社会的经验，在地方政府官员在其管理区域内增加 GDP 的同时，也降低碳排放是一个重要问

① 华挺：《太行革命老区探索低碳扶贫》，《光明日报》2012 年 5 月 15 日，第 10 版。

② 周黎安：《中国地方官员的晋升锦标赛模式研究》，《经济研究》2007 年第 7 期，第 36—50 页。

题。否则，如果地方官员片面追求 GDP 增长，企业是不可能脱离政府意图独立行事的。

两型社会是指“资源节约型、环境友好型社会”，在两型社会试验区内，政府积极推动环境友好技术、环境友好产品、环境友好产业、环境友好社区、追求低投入、低污染、低能耗、高产出的资源利用模式。我国目前有两型社会试验区六个：长株潭城市群、武汉城市群、重庆改革试验区、成都改革试验区、天津滨海新区、上海浦东新区，这些制度上的创新对于我国企业更好地履行社会责任提供了良好的试验结果，在时机成熟时，再慢慢地向全国推广。目前，海南省虽然不是两型社会示范区，但是，其建设经验却值得其他地区学习。例如，海南省正在积极建设国家生态文明示范区，开展全民绿化活动，争取在 2016 年全省森林覆盖率达到 62%，森林碳汇能力超过 6000 万吨；并且大力发展生态旅游、生态农业、低能耗、低排放的新兴产业，在 2016 年末，清洁能源在能源消费结构中占 40%，城镇新建住宅 70% 以上应用太阳能等清洁能源，通过以上措施，实现海南的“绿色崛起”。[①] 陈运平、黄小勇（2012）提出了区域绿色竞争力的思想，他们认为，区域绿色竞争力是市、县等某个特定区域在发展过程中，以绿色为核心，以循环经济、环境保护、生态治理、低碳排放、健康和可持续发展为主线，以人与自然包容性增长为特点，以实现人类与自然的和谐共生为目标，通过区域内各种绿色环保资源的有效配置与创造，为区域发展提供一个更加具有竞争力的绿色平台，形成具有独特绿色竞争优势的行政区域。[②] 这种理论是建立在科学发展观的理论基础上的。由此可见，绿色、环保等理念和做法提高了生态旅游的收入、提高了森林碳汇、提高了农产品的经济附加值，对于构筑不同行政区域的竞争力是大有裨益的。宋德勇、张纪录（2012）提出了低碳城市建设中的“伦敦模式”、“伯明翰模式”、“哥本哈根模式”、“东京模式”、“上海模式”、“保定模式”等六种低碳城市发展模式，他们认为，中国低碳城市的建设正处在起步阶段，并且存在一定的盲目性，因此，每个城市都要结合自身的特点来建设低碳城市。这也充分说明，推广两型实验区或者绿色城市、低碳

---

① 王晓樱、魏月蘅：《海南唱响“绿色崛起”》，《光明日报》2012 年 4 月 26 日，第 10 版。

② 陈运平、黄小勇：《区域绿色竞争力的本质属性》，《光明日报》2012 年 5 月 4 日，第 11 版。

城市的经验确实要考虑到不同地区的人口、资源、地区等方面的差异，不能盲目趋同。除了上述的两型社会实验区、海南省的经验之外，安徽省六安市也是一个很好的案例。六安市地处大别山，与污染严重的淮河不同的是，六安市现在有一级洁净水源的水库六座，容积超过 70 亿立方米。该市不断提高绿色门槛，取缔了很多可能存在污染的项目，开发出 17 个 4A 级风景区，2011 年，六安市接待游客近 1000 万人、旅游收入超 65 亿元。[①] 由此可见，每个地方发挥自身的特色，不能片面地以工业化作为唯一的经济增长点。而且，工业污染所带来的流域污染补偿价格并不高，与巨额的旅游收入、人民的健康相比，经济价值差异非常明显。我国对于流域污染补偿的方法，主要采用估计水流域污染的治理成本来收取补偿金的方式，但是，如何确定污染者、对人民健康影响的隐性成本等难题使得流域污染补偿变得并不能真实地补偿水污染带来的损失，因此，六安市因地制宜的发展方式值得借鉴。长三角、珠三角、京津冀这样的经济区完全可以与环境保护区、两型社会的试点结合起来。经济越发达，就越有实力去实施企业社会责任。

由于碳排放主要来自于石化燃料，而交通运输业是石化燃料的消耗大户，因此，交通运输行业的改革起到十分重要的作用，2011 年 2 月，交通运输部选取杭州、南昌、贵阳、保定、武汉、无锡、天津、重庆、深圳、厦门等 10 个城市首批开展低碳交通运输体系建设试点工作。例如，在杭州，采用公交车、免费的公共自行车、地铁、水上巴士、出租车五位一体的低碳交通体系；武汉投入了 7 万辆左右的免费公共自行车；[②] 上述措施对于节能减排起到了一定的推动作用，越多城市实施，效果就越明显，因此，其他城市应当考虑推广和借鉴，而且，上述措施所带来的财政压力并不大，可以考虑从污染企业缴纳的费用、税收等进行低碳交通投入方面的补贴。

除了上述的两型社会经验之外，地方政府对于节能减排的推动应当制度化。例如，深圳市人民政府办公厅在 2011 年 8 月出台了《深圳市工商业低碳发展实施方案（2011—2013）》，提出了开发低碳技术、加强政府

---

① 刘伟、李陈续：《红土地演绎“绿色崛起”》，《光明日报》2012 年 5 月 10 日，第 01 版。

② 光明日报编辑部：《以交通节能促转型升级——访交通运输部部长李盛霖》，《光明日报》2012 年 6 月 14 日，第 16 版。

对企业的低碳发展引导、优化能源供应结构、建设低碳产业园、建立低碳发展市场机制等手段。

综上所述，各级地方政府推进两型社会建设的做法必将促进企业的节能减排，企业在有节能减排业绩的情况下，披露相关的碳信息也指日可待。

3. 借鉴国际经验，推出碳交易和财政措施

表 7-1　　世界十个最大的经济体的碳减排方法

国家	方　法
巴西	民众教育项目、促进使用新能源的管制和激励措施、降低运输排放的金融措施（例如，使用小功率发动机给予减税）
中国	节约能源和使用新能源、使用能源效率标准和标签、节约能源技术的信息
法国	能源标签、降低排放的税、自愿的降低运输过程中的碳排放的协议、在农业和工业中设置排放限额、教育公众降低碳排放
德国	降低碳排放的协议、生态税、促进新能源研发的财政激励、披露信息和教育措施
印度	使用新能源和提高能源效率（例如，能源审计、能源标准、能源标签）、不同行业的提高能源效率的运动、提高机动车和公共巴士的排放标准
意大利	新能源投资、提升能源效率、自愿的降低运输过程中的碳排放的协议
日本	对能源使用和节约能源进行管制
俄罗斯	使用税收、管制、经济激励、信息披露等多种手段促进能源节约
英国	国家排放贸易、自愿项目、能源税、节约能源的信息、提升能源效率的财政手段
美国	自愿的企业碳信息披露、自愿参与政府与企业之间的降低碳排放的战略项目、在运输部门中降低碳排放金融支持、提升能源效率的运动

转引自：Thereza Raquel Sales de Aguiar. Corporate disclosure of greenhouse gas emissions. -A UK study. A Thesis Submitted for the Degree of PhD at theUniversity of St. Andrews. 2009. p. 27.

从以上国家的节能减排措施中可以看出，我国目前最需要进行碳排放权交易和节能减排财政方面的研究。

目前，我国政府正在实施的碳排放权交易，对于降低碳排放量是重大的制度创新。排放权交易是指在一定的地理区域范围之内，首先确定温室气体的排放总量，然后，内部各排放源之间通过货币交换的方式互相调剂温室气体排放量，从而确保温室气体总量排放不超标。实施碳排放权交易的前提是要求政府有强大的温室气体排放量测量技术、跟踪技术，并且发动群众举报企业的偷排行为，一旦发现，必须严格惩罚，使之不敢。否则，企业偷排不能被发现，又没有周边社区群众的参与，碳排放权交易仅仅依靠企业的诚信，这是不能保证良好效果的。陈德敏、谭志雄（2012）

论述了重庆市建立碳交易市场的经验，重庆市以实施“碳票”的方式确立了总的碳排放额度，运用市场方式进行碳冲抵交易；采用第三方核证制度，对交易进行监督和管理。因此，我国政府的碳排放权交易试点必然极大地影响企业的行为。

政府推动节能减排活动，必须有相应的资金预算，否则，一切都是空谈。例如，在节能减排方面，2012 年 5 月 25 日，中国财政部宣布今年用于节能减排和可再生能源专项基金共 979 亿元人民币；如果把财政部用于循环经济、战略性新兴产业等方面的资金也算进来，2012 年，中央财政用于节能减排的资金达到 1700 亿元人民币。[①] 除了政府拨款之外，政府对节能环保产业的推动也是缓解政府节能减排资金压力的有效手段，根据国家发展和改革委员会 2012 年 7 月 4 日发布的《“十二五”节能环保产业发展规划》的测算值，到 2015 年，我国节能服务业总产值可突破 3000 亿元、城镇污水垃圾和脱硫脱硝设施建设投资可超过 8000 亿元、环境服务总产值将达 5000 亿元。[②]《生物产业“十二五”规划》明确了到 2020 年，把生物产业作为我国的支柱产业之一，将出现年销售额达到 100 亿元的大企业和年销售额达到 10 亿元的生物产品。[③] 由此可见，发展节能环保产业是缓解财政压力的有效手段。对于政府推动节能环保产业，徐凯（2012）称之为“绿色增长”，例如，一些国家发展绿色经济来增加财政收入；芬兰计划逐步将税收重点从收入税转向绿色税；德国将把二氧化碳排放量引入汽车税等等，他认为绿色发展应当包括培育绿色产业、开发绿色区域、对传统产业的绿色改造；他认为，金融机构实施绿色信贷、科技创新突破绿色发展的技术障碍是绿色发展的两个重要因素。[④] 综上所述，政府推进企业社会责任活动除了直接使用财政补贴之外，还可以通过税收、扶植绿色产业等手段来解决企业社会责任财政预算紧张的问题。

4. 形成全社会节能减排的制度安排

根据测算，我国 38% 的二氧化碳排放量来自于各个家庭的日常生

---

① 杨亮：《1700 亿元推进节能减排》，《光明日报》2012 年 5 月 26 日，第 3 版。

② 冯蕾：《“十二五”节能环保产业规划发布》，《光明日报》2012 年 7 月 5 日，第 10 版。

③ 朱波：《生物产业期待成为支柱产业》，《光明日报》2012 年 7 月 5 日，第 10 版。

④ 徐凯：《绿色增长基础上的经济转型》，《光明日报》2012 年 7 月 7 日，第 7 版。

活。[①] 由此可见，对于超过一定额度的石化燃料的使用进行惩罚性收费，可以起到遏制家庭过量使用石化燃料的作用；对于一定额度之内的、生活必需的石化燃料的使用量也可以考虑免征费用，使公众确定正确的消费导向是未来的制度创新方向之一。此外，也可以鼓励家庭进行道德层面的节能减排。例如，沈阳市妇联从2008年3月开始到2012年4月，与地方环保局和档案局合作，为10万户家庭建立了家庭节能减排档案。[②] 有了档案，就可以掌握每个家庭的碳排放是增加还是减少，为将来我国征收碳税和进一步的改革提供了数据支撑。

5. 中国应当慎用碳税

碳税是针对企业或者家庭向大气中排放二氧化碳而征收的一种环境税。征收碳税的目的是降低企业或者居民使用汽油、煤炭、航空燃油等化石燃料的一种手段，其最终归宿也是降低企业的碳排放量。

（1）碳税征收的国际趋势

在国际上，欧盟从1992年开始推广碳税或者与气候变化相关的税种，例如，芬兰、瑞典、瑞士、丹麦、挪威、荷兰、德国、意大利、阿尔巴尼亚、捷克、爱沙尼亚、英国等少数国家已经开始征收碳税；[③] 澳大利亚于2011年11月8日，宣布从2012年7月开始，企业为每吨碳排放征收23澳元（1澳元兑换1.07美元左右——笔者注）的碳税；[④] 加拿大魁北克省从2007年10月1日开始征收碳税，不列颠哥伦比亚省从2008年7月1日开始征收碳税。[⑤] 碳税是按照燃料的含碳量或者碳排放量为基准来征收的。例如，瑞典和挪威对每吨二氧化碳排放量征收120—150美元的碳税；法国在2010年7月计划按照每吨二氧化碳排放量征税17欧元，[⑥] 这使得每升汽油的价格将上升4.5分钱，天然气的价格也会相应地上涨；这将增加企业和家庭的负担。日本的碳税为每吨碳排放征收2400日元（根据

---

① 山西节能网：《一个家庭一年碳排放的惊人数字》，2010年1月20日，http://www.sxsjn.gov.cn/Article/ShowArticle.asp? ArticleID=5722.

② 杨慧峰：《家庭节能减排行动》，《光明日报》2012年5月16日，第10版。

③ 汪珺：《欧盟碳排放交易不等于征收“碳税”》，《中国证券报》2012年3月22日。

④ 《能源技术经济》编辑部：《澳大利亚议会通过碳税法案》，《能源技术经济》2011年第23期。

⑤ 汪曾涛：《碳税征收的国际比较与经验借鉴》，《理论探索》2009年第4期。

⑥ 何爽：《法国搁置碳税计划转而寻求欧盟统一碳税》，《中国税务报》2010年4月14日。

2012 年 6 月 25 日的汇率，1 美元兑换 79.44 日元左右——笔者注）。意大利实施的是累进税率，最低每吨二氧化碳排放量征收 5.2 欧元，最高每吨二氧化碳排放量征收 68.58 欧元。芬兰每吨二氧化碳排放量征收 20 欧元。加拿大不列颠哥伦比亚省 2012 年每吨二氧化碳排放量征收 14.62 欧元。①

晏琴（2010）认为，碳税开征可能会像当年法国征收燃油税那样，即，燃油税是为了减轻交通负担，为公路建设筹集资金；但是，燃油税开征之后，公路状况未见好转；反而成为政府增加财政收入的一个手段。②晏琴（2010）也担心碳税的征收会导致这一不良后果。但是，征收碳税将鼓励大家去选择绿色燃料，减少温室气体的排放，进而改善极端气候的现象，是一种实现环保目标的政策工具，关键是要通过不同国家的实践来证明究竟是损害了大众的福利还是减少了碳排放，这是一个需要实证检验来验证的问题。此外，征收碳税会使企业的成本上升，从而降低其在国际市场上的竞争力。所以，法国是否实施碳税，争议很多，最终，政府还是决定暂时搁置了碳税的实施。

曹风中、刘万元、罗伟生（1999）认为，减少碳排放在不同的国家所产生的成本是不同的，获得的收益也是不同的。而且，不同的国家对于本国的碳排放义务究竟是按照历史追溯法还是未来适用法、是按照人均碳排放量来计算碳排放义务还是按照碳预算来计算每个国家的碳排放义务均存在巨大的争议。国际上主张发达国家承担更多的碳减排义务，因为，这些国家的历史排放量巨大，已经完成了工业化进程；而发展中国家正在进行工业化的过程之中，如果承担过多的减排义务，将影响其未来的发展权。徐华清（1996）认为，OECD 国家 70% 的能源税收来自于运输部门，而且，能源税收中的 70% 是以能源消费税的形式征收的，能源消费税就是对运输部门消耗汽油和柴油进行征税。徐华清（1996）认为，发达国家对能源生产者征收的税收水平很低，重点是对汽油和柴油的消费征税。赵玉焕、范静文（2012）以 21 个 OECD 国家为样本，使用 9 个能源密集型产业，使用基本引力模型，通过实证研究发现，碳税对能源密集型产业国际竞争力有显著的负面影响。

对于征收碳税对企业运营的影响方面，日本的碳税是从 2007 年 1 月

---

① 汪曾涛：《碳税征收的国际比较与经验借鉴》，《理论探索》2009 年第 4 期。

② 晏琴：《法国碳税“胎死腹中”之鉴》，《经济研究参考》2010 年第 48 期。

开始征收，凡是使用化石燃料的家庭、办公场所、企业都从消费环节征收碳税，而化石燃料的生产企业也从生产环节征收碳税。日本的碳税为每吨碳排放征收2400日元（根据2012年6月25日的汇率，1美元兑换79.44日元左右——笔者注），比澳大利亚每吨碳排放征收23澳元的碳税要重一些；因此，日本逐年加大碳税的减免力度。尽管碳税在日本最开始征收时，也遭到了来着产业界的巨大反对，但实施下来的效果体现在以下三个方面：环保产品、新技术产业因为碳税的减免得以获得较快发展；碳税的收入用于植树等应对气候变化方面的实践，使应对气候变化有稳定的资金来源；2008年的调查结果表明，碳税的支持者首次超过了反对者（王燕、王煦、白婧，2011）。

丹麦从1992年开始征收碳税，对每吨碳排放征收100丹麦克朗（根据2012年6月25日的汇率，1美元兑换5.938丹麦克朗左右——笔者注）的碳税，但是，丹麦的碳税税率对于居民来说是较高的，工业部门实际碳税税率仅有家庭碳税税率的35%（周建发，2012），丹麦政府的用意是保护本国企业的竞争力和增加就业；而且，政府征收来的碳税也用于反哺企业。1996年，丹麦对碳税进行了改革，企业供暖用能源的二氧化碳排放税为每吨100欧元，企业生产经营用的能源的二氧化碳排放税为每吨12.1欧元，体现了差别对待的原则。

与征收碳税不同，欧盟征收碳排放罚款是有争议的，例如，张安华（2012）认为，欧盟征收航空碳排放罚款掩盖了发达国家的历史碳排放责任、违反了国际贸易组织的有关规定，即“任何一个国家都不能将本国的政策强加于其他国家”。韦薇（2012）认为，欧盟强制征收的碳排放罚款是考虑了各航空公司的历史排放情况，并据此给予各个航空公司一定的免费排放额度，只有超过免费的额度，才需要缴纳额外的费用。[①] 欧盟这种单一的政策指向明显地把发达国家的历史排放责任转嫁到航空公司这个单一的行业上来，不能不说是欧盟的政治游戏。中国航空运输协会秘书长魏振中认为，欧盟征收碳排放费用违反了《芝加哥公约》、《联合国气候变化框架条约》；而中国船东协会副会长张守国认为，航海业是比较节能的运输方式，欧盟对航海业也征收碳排放费，将增加其他运输方式的运能，增加碳排放量；中国目前是世界工厂，航海业务量巨大，航油业减少碳排

① 韦薇：《航空碳税之争进入最后博弈》，《工人日报》2012年5月23日。

放应该从节能环保船舶的采用入手。[①] 目前，全球共有1200家航空公司提供了2011年的碳排放数据，只有中国和印度拒绝提供2011年的碳排放数据，而且欧盟承诺把碳排放税的80%返还给各个航空公司，这使得航空公司对由于征收碳税而导致的消费者数量的减少得以弥补，因此，也使得很多航空公司乐于提供2011年的碳排放数据。但是，80%的返还并不意味着每年都是如此，如果欧盟从某一年度开始不再返还碳排放税，那么，受损失的仍然是消费者和航空公司。

中国法律与经济协会副会长赵永生认为，欧盟的经济问题使得欧盟已经失去了航空碳税方面与中国谈判的资格，如果对中国实施制裁，欧盟因为中国游客大幅度减少而损失的旅游收入、购物收入、商务往来将远远超过欧盟征收的碳排放罚款。[②] 而且，根据国际劳工组织在《欧元区就业危机：趋势与政策回应》中所指出的那样，"2012年之后的4年，在17个欧元区国家中，超过三分之一的适龄劳动人口失业，而且长期失业人数不停地增加"。[③] 这对于亟待从金融危机中恢复元气的欧盟各国来说，并不愿意看到中国航空企业被禁止进出欧盟或者被征收碳排放罚款。欧盟的态度也的确在越来越灵活，例如，欧盟航空与国际运输政策司司长马修·鲍德温表示，将坚持与中国及其他国家通过对话解决问题，寻求一个多边解决方案。[④]

（2）碳关税对碳税征收具有一定的影响

马冀（2011）提出了碳关税的初步设想，但并没有深入挖掘碳关税的具体内容。碳关税是指没有承担碳减排义务的国家或者地区生产的高耗能产品，生产者、进口者都要缴纳一定数量的碳关税。高耗能产品是指钢铁（消耗煤炭）、水泥（消耗电力、煤炭）等产品。潘辉（2012）认为，碳关税是美国提出的新型绿色贸易壁垒，是美国为了争夺世界经济的话语权，制衡发展中国家的手段，从长期来看，碳关税可以促进出口国改善产业结构，但是，从短期看，碳关税会使发展中国家出口产品的价格上升，降低产品的国际竞争力。碳关税的重要意义体现在对同一种商品不能进行

① 张焱：《欧盟征收碳税不能真正减少碳排放》，《中国经济时报》2012年3月22日。

② 梁杰：《欧盟强征航空碳税必遭反制》，《人民日报（海外版）》2012年5月18日。

③ 宋斌：《欧元区未来4年失业人数可能增至2200万》，《光明日报》2012年7月15日。

④ 樊曦：《航空"碳税"之争，协商才是解决之道》，《新华每日电讯》2012年5月25日。

重复征税，如果我国在国内对这些产品征收了碳税，那么，进口国就不能对这些产品征收碳关税。此外，中国作为发展中国家，出口产品中高耗能产品占用较大的份额，因此，我们必须引起重视。

在国际上，澳大利亚从2012年7月1日开始，对矿产和能源领域的生产者征收碳税和矿产资源租赁税，① 这一做法首先将导致中国从澳大利亚进口铁矿石的企业的成本继续上升，铁矿石的价格在征收碳税之前，已经上涨过数倍；其次，中国、日本等国家热衷于投资澳大利亚的矿产和能源类企业，因为这两种税的征收，将使得跨国投资的利润下降。

由此可见，碳税或者碳排放交易对我国企业都产生了很大的影响。例如，对于航空公司、海运公司等运输部门，碳税或者碳排放罚款都将增加企业的运营成本。下面探讨我国实施碳税的障碍和可能性。

（3）我国实施碳税的可能性

对二氧化碳排放征税在国际上已经产生了广泛的影响；但中国是否征收碳税则是值得深入探讨的。

谢枫（2010）认为，我国不适合征收碳税的理由包括：单位和个人真实的二氧化碳排放量是难以获取的，而且检测成本较高，因此，只能采取估算的二氧化碳排放量来进行征税。他认为，碳税只能鼓励企业降低化石能源的消耗，却不能鼓励企业提高传统能源的利用效率、新能源的研发等。可以采用对使用化石燃料者征收消费税来代替碳税。总之，谢枫（2010）认为，我国不适合征收碳税。卢延杰（2009）认为，企业对碳税的反对主要是企业得不到好处，例如，辽阳石化发展碳交易不但没有奖励，所得到的收入国家税务部门还要抽取30%以上。刘光明（2009）认为，企业应该在国家还没有征收碳税的时候，做好技术上和思想上的准备。因为从长期看，征收碳税对企业利润和竞争力的负面影响会逐渐降低，而且我国国务院已经出台多项节能减排的政策、目标和时间表。例如，根据中国科学院的分析结果：2020年，我国如果要保持2000年的环境质量，单位GDP的环境影响要降到2000年的1/4；如果要求环境质量有更明显的改善，则单位GDP的环境影响要降到2000年的1/10。②

郑新立（2012）认为，我国经济还可以保持20年平稳、较快的增长，

---

① 杜涵：《外国企业对澳投资宜充分考虑新税赋效应》，《法制日报》2012年5月8日。

② 杜祥琬：《应对气候变化为中国发展带来机遇》，《光明日报》2012年2月20日。

其原因有以下五点：工业化、城市化、农业现代化的任务还远未完成；人民币资本和外汇储备金额巨大，可以满足资金需求；通过农业现代化可以转移出2亿劳动力，可以满足劳动力需求；我国整体产业创新能力可能逐步赶上美国；我国还有很多未开发的荒滩地、山坡地，可以作为土地潜力。王一鸣、李稻葵、樊纲、迟福林也持相同的观点。[①] 但是，我国经济的高速增长也存在比发达国家消耗更多的能源、土地、环境为代价，例如，在2010年，我国GDP占世界生产总值9.5%，但能源消耗却占全球的19.5%，能源排放的污染气体居世界之首，温室气体占世界的近四分之一。[②]

我国是一个高税赋、高费率的国家，辜胜阻、王敏（2012）认为，我国企业面临着汇率、利率、费率、税率等“四率”，工资薪金、租金、土地出让金等“三金”，原材料价格上涨和环境成本代价较高等九种因素的制约，[③] 使企业的成本不断增加。例如，石油石化企业要缴纳的税种如下：增值税（按照销售额的17%计算增值税销项税额）、城市维护建设税（按照实际缴纳的流转税额的7%计算）、教育费附加（按照实际缴纳的流转税额的3%计算）、企业所得税（按照应纳税所得额的25%计算）、营业税（按照租赁收入的5%计算、输油输气劳务收入的3%计算）、消费税（成品油销售量为基础实行从量计算）、资源税（原油、天然气的销售额的5%计算）、矿产资源补偿费（按石油、天然气销售收入的1%计算）、石油特别收益金（按销售国产原油价格超过一定水平所获得的超额收入的20%—40%计算）。

根据中国石油（601857）2011年的年度报告显示，中国石油股份有限公司2011年缴纳的消费税为987.95亿元人民币；资源税为197.84亿元；营业税为19.31亿元；城市维护建设税126.27亿元；教育费附加83.96亿元；石油特别收益金1024.58亿元；其他税费140.36亿元；所得税395.92亿元。缴纳这些税负之后，中国石油股份有限公司2011年的净利润为1459.59亿元。由此可见，我国在设计碳税的时候，对于生产环

---

① 陈恒：《再保持20年平稳较快增长中国经济靠什么?》，《光明日报》2012年2月14日。

② 杜祥琬：《应对气候变化为中国发展带来机遇》，《光明日报》2012年2月20日。

③ 辜胜阻、王敏：《巩固实体经济基础需缓解中小企业困境》，《光明日报》2012年2月10日。

节征税还是销售环节征税是一个需要考虑的问题。笔者建议，按照减少化石能源消耗的原则，对消费环节征税应当是未来碳税设计的重点。而对收取的碳税如何能够返还给企业，以便于增加企业对碳税的认可度也是一个值得重视的问题。

我国的石油、天然气需要缴纳的资源税已经大幅度提高，煤炭以及与此相关的火电也将征收资源税，[①] 资源税与碳税存在着一定的关联，都是提高了煤炭和电产品的价格，进而促进使用者必须要节能降耗，否则就可能因为成本上升而遭到淘汰，资源税的进一步落实必然会进一步地促进企业环保技术的提升，拉动整个产业链向节能产品转变；同时，也可以增加地方政府的财政收入，并反哺环保产业。

我国作为发展中国家，因历史原因，即工业化进程尚未完成，我国历史的碳排放数量远远低于发达国家，因此，我国没有强制减排义务。杜祥琬（2012）认为，低碳能源的三个途径是：节能、化石能源的高效洁净化利用、发展非化石能源。与碳税相比，技术上的突破显得尤为重要。

综上所述，我国短期内使用碳税的可能性不大，除非美国或者其他国家要求征收碳关税，那么，为了避免税款流失，按照税不重征的原则，我国将选择征收碳税，否则，我国会推迟征收碳税，但是，我国的碳交易市场已经开始建立，企业应当把碳减排作为一项战略任务来完成。朱瑾、王兴元（2012）就对企业低碳环境与低碳管理再造提出了建议，她们认为，2012 年年底，《京都议定书》第一承诺期到期后，各国将制定更加具有可操作的碳减排目标，因此，她们提出了企业在内部后勤、生产运营、外部后勤、市场和销售、售后服务等不同环节的低碳管理再造模式。可见，我国企业的低碳管理模式提升是不可避免的。当前，我国已经实施碳排放权交易试点，碳排放大户必然增加碳排放方面的支出，如果再实施碳税，可能进一步增大企业的成本，因此，在大力推进碳排放权交易、推进企业低碳管理的既有国策之下，应当慎用碳税。

6. 中国应当大力促进排放权交易

本书第五章、第六章的实证检验结果表明：企业碳减排活动将带来更多的银行贷款，但是，仅仅有了资金来源还不足以让企业积极主动地从事碳减排活动，这是因为碳减排活动降低了企业价值，因此，要建设发达的

① 贾康：《从资源税改革和电力改革看全局》，《光明日报》2012 年 3 月 16 日。

碳排放权交易市场让减排企业获利、适度增加补贴额度让减排企业抵消减排成本，这样才能真正调动企业碳减排的积极性和主动性。但是，国家财政支持毕竟有限，例如，2012 年，中央财政用于节能减排的资金达到 1700 亿元人民币。[①] 如果每年都耗费如此大额的节能减排资金，显然将增加中央财政的负担。然而，通过大力发展碳排放权交易，使企业在金融机构绿色信贷的支持下，以碳排放权交易作为利益导向，将增加企业节能减排的自觉性，从“让我减排”变成“我要减排”；只有使真正进行碳减排活动的企业获得实实在在的好处，才能增加企业的市场价值，增加企业积极主动地从事碳减排活动的动力，保证国家碳减排政策目标的实现。因此，碳排放权交易市场的建设是十分重要的。

碳交易市场源于《京都议定书》，《京都议定书》是 1997 年 12 月通过的，但是，在 2005 年 2 月生效，它规定了 2008—2012 年全球发达国家的碳排放量比 1990 年的平均排放量低 5.2%；在此期间，发展中国家不承担二氧化碳减排义务。2009 年 12 月召开的哥本哈根联合国气候变化大会，没有达成有法律约束力的协议。2010 年 12 月，在墨西哥坎昆召开的全球气候峰会上，坎昆会议形成了两项宽泛的协议，第一，发达国家按照哥本哈根气候变化大会承诺的减排量进行减排，但是，又没有强制要求；第二，发达国家设立一个绿色气候基金，帮助发展中国家适应气候变化，但是，具体内容尚未明确。2011 年 12 月 11 日，在南非的德班气候峰会上，确定了德班增强行动平台特设工作组，决定实施《京都议定书》第二期承诺，并启动绿色气候基金。[②] 在德班气候峰会期间，发达国家弱化自身的减排义务、向发展中国家提供资金和技术态度消极，例如，加拿大宣布退出《京都议定书》，绿色气候基金落实较难等，使得坎昆协议、德班协议的落实尚需时日。从目前来看，全球最成功的气候协议仍然是《京都议定书》，《京都议定书》确定了发达国家与发展中国家在碳排放方面共同但有区别的义务，而且，制定了一个碳减排的时间表。由此而催生的五种碳排放权交易机制，就是为达到《京都议定书》所确定的各国的履约责任而设定的。清洁发展机制（CDM）、联合履行机制（JI）、国际排放贸易机制（I－ET）是三个履行减少碳排放的机制；欧盟创造的配额交

① 杨亮：《1700 亿元推进节能减排》，《光明日报》2012 年 5 月 26 日。

② 光明日报编辑部：《德班气候大会通过决议后闭幕》，《光明日报》2011 年 12 月 12 日。

易机制、美国芝加哥气候交易所建立的自愿减排交易机制是两种交易。

清洁发展机制（CDM）是发达国家与发展中国家进行项目合作，由发达国家向发展中国家提供资金和技术，由发展中国家实施减少温室气体排放的项目，项目产生的核证减排量（CERs），作为发达国家履行减排的贡献。根据国家发展和改革委员会公布的信息，截至 2011 年 8 月 17 日，国家发改委批准的全部 CDM 项目有 3240 个，每年的碳减排量达到 5.38 亿吨；如果按照每吨 8 欧元的最低价格计算，这些碳资产的潜在价值达到 53.8 亿欧元，折合人民币 431 亿元。[①] 但是，由于欧洲债务危机的影响，碳减排价格在逐渐下跌，在 2012 年 11 月，甚至跌价至每吨碳资产 1 欧元，一些国际买家终止了已经签订的碳资产买卖合约；或者不向联合国申请签发，使合同无法生效。这种情况将导致中国的碳资产卖家发生损失。

联合履行机制（JI）是发达国家之间通过资金和技术投入的方式进行合作，实施具体的项目，将项目所实现的碳减排量作为投入资金和技术的国家的贡献，但是，与清洁发展机制不同的是，项目合作的另一方也扣减一定数量的碳排放量。

欧盟碳排放交易系统（简称 EU ETS）的执行机制是由监测、报告、核证（前三项称为 MRV 机制）、惩罚四者构成，根据 MRV 机制，各国的航空公司需要向管理当局报告监测计划、报告碳排放量，最后由管理当局核准各航空公司的碳排放量（陈晖，2012）。如果各航空公司的碳排放量超过了免费额度，要缴纳每吨二氧化碳 100 欧元的罚款。欧盟创造的配额交易机制是基于欧盟排放总量控制的强制配额交易制度，2012 年欧盟对进出欧盟的航班超标的碳排放量征收每吨 100 欧元的罚款，如果不缴纳罚款，也可以通过清洁发展机制购买核证减排量或者购买联合履行机制的项目减排单位（ERUs）。

全球碳市场交易情况见表 7－2，由此可见，世界上的碳交易金额还是比较高的，2010 年的交易金额已经达到了 1419 亿美元。

---

① 经济参考报编辑部：《国际碳价跌至每吨不足 1 欧元国际买家力求毁约》，http：//politics. people. com. cn/n/2012/1129/c70731－19731074. html.

表 7-2　　2005—2010 年全球碳市场交易情况表　　（单位：亿美元）

	欧盟 ETS 许可证	其他许可证	一级 CDM 市场	二级 CDM 市场	其他减排	交易总额	金融市场碳交易占比（%）
2005	79	1	26	2	3	110	74.55
2006	244	3	58	4	3	312	80.45
2007	491	3	74	55	8	630	87.14
2008	1005	10	65	263	8	1351	94.60
2009	1185	43	27	175	7	1437	97.63
2010	1198	11	15	183	12	1419	98.10

资料来源：武玉琴、张建龙：《碳排放权金融化进行时——碳排放权交易国内外发展现状》，载《财务与会计》（理财版）2011 年第 12 期，第 27—28 页。

徐双庆、刘滨（2012）研究了日本碳交易所存在的问题，包括政府政策摇摆不定、企业参与度低、行政条块分割等原因使得日本的碳交易减排量仅为日本年碳排放量的 0.2%；可见，即使是发达国家，碳交易仍然存在着巨大的阻力。

廖斌、崔金星（2012）研究了欧盟的碳交易体系，欧盟排放贸易指令规定，纳入到欧盟排放交易体系（EUETS）的每一家企业，都要报告并监测本企业的碳排放情况，才能从主管机构获得排放许可。他们认为：欧盟的排放贸易指令、排放贸易指令的修订指令、联结指令是基础框架、监测报告指引、配额登录条例是具体规范，根据这些法规，欧盟形成了国家排放清单、配额分配计划、排放许可、核证、登录系统等为内容的管理体系。碳排放监测体系是在 KP 框架的约束下，包括了监测决定和监测机制运行规范两个法规。欧盟在碳排放交易、碳排放信息披露、碳排放核查方面的法规体系的建立无疑为欧盟的碳减排提供了良好的保障。

与其他发达国家相比，我国的碳交易刚刚起步，2011 年 12 月，国家发展和改革委员会发布了《关于开展碳排放权交易试点工作的通知》，批准在北京、天津、上海、重庆、湖北、广东、深圳开展碳排放权交易试点。在北京市，已经确定了单位 GDP 能源消耗总量和单位 GDP 能耗降低率，并且按照区县、行业、重点企业进行了分解，确定了碳排放配额分配的基本方法，由此可见，碳排放权交易机制的确立已经先于碳排放税、碳封存等其他的节能减排手段，在我国得到实施。我国目前已经出现的排污权交易和排放权交易如下。

2010 年 12 月 15 日，维达纸业以 40 万元人民币的价格向莱芜市政府买下了 5 年 40 吨的 COD 排放指标；2010 年 12 月 17 日，潍坊裕亿化工有限公司以 23.04 万元向山东海龙集团购买了 5 年 128 吨二氧化硫排放指标（龚亮、赵群，2012）。2011 年 5 月 11 日，清华大学深圳研究生院向西北风电项目购买 700 吨碳排放额度。[①] 北京市制定了《北京市碳排放权交易试点实施方案（2012—2015）》，凡是 2009—2011 年年均直接或者间接二氧化碳排放总量 1 万吨以上的固定设施排放单位（包括企业和事业单位）纳入强制碳排放交易范围，2013 年的碳排放配额是按照 2009—2011 年年均二氧化碳排放水平计算确定，除免费发放的配额外，企业超标排放就要向其他企业购买多余的配额或者向政府购买预留配额。[②] T. Fawcett（2010）论述了英国颁布的个人碳排放量交易的政策，他认为，个人碳排放量交易并不为社会公众所普遍接受，相比而言，公众更加容易接受碳排放税；而且，个人碳排放量交易的设立成本和运营成本要高于碳排放税。但是，个人碳排放量交易可以控制碳排放量；而碳排放税虽然提高了化石能源的单价，但是，对于富人来说，很难说达到控制总体的碳排放量。

我国的碳交易金额较低的原因如下：第一，我国的碳排放权交易试点工作较晚。第二，按照《京都议定书》的规定，在 2008—2012 年之间，我国与发达国家相比，承担的是有区别的减排任务。第三，我国在碳排放总量测算和第三方碳排放核证方面还需要进行试点。第四，企业碳排放量复核的第三方核证技术、核证人才、核证经验都十分缺乏，而建立大规模的碳排放交易市场必须有这类中介机构的参与。国家发展和改革委员会气候司正在建立“碳排放权交易制度下第三方审定和核证的工作指南”，预计该指南将在 2012 年年底论证通过，这将会有力地促进我国碳排放交易市场的发展。第五，与碳排放交易相关的法律和规章制度缺乏，例如，北京市为了配合碳排放交易试点，正在制定《北京市碳排放权交易管理办法》，将规定碳排放交易的惩罚和奖励机制，以便于使碳排放交易市场规范运行。

7. 国家应当加强对高能耗、高污染产业的淘汰

发展战略型新兴产业、淘汰高能耗、高污染产业、优化产业结构对降

---

① 沈勇：《深圳首宗碳排放权交易成交》，《深圳特区报》2011 年 5 月 11 日。

② 黄宏平：《北京碳排放权交易启动将引入第三方核证》，《中国高新技术产业导报》2012 年 4 月 9 日。

低企业的碳排放量是非常重要的。任力（2009）认为，发达国家向发展中国家转让高碳排放的重化工业，中国成为全球重化工产品制造大国，但减排的责任却留在中国。我国目前的战略性新兴产业包括新能源、新材料、生物技术、新能源汽车、节能环保产业、新一代信息技术等。战略新兴产业具有高风险、高回报的特点，研究与开发阶段，投入高、失败风险大，一旦成功，则可以获得巨大收益。陈洪转（2012）认为，在新兴产业领域中存在着不完全竞争、信息不对称、风险性等市场失灵问题，因此，政府的行政协调机制作为市场机制的部分替代就不可避免了。① 下面举例说明。

国家发改委和工信部在 2012 年 2 月 8 日把燃油助力自行车列入淘汰产品目录，国家质量监督检验检疫总局也取消了燃油助力自行车的生产许可证。燃油助力自行车属于高污染、高排放产品，国外在 20 世纪六七十年代就已经淘汰。② 如果企业购买了生产这类自行车的固定资产，还没等收回成本，就遇到国家取缔，对企业未来的发展是很不利的。因此，企业对国家经济政策的变化要进行实时跟踪。与此形成鲜明对比的是，宗申集团生产的燃油摩托车使用成本由每万公里超过 1400 元降低到每万公里不足 128 元，此外，该公司一直致力于从燃油产品向清洁能源或电动产品升级换代，正因为这样的环保思想，该集团已经连续 7 年实现摩托车发动机销售全国第一；在欧美市场也颇受青睐，并且在 2010 年实现了在加拿大多伦多主板市场上市。③ 我国汽车企业吉利集团自从收购沃尔沃汽车公司之后，双方把开发小排量、高性能、绿色环保发动机作为合作重点，这样的战略意图必将获得市场的回报。

对于发电企业来说，特别是火电企业亏损严重，二氧化碳的排放量居高不下，而且国家不允许提高电价；华能集团在环保方面取得的成就转变成了巨大的经济效益，例如，2011 年，华能低碳清洁能源投产装机比重达到 32%，目前，华能在全球拥有发电厂 14 座，发电量居亚洲第一、世界第二；取得这样的成就如果没有多年的环保技术投入是无法实现的。④

---

① 陈洪转：《新兴产业培育成长中的政府替代》，《光明日报》2012 年 5 月 11 日。

② 张翼：《燃油助力自行车将彻底淘汰》，《光明日报》2012 年 2 月 9 日。

③ 张国圣、李宏：《宗申集团：用绿色环保技术打开世界市场》，《光明日报》2012 年 3 月 2 日。

④ 郭丽君：《中国华能：以责任赢未来》，《光明日报》2012 年 3 月 4 日。

中国电力投资集团公司是五大发电集团之一，2011 年，风电、太阳能、核能等清洁能源占该公司发电装机比重的 29.83%。[①] 综上所述，对高能耗、高污染产业的淘汰、大力发展战略型新兴产业、优化产业结构对降低企业碳排放量具有重要的战略意义。

三 企业披露碳信息在荣誉方面的激励措施

2009 年 11 月，胡润百福首次发布胡润低碳榜。玖龙纸业从国外进口废纸，经加工后出售给国内的出口商；是唯一的造纸业企业，还有 5 家属于垃圾回收处理企业，其他 14 家均属于太阳能、风能、充电电池等新能源企业。至 2012 年，胡润低碳榜已经连续发布三届。

2011 年 4 月，广州日报设立了“仁商—低碳榜”，[②] 共有 29 家企业入选。如果企业从事了低碳产业或者低碳努力，但是，并没有进行相应的披露，则很难入选低碳榜，也不会形成相应的商誉效应，因此，独立第三方发布的低碳榜对于企业披露碳信息起到了一定的激励作用，但是，由于样本太少，无法进行相应的市场反应方面的研究，所以，本专著没有进行低碳榜方面的实证研究。当研究样本增多时，低碳榜是否可以降低企业的权益资本成本或者使投资者获得超额市场回报将是一个较好的研究主题。

第六节 本章小结

根据前面六章的理论分析和实证检验结果，为了促进我国企业碳信息披露的建设，本章从强制碳信息披露制度构建、碳信息披露标准构建、碳信息披露内容和披露载体、碳信息披露的激励措施等四个方面构建了促进和改进我国企业碳信息披露体系的建议。

---

① 张翼：《中电投：领军绿色能源》，《光明日报》2012 年 3 月 21 日。

② 何雪华：《2011“仁商—低碳榜”盛大颁奖》，《广州日报》2011 年 4 月 27 日，第 A8 版。

第八章

结论、局限与后续研究方向

第一节　本书的结论

1. 尽管国内外的研究者对企业碳信息披露的影响因素得出了不同的结论，本书通过实证检验，发现资产规模、制造业、每股经营活动产生的现金流量、每股筹资活动产生的现金流量、制度因素与公司的碳信息披露正相关；较高的股东回报、每股投资活动产生的现金流量与公司的碳信息披露负相关。说明了制度因素和资金约束对企业进行节能减排工作、进而披露碳信息具有重要的影响。因此，企业的节能减排和碳信息披露问题既要注重制度建设，又要注意企业内部的可持续发展。

2. 通过对美国、英国、法国、日本、澳大利亚、加拿大六个国家的企业碳信息披露的制度背景和现实情况进行分析，发现强制要求企业披露碳信息的趋势越来越明显。尤其是我国企业碳信息披露与企业价值负相关，企业披露动力不足，更加需要对我国的上市公司进行强制碳信息披露规范。

3. 对于绿色信贷是否影响了企业的节能减排工作，多年来，国内外鲜有类似的经验证据，本书的实证研究表明，我国的绿色信贷政策极大地支持了企业的节能减排工作，为实行国家的节能减排计划作出了突出的贡献。

4. 对于我国上市公司的碳信息披露的价值相关性问题，尽管国外有正相关、负相关等不同的结论，但是，本书的实证研究结果表明，我国碳信息披露所带来的价值相关性是负向的。这表明在资本市场中，我国的投资者以理性投资者为主，他们更加关注公司的盈利能力（本书的实证研究表明盈利能力与企业价值是正相关的）。若要使得我国企业更加积极主动地进行节能减排工作，并进而披露碳信息，必须要通过碳排放权交易、节能减排补贴，使得企业获得实实在在的好处，才能增加企业的市场价值，增加企业节能减排的动力。

5. 根据前文的理论分析和实证检验，笔者提出了我国的企业碳信息披露可以采用在企业社会责任报告中进行详细披露的模式。年度报告内的独立披露形式将增加企业的披露成本，但是，年度报告内涉及碳减排的资金项目也要在企业社会责任报告中进行披露，以保持一致性。

第二节 本书的局限性

1. 本书实证研究所使用的数据是上海证券交易所和深圳证券交易所上市公司2011年的586家公司，没有使用跨年度的数据，使用不同年度的样本可以描述企业披露碳信息变化的趋势，但因为笔者所使用的数据均为手工收集，工作量较大，没有进行跨年度的数据收集，这有待于继续完善。

2. 笔者在确定企业碳信息披露指数时按照温室气体种类使用了六大类指标，确定这些类别有一定的主观因素，这也是本书的一个局限之处，其他的研究者可能会使用企业碳信息披露的不同分类方法，从而计算的指数也会有所不同。

第三节 后续研究建议

1. 企业碳信息披露是否需要审计

E. G. Olson（2010）认为，在全球节能减排大势所趋的情况下，温室气体排放审计为会计人员提供了大量机会。他认为，温室气体排放审计人员需要具有跨学科的技能，例如，对企业运营问题的理解、企业运营如何与碳排放发生联系、审计的基本技能等。笔者认为，企业碳信息披露审计一个需要解决的重要问题是企业碳信息披露审计需要和企业社会责任报告的审计结合起来。如同附录一和附录二所示，无论是国际还是国内，碳信息披露都是作为企业社会责任报告的一个组成部分存在的。国内外目前的趋势是对企业社会责任报告进行审计，当然，也不排除一些企业不审计企业社会责任报告，仅仅审计企业的碳排放情况。这主要是针对那些需要向政府报送碳排放数据的企业。如果对企业碳排放情况进行审计，将在碳排放交易的情况下，进一步增加企业的成本。但是，如果不对企业的碳排放情况进行审计，并不能排除有些企业作假，例如，根据环境保护部公布的2012年度全国主要污染物总量减排核查处罚情况，有15家企业的脱硫设施不正常运行、监测数据弄虚作假。这15家企业被挂牌督办，责令限期整改，追缴二氧化硫排污费，其中享受脱硫电价补贴的，按规定扣减脱硫电价款，并予以经济处罚；这15家企业涉及我国的上市公司中国石油（601857）洛阳分公司、中国铝业（601600）、河北钢铁（000709）。[①] 如何有效地权衡碳排放审计的利弊得失是一个需要进一步研究的问题。

2. 节能减排的教育问题

开展会计伦理教育对于发展企业碳信息披露是重要的。例如，宝钢股份（600019）在2012年度的企业社会责任报告中披露，“2012年，公司加大了在‘能源管理和能源管理体系’、‘节能减排技术应用’、‘清洁生产与环境经营’、‘十二五规划期节能减排形势与政策’等方面的培训，各类培训班23个，培训人数达802人次。同时，针对低碳技术与碳减排和合同能源管理等课题，开设了创新论坛和专题研修班，内容包含‘碳交易与宝钢应对’、‘低温余热回收利用’和‘合同能源管理’”。除了企业内部开展节能减排方面的培训之外，对于广大的学生、社区居民进行培训和教育也是必要的，节能减排要获得持续的成功，仅仅依靠相对少量的研究者、某些专业领域的专家、对大企业的管制等措施是远远不够的，因此，研究如何在中小企业、广大民众、学生中开展节能减排培训是一项重要工作。

① 况娟：《华电神华多家电厂骗补被查　脱硫脱硝补贴存漏洞》，《21世纪经济报道》2013年8月27日，第01版。http：//epaper.21cbh.com/html/2013－08/27/content_ 75306.htm？div＝－1.

参考文献

英文部分

[1] Aburaya, Rania, Kamal, "The Relationship Between Corporate Governance And Environmental Disclosure: UK Evidence", http: //etheses. dur. ac. uk/3456/, 2012.

[2] Adams, C. A. and Larrinaga-Gonza'lez, C., "Engaging with organisations in pursuit of improved sustainability accounting and performance", *Accounting, Auditing & Accountability Journal*, Vol 20, No. 3, 2007.

[3] Adams, S., "Carbon disclosure and company performance: a portfolio performance approach", http: //scholar. sun. ac. za/handle/10019. 1/21194, 2012.

[4] Aggarwal, R., Dow, S., "Greenhouse Gas Emissions Mitigation and Firm Value: A Study of Large North-American and European Firms", http: //ssrn. com/abstract = 1929453, 2011.

[5] Aharony, J., Wang, J., Yuan, H., "Tunneling as an incentive for earnings management during the IPO process in China", *Journal of Accounting and Public Policy*, Vol. 29, 2010.

[6] Allen, F., Qian, J., Qian, M. J., "Law, Finance, and Economic Growth in China", *Journal of Financial Economics*, Vol. 77, No. 1, 2005.

[7] Andrew, J., Cortese, C. L., "Carbon Disclosures: Comparability, the Carbon Disclosure Project and the Greenhouse Gas Protocol", *Australasian Accounting Business and Finance Journal*, Vol. 5, No. 4, 2011.

[8] Andrew, J., Cortese, C. L., "Accounting for climate change and the

self-regulation of carbon disclosures", *Accounting Forum*, Vol. 35, 2011.

[9] Ans Kolk, David Levy. Jonatan Pinkse, "Corporate Responses in an Emerging Climate Regime: The Institutionalization and Commensuration of Carbon Disclosure", *European Accounting Review*, Vol. 17, 2008.

[10] Armstrong, E., "Voluntary Greenhouse Gas Reporting", *Environmental Quality Management*, Vol. 20, No. 4, summer 2011.

[11] Association of Chartered Certified Accountants, "The Carbon Jigsaw", http://www.accaglobal.com/content/dam/acca/global/PDF-technical/climate-change/tech-af-cjb.pdf, 2010.

[12] Association of Chartered Certified Accountants, "Carbon Accounting: too little too late", http://www.accaglobal.com/content/dam/acca/global/PDF-technical/climate-change/tech-tp-tlt.pdf, 2009.

[13] Association of Chartered Certified Accountants, "Accounting for Carbon", http://www.accaglobal.com/content/dam/acca/global/PDF-technical/environmental-publications/rr-122-001.pdf., 2010.

[14] Association of Chartered Certified Accountants, "The Carbon : We are not counting", http://www.accaglobal.com/content/dam/acca/global/PDF-technical/sustainability-reporting/not_ counting.pdf, 2011.

[15] Association of Chartered Certified Accountants, "Carbon Avoidance: Accounting for the Emissions Hidden in Reserves", http://www.accaglobal.com/content/dam/acca/global/PDF-technical/sustainability-reporting/tech-tp-ca.pdf, 2013.

[16] Banfi, Silvia, Mehdi, Farsi, Massimo, Filippini, Martin Jakob, "Willingness to Pay for Energy Saving Measures in Residential Buildings", *Energy Economics*, Vol. 30, No. 2, 2008.

[17] Beatty, Timothy and Jay P. Shimshack, "The Impact of Climate Change Information: New Evidence from the Stock Market", *The B. E. Journal of Economic Analysis & Policy*, Vol. 10, No. 1, 2010.

[18] Bebbington, J. and Larrinaga-Gonzalez, C., "Carbon Trading: Accounting and Reporting Issues", *European Accounting Review*, Vol. 17, No. 4, 2008.

[19] Berthelot, S., Robert, A., " Climate change disclosures: An exami-

nation of Canadian oil and gas firms", *Issues in Social and Environmental Accounting*, Vol. 5, No. 1/2, December, 2011.

[20] Bierbaum. et al., "Executive Office Of The President: President'S Council Of Advisors On Science and Technology", https: //www. whitehouse. gov/administration/eop/ostp, 2013.

[21] Bird, D. N., Pena, N, Schwaiger, H., Zanchi, G., "Review of existing methods for carbon accounting", http: //www. cifor. org/library/3278/review-of-existing-methods-for-carbon-accounting/, 2010.

[22] Bowen, F. and Wittneben, B., "Carbon accounting: negotiating accuracy, consistency and certainty across organisational fields", *Accounting, Auditing & Accountability Journal*, Vol. 24, No. 8, 2011.

[23] Brouhle, K., Harrington, D. R., "GHG Registries: Participation and Performance Under the Canadian Voluntary Climate Challenge Program", *Environment Resource Economics*, Vol. 21, 2010.

[24] Brouhle, K., Harrington, D. R., "Firm Strategy and the Canadian Voluntary Climate Challenge and Registry (VCR)", *Business Strategy and the Environment*, Vol. 18, 2009.

[25] Burritt, R. L., Schaltegger, S., Zvezdov, D., "Carbon Management Accounting: Explaining Practice in Leading German Companies", *Australian Accounting Review*, Vol. 21, No. 56, 2011.

[26] Busch, T. and Hoffmann, V. H., "Emerging carbon constraints for corporate risk management", *Ecological Economics*, Vol. 62, No. (3—4), 2007.

[27] Callon, M., "Civilizing markets: Carbon trading between in vitro and in vivo experiments", *Accounting, Organizations and Society*, Vol. 34, 2009.

[28] Canadian Performance Reporting Board, "MD&A Disclosure About The Financial Impact Of Climate Change And Other Environmental Issues", http: //www. cica. ca/client_ asset/document/3/5/2/0/3/document_534147DD-E5C6-3AE659CB372755E43A4A. pdf, 2005.

[29] Canadian Securities Administrators, "CSA Staff Notice 51 -333 Environmental Reporting Guidance", http: //www. osc. gov. on. ca/documents/

en/Securities-Category5/csa_ 20101027_ 51 - 333_ environmental-reporting. pdf, October, 2010.

[30] Carbon Disclosure Project, "Climate Resilient Stock Exchanges-Beyond the Disclosure Tipping Point", https: //www. cdp. net/en-US/Pages/HomePage. aspx, 2011.

[31] Carbon Disclosure Project, "Linking Climate Engagement to Financial Performance: An Investor's Perspective-Sustainable Insight Capital Management and CDP", https: //www. cdp. net/en-US/Pages/HomePage. aspx, 2013.

[32] Carbon Disclosure Project, "Use of internal carbon price by companies as incentive and strategic planning tool-A review of findings from CDP 2013 disclosure", https: //www. cdp. net/en-US/Pages/HomePage. aspx, 2014.

[33] Chapple, L., Clarkson, P. M., Gold., D. L., "The Cost of Carbon: Capital Market Effects of the Proposed Emission Trading Scheme (ETS)", *Abacus- A Journal of Accounting Finance and Business Studies*, Vol. 49, No. 1, 2013.

[34] Cheung, S. N., "the contractual nature of the firm", *Journal of Law and Economics*, Vol. 26, No. 1, April 1983.

[35] Chartered Institute for Management Accountants, "Emissions Trading and the Management Accountant", http: //www. cimaglobal. com/Thought-leadership/Research-topics/Sustainability/Emissions-trading-and-the-management-accountant-lessons-from-the-UK-emissions-trading-scheme/, 2006.

[36] Clarkson, P., Y. LI; G. Richardson and F. Vasvari, "Revisiting the Relation between Environmental Performance and Environmental Disclosure: An Empirical Analysis", *Accounting, Organizations and Society*, Vol. 33, 2008.

[37] Clement, M., Hales, J., Xue, Y., "Understanding analysts' use of stock returns and other analysts' revisions when forecasting earnings", *Journal of Accounting and Economics*. Vol. 51, 2011.

[38] Climate Disclosure Standards Board, "Promoting and Advancing Climate

Change-RelatedDisclosure: Exposure Draft", http: //www. weforum. org/pdf/Initiatives/CDSBleaflet. pdf. , 2009.

[39] Coase, R. H. , "The nature of the firm", *Economica*, Vol. 4, 1937.

[40] Coase, R. H. , "The problem of social cost", *the journal of law and economics*, Vol. 3, 1960.

[41] Cohen, M. A. , Viscusi, W. K. , "The Role of Information Disclosure In Climate Mitigation Policy", *Climate Change Economics*, Vol. 3, No. 4, November 2012.

[42] Cook, A. , "Emission Rights: From Costless Activity to Market Operations", *Accounting*, *Organizations and Society*, Vol. 34, No. 3 - 4, 2009.

[43] Cotter, J. and Najah, M. M. , "Institutional investor influence on global climate change disclosure practices", http: //papers. ssrn. com/sol3/papers. cfm? abstract_ id = 1760633, 2011.

[44] Cowana, S. &Deegan, C. , "Corporate Disclosure Reactions to Australia's First National Emiss ion Reporting Scheme", *Accounting and Finance*, Vol. 20, April 2010.

[45] Cowen, S. S. , Ferreri, L. B. & Parker, R. L. D. , "The Impact of Corporate Characteristics on Social Responsibility Disclosure a Typology and Frequency-Based Analysis", *Accounting Organizations and Society*, Vol. 12, No. 2, 1987.

[46] CPA Australia, "CPRS White Paper outlines climate for change", http: //www. cpaaustralia. com. au/cps/rde/xchg/SID-3F57FECB-32DF6E79/cpa/hs. xsl/1019_ 31313_ ENA_ HTML. htm. , 2008.

[47] Deloitte, " Accounting for emission rights", http: //www. deloitte. com/assets/Dcom-Australia/Local% 20Assets/Documents/Deloitte_ Accounting_ Emissionright_ Feb07. pdf, 2007.

[48] Deloitte, " Carbon accounting challenges: Are you ready? ", http: //www. deloitte. com/assets/Dcom-UnitedStates/Local% 20Assets/Documents/Energy_ us_ er/us_ er_ NewChallengesinCarbonAccounting_ 1009. pdf. , 2009.

[49] Deloitte, " Accounting for emission rights an urgent topic for national

standard setters", http://www.iasplus.com/en/news/2012/may/accounting-for-emission-rights-an-urgent-topic-for-national-standard-setters, 2012.

[50] Deloitte, "The Carbon Price: Accounting for Carbon", http://www.charteredaccountants.com.au/Industry-Topics/Audit-and-assurance/Publications-and-tools/Accounting-for-carbon/Accounting-for-carbon-resources, 2012.

[51] Deloitte, "A Directors' Guide to Integrated Reporting", http://www.iasplus.com/en/publications/uk/other/directors-guide-to-integrated-reporting, 2015.

[52] Demsetz, H., "The exchange and enforcement of property rights", *The Journal of Law and Economic*, Vol. 3, 1964.

[53] Department of Climate Change, "National Greenhouse and Energy Reporting", http://www.climatechange.gov.au/reporting., January, 2010.

[54] Dhaliwal, D.; O. Z. Li; A. Tsang; and Y. G. Yang, "Voluntary Nonfinancial Disclosure and the Cost of Equity Capital: The Initiation of Corporate Social Responsibility Reporting", *The Accounting Review*. January 2011.

[55] Dragomir, V. D., "The disclosure of industrial greenhouse gas emissions: a critical assessment of corporate sustainability reports" *Journal of Cleaner Production*, Vol. 29 – 30, 2012.

[56] Dyck, Alexander and Luigi Zingales, "The Bubble and the Media", in Peter Cornelius and Bruce Kogut, (eds.), *Corporate Governance and Capital Flows in a Global Economy*, Oxford University Press, 2002.

[57] Dyck, Alexander and Luigi, Zingales, "Private Benefits of Control: An International Comparison", *The Journal of Finance*, Vol. LIX, No. 2, 2004.

[58] Dyck, Alexander, Natalya, Volchkova and Luigi, Zingales, "The Corporate Governance Role of the Media: Evidence from Russia", *The Journal of Finance*, Vol. 63, No. 3, June 2008.

[59] Elferink, J., and M. Ellison, "Accounting for Emission Allowances: An

Issue in Need of Standards", *The CPA Journal* , February, 2009.

[60] Engels, A., "The European Emissions Trading Scheme: An exploratory study of how companies learn to account for carbon", *Accounting, Organizations and Society* , Vol. 34, 2009.

[61] Ennis, C., Kottwitz, J., Lin, X., Markusson, N., "Exploring the Relationships between Carbon Disclosure and Performance in FTSE 350 Companies", http://www.geos.ed.ac.uk/homes/nmarkuss/WPMetrics.pdf, 2012.

[62] Erion, G., "The Stock Market to the Rescue? Carbon Disclosure and the Future of Securities-Related Climate Change Litigation", *Reciel*, Vol. 18, No. 2, 2009.

[63] Ernst and Young, "Carbon Market Readiness: Accounting, Compliance, Reporting and Tax Considerations under State and National Carbon Emissions Programs", http://www.ey.com/US/en/Industries/Oil-Gas/Carbon-market-readiness-1-Overview, 2010.

[64] Fawcett, T., "Personal carbon trading: A policy ahead of its time?", *Energy Policy*, Vol. 38, 2010.

[65] Fields, P., Clinton Burklin, P. E., Musick, P., "Determining Adequate Greenhouse Gas Emission Estimation Methods for Mandatory Reporting Under the Western Climate Initiative Cap-and-Trade Program", http://www.epa.gov/ttnchie1/conference/ei18/session7/fields.pdf. 2009.

[66] Florini, A., Saleem, S., "Information Disclosure in Global Energy Governance", *Global Policy* . Vol. 2, Special Issue. September 2011.

[67] Fornaro, J. M., K. A. Winkelman, D. Glodstein. "Accounting for Emissions", *Journal of Accountancy* , July 2009.

[68] Freedman, M. and Jaggi, B., "Global warming, commitment to the Kyoto Protocol, and accounting disclosures by the largest global public firms from polluting industries", *The International Journal of Accounting*, Vol. 40, No. 3, 2005.

[69] Freedman, M., Jaggi, B., "Global Warming Disclosures: Impact of Kyoto Protocol Across Countries", *Journal of International Financial*

Management and Accounting, Vol. 22, No. 1, 2011.

[70] Frino, A., " Liquidity and transaction costs in the European carbon futures market", *Journal of Derivatives & Hedge Funds*, Vol. 16, 2011.

[71] Gallego-Álvarez, I., Rodríguez-Domínguez, L., Isabel-María, García-Sánchez, "Study of some explanatory factors in the opportunities arising from climate change", *Journal of Cleaner Production*, Vol. 19, 2011.

[72] Gibson, K., "The problem with reporting pollution allowances: reporting is not the problem", *Critical Perspectives on Accounting*, Vol. 7, No. 6, 1996.

[73] Gray, R. and Bebbington, J., "Environmental Accounting, Managerialism and Sustainability", *Advances in Environmental Accounting and Management*, Vol. 1, 2000.

[74] Griffin, P. A., Lont, D. H., Sun. Y., "The Relevance to Investors of Greenhouse Gas Emission Disclosures", http://papers.ssrn.com/sol3/papers.cfm?abstract_id=1735555, 2011.

[75] Hamidi-Ravari, A., "AASB staff paper: Financial Reporting Implications of the Carbon Tax for Government", http://www.charteredaccountants.com.au/Industry-Topics/Audit-and-assurance/Publications-and-tools/Accounting-for-carbon/Accounting-for-carbon-resources, 2013.

[76] Harmes, A., "The Limits of Carbon Disclosure: Theorizing the Business Case for Investor Environmentalism", *Global Environmental Politics*. Vol. 11, No. 2, 2011.

[77] Harnisch, J., "Public access to comprehensive greenhouse gas mitigation information: the example of climate-relevant investments", *Greenhouse Gas Measurement & Management*, Vol. 1, 2011.

[78] Henderson, G., "The materiality of Climate Change and the Role of Voluntary Disclosure", *Comparative Research in Law and Political Economics*, Vol. 5, No. 9, 2009.

[79] Hughes, K. E., "The Value Relevance of Nonfinancial Measures of Air Pollution in the Electric Utility Industry", *The Accounting Revie*, Vol. 75, No. 2, April 2000.

[80] Hultman, N. E., Pulver, S., Guimaraes, L., Deshmukh, R., Kane,

J. , "Carbon market risks and rewards: Firm perceptions of CDM investment decisions in Brazil and India", *Energy Policy*, Vol. 40, 2012.

[81] Institute of Chartered Accountants in England and Wales, "Environmental and Social Issues Survey: Research Report", http: //www. icaew. com/en/library/subject-gateways/environment-and-sustainability/environmental-social-and-sustainability-reporting, 2003.

[82] Institute of Chartered Accountants in England and Wales, "Sustainability: The Role of Accountants", https: //www. icaew. com/ ~/media/corporate/files/technical/sustainability/sustainability%20the%20role%20of%20accountants%202004. ashx, 2004.

[83] International Accounting Standards Board, "International Accounting Standards Board-Information for Observers: Emissions Trading Schemes", http: //www. iasb. org/NR/rdonlyres/92B01EDC-E519 - 431F-915F-0F33505D7DFD/0/ETS0805b03obs. pdf, October 2008.

[84] International Federation of Accountants, " Project History: Assurance on a Greenhouse Gas Statement", http: //www. ifac. org/IAASB/ProjectHistory. php? ProjID = 0081. 2010.

[85] Jacob R. Wambsganss, Brent Sanford, " The problem with reporting pollution allowances", *Critical Perspectives on Accounting*, Vol. 7, No. 6, December 1996.

[86] Jaehn, F. , Letmathe, P. , "The Emissions Trading Paradox" *European Journal of Operational Research*, Vol. 202, No. 1, April 2010.

[87] Jeffrey A. Smith, Matthew Morreale, and Kimberley Drexler, "The SEC Interpretive Release on Climate Change Disclosure", *The Review of Securities & Commodities Regulation.* Vol. 7, April 2010.

[88] Johnston, D. M. , Sefick, S. E. and Soderstrom, N. , "The Value Relevance of Greenhouse Gas Emissions Allowances: An Exploratory Study in the Related United States SO2 Market", *European Accounting Review*, Vol. 17, No. 4, 2008.

[89] Jose-Manuel Prado-Lorenzo& Isabel-Maria Garcia-Sanchez, "The Role of the Board of Directors in Disseminating Relevant Information on Greenhouse Gases", *Journal of Business Ethics*, Vol. 97, No. 3, December

2011.

[90] José-Manuel Prado-Lorenzo, Luis Rodríguez-Domínguez, Isabel Gallego-Álvarez, Isabel-María García-Sánchez, "Factors influencing the disclosure of greenhouse gas emissions in companies world-wide", *Management Decision*, Vol. 47, No. 7, 2009.

[91] Julie Desjardins and Alan Willis, "Investors Hungry for Climate Change Information", http://www.marketwire.com/press-release/Chartered-Accountants-Of-Canada-951009.html, 2009.

[92] Kauffmann, C., Cristina Tébar Less and Dorothee Teichmann, "Corporate Greenhouse Gas Emission Reporting: A Stocktaking of Government Schemes", http://www.oecd.org/daf/investment/workingpapers, 2012.

[93] Kiko, Network, 2008, "Greenhouse Gas Emissions in Japan", www.kikonet.org/english/archive/japansGHGemission_E.pdf., 2008.

[94] Kim, E. H., Lyon, T. P., "Strategic environmental disclosure: Evidence from the DOE's voluntary greenhouse gas registry", *Journal of Environmental Economics and Management*, Vol. 61, No. 3, May 2011.

[95] Kim, E. H., Lyon, T. P., "When Does Institutional Investor Activism Increase Shareholder Value?: The Carbon Disclosure Project", *The B. E. Journal of Economic Analysis & Policy*, Vol. 11, No. 1, August 2011.

[96] Knox-Hayes, J. & Levy, D., "The politics of carbon disclosure as climate Governance", http://scholarworks.umb.edu/management_marketing_faculty_pubs/3/, 2011.

[97] Kolk, A., Levy, D. and Pinkse, J., "Corporate responses in an emerging climate regime: the institutionalization and commensuration of carbon disclosure", *European Accounting Review*, Vol. 17, No. 4, 2008.

[98] Konar, Shameek and Mark A. Cohen, "Does the Market Value Environmental Performance?", *Review of Economics and Statistics*, Vol. 83, No. 2, 2001.

[99] Kooten, G. etal, "Mitigating climate change by planting trees: the transaction costs trap", *Land Economics*. Vol. 78, No. 4, 2002.

[100] KPMG, "IFRS briefing sheet: Publication of IFRIC-3 Emission Rights",

http: //www. kpmg. com. cn/en/virtual _ library/Audit/IFRS _ briefingsheet/IFRSBS0516. pdf, 2005.

[101] KPMG. , "Accounting for carbon-the impact of carbon trading on financial statements", http: //www. kpmg. com/BE/en/IssuesAndInsights/ArticlesPublications/Pages/Accounting_ for_ carbon. aspx, 2008.

[102] KPMG, "Technical accounting considerations for cap and trade", http: //www. kpmginstitutes. com/global-energy-institute/insights/2009/pdf/technical-accounting-cap-and-trade. pdf. , 2010.

[103] KPMG, "Carbon footprint stomps on firm value", https: //www. kpmg. com/Global/en/IssuesAndInsights/ArticlesPublications/Documents/carbon-footprint-stomps-value-v5. pdf. , 2013.

[104] Kumar, S. , Managi, S. , Matsuda, "A. Stock prices of clean energy firms, oil and carbon markets: A vector autoregressive analysis", *Energy economics*, Vol. 34, 2012.

[105] La Porta, Rafael, Lopez- de- silanes, Florencio, Shleifer, Andrei and Vishny, Robert, "Legal Determinants of External Finance", *The Journal of Finance*, Vol. 52, No. 3, July 1997.

[106] La Porta, Rafael, Lopez- de- silanes, Florencio, Shleifer, Andrei, and Vishny, Robert, "Law and Finance", *Journal of Political Economy*, Vol. 106, No. 6, 1998.

[107] La Porta, Rafael, Lopez- de - silanes, Florencio, andShleifer, Andrei, "Corporate Ownership Around the World", *The Journal of Finance*, Vol. 54, No. 2, April 1999.

[108] La Porta, Rafael, Lopez- de- silanes, Florencio, Shleifer, Andrei, and Vishny, Robert, "Investor Protection and Corporate Governance", *Journal of Financial Economics*, Vol. 58, No. 1 – 2, 2000.

[109] La Porta, Rafael, Lopez- de- silanes, Florencio, Shleifer, Andrei and Vishny, Robert, "Investor Protection and Corporate Valuation", *The Journal of Finance*, Vol. 57, No. 3, June 2002.

[110] Lee, S. Y. , "Corporate Carbon Strategies in Responding to Climate Change", *Business Strategy and the Environment*, Vol. 21, No. 1, January 2012.

[111] Lewis, B., W., Walls, J. L., Dowell, G. W., "Difference in degrees: CEO characteristics and firm environmental disclosure", *Strategic Management Journal*, Vol. 35, No. 5, May 2014.

[112] Li, Y., G. D. Richardson, and D. B. Thornton, "Corporate Disclosure of Environmental Liability Information: Theory and Evidence", *Contemporary Accounting Research*, Vol. 14, No. 3, Fall 1997.

[113] Li, Y., Eddie, I., Liu, J., "Carbon Emissions and the Cost of Capital: Australian Evidence", Review of Accounting and Finance, Vol. 13, No. 4, 2014.

[114] Liu, X. and Anbumozhi, V., "Determinant factors of corporate environmental information disclosure: an empirical study of Chinese listed companies", *Journal of Cleaner Production*, Vol. 17, No. 6, 2009.

[115] Lohmann, L., "Toward a Different Debate in Environmental Accounting: The Cases of Carbon and Cost-benefit", *Accounting*, *Organizations and Society*, Vol. 34, No. 3, 2009.

[116] Lovell, H., MacKenzie, D., "Accounting for Carbon: The Role of Accounting Professional Organisations in Governing Climate Change", *Antipode*, Vol. 43, No. 3, 2011.

[117] Luo, L., Lan, Y. C., Tang, Q. L., "Corporate Incentives to Disclose Carbon Information: Evidence from the CDP Global 500 Report", *Journal of International Financial Management & Accounting*, Vol. 23, No, 2, Summer 2012.

[118] MacKenzie, D., "Making things the same: Gases, emission rights and the politics of carbon markets", *Accounting*, *Organizations and Society*, Vol. 34, No. 3-4, April-May 2009.

[119] Madlen Haupt and Roland Ismer, "Emissions Trading Schemes under IFRS - Towards a 'true and fair view'", http://climatepolicyinitiative.org/wp-content/uploads/2011/12/Emissions-Trading-Schemes-under-IFRS.pdf., 2011.

[120] Mallory, J., "Is the Financial Market a Mechanism for Environmental", https://tspace.library.utoronto.ca/bitstream/1807/32759/1/Mallory_Julie_AH_201206_PhD_thesis.pdf., 2012.

[121] Mandell, S., "Carbon emission values in cost benefit analyses", *Transport Policy*. Vol. 18, 2011.

[122] Matsumura, E., R. Prakash, and S. Vera-Muñoz, "Voluntary Disclosures and the Firm-Value Effects of Carbon Emissions", https://business.nd.edu/uploadedFiles/multimedia/powerpoint/Matsumura-Prakash%20Vera-Munoz_April%206_2011.pdf, 2011.

[123] Maunders, K. T. and Burritt, R. L., "Accounting and Ecological Crisis Accounting" *Auditing and Accountability Journal*, Vol. 4, No. 3, 1991.

[124] McGready, M., "Accounting for Carbon", *Accountancy*, July 2008.

[125] Meghreblian, S. L., " Carbon information disclosure strategies (CIDS): A decision methodology framework for optimazing carbon disclosure", http://gradworks.umi.com/35/29/3529409.html, 2010.

[126] Mercer, " Investor Research Project-Investor use of CDP Data", https://www.cdproject.net/CDPResults/67_329_204_CDP_Investor_Research_Project_2009.pdf., 2009.

[127] Michaelowa, A., "Transaction costs, institutional rigidities and the size of the clean development mechanism", *Energy Policy*, Vol. 33, 2005.

[128] Milne, M., J., Grubnic, S., "Climate change accounting research: keeping it interesting and different", *Accounting, Auditing & Accountability Journal*, Vol. 24, No. 8, 2011.

[129] Natasja Steenkamp, Asheq Rahman and Varsha Kashyap, "Recognition, Measurement and disclosure of carbon emission allowances under the EU ETS-an exploratory study", http://www.utas.edu.au/__data/assets/pdf_file/0007/188539/Steenkamo_Rahman_Kashyap_15.pdf., 2010.

[130] National Audit Office, "The UK Emissions Trading Scheme: A New Way to Combat Climate Change", http://www.nao.org.uk/report/the-uk-emissions-trading-scheme-a-new-way-to-combat-climate-change/, 2004.

[131] Okereke, C., "An Exploration of Motivations, Drivers and Barriers to Carbon Management: The UK FTSE 100", *European Management Jour-*

nal, Vol. 25, No. 6, December 2007.

[132] Olson, E. G., "Challenges and opportunities from greenhouse gas emissions reporting and independent auditing", *Managerial Auditing Journal*. Vol. 25, No. 9, 2010.

[133] Park, Y. S., Lee, S. Y., "An empirical validation on the determinants of a firms's carbon information disclosure in the Korean context: From stakeholder and resource-based view perspectives", https://gin.confex.com/gin/2010/webprogram/Manuscript/Paper3089/paper2.pdf, 2009.

[134] Peters, G. F., Romi, A. M., "Carbon Disclosure Incentives in a Global Setting: An Empirical Investigation", http://waltoncollege.uark.edu/lab/acct/Carbon%20Disclosure%20Incentives%20in%20a%20Global%20Setting%20%20An%20Empirical%20Investigation.doc, 2009.

[135] Peters, G. F., Romi, A. M., "Carbon Emission Accounting and Disclosure: An International Empirical Investigation", http://ssrn.com/abstract=6627893, 2010.

[136] Peters, G. F., Romi, A. M., "Greenhouse Gas Emission Accounting: The Effect of Corporate Governance on Voluntary Disclosure", http://ssrn.com/abstract=6942193, 2011.

[137] Peters, G. F., Romi, A. M., "The Effect of Corporate Governance on Voluntary Risk Disclosures: Evidence from Greenhouse Gas Emission Reporting", http://www.business.utah.edu/sites/default/files/documents/school-of-accounting/ghg_disclosure_and_corp_gov_20120202.pdf, 2012.

[138] Pfeifer, S., Sullivan, R., "Public policy, institutional investors and climate change: a UK case-study", *Climatic Change*, Vol. 89, 2008.

[139] Preston, L. E. & O'Bannon, D. P., "The corporate social-financial performance relationship: a typology and analysis", *Business and Society*, Vol. 3, 1997.

[140] Price Waterhouse Coopers, "Trouble-Entry Accounting-Revisited. Uncertainty in Accounting for the Emission Trading Scheme and Certified Emis-

sion Reductions", http: //www. ieta. org/assets/Reports/trouble_ entry_ accounting. pdf, 2007.

[141] Price Waterhouse Coopers, "A framework for greenhouse gas reporting-Typico Inc: An illustration of a statement of greenhouse gas emissions", http: //www. pwc. com/us/en/corporate-sustainability-climate-change/publications/greenhouse-gas-report-typico-inc. jhtml, 2010.

[142] Price Waterhouse Coopers, "The Australian Government's Climate Change Plan-What should business consider?", http: //www. pwc. com. au/consulting/publications/climate-change-plan/, 2011.

[143] Price Waterhouse Coopers, "Responsible investment: creating value from environmental, social and governance issues", https: //www. pwc. com/en _ GX/gx/sustainability/research-insights/assets/private-equity-survey-sustainability. pdf, 2012.

[144] Pristor, K., Xu, C., "Governing Emerging Stock Markets: Legal vs Administrative Governance", *Corporate Governance: An International Review*, Vol. 13, No. 1, 2005.

[145] Rainforest Action Network, "Financing Global Warming: Canadian Banks and Fossil Fuel", www. ran. org/sites/default/files/financing_ global_ warming. pdf, 2015.

[146] Randalls, S., "Broadening debates on climate change ethics: beyond carbon calculation", *The Geographical Journal*, Vol. 177, No. 2, June 2011.

[147] Rankin, M., Windsor, C., Wahyuni, D., "An investigation of voluntary corporate greenhouse gas emissions reporting in a market governance system: Australian evidence", *Accounting, auditing & accountability journal*, Vol. 24, No. 8, 2011.

[148] Ratnatunga, J., Stewart J., "An Inconvenient Truth about Accounting: The Paradigm Shift Required in Carbon Emissions Reporting and Assurance", http: //ura. unisa. edu. au/R/? func = dbin-jump-full&object_ id = 78054, 2008.

[149] Ratnatunga, J., "Carbonomics: Strategic Management Accounting Issues", *Journal of Accounting and Management Accounting Research*,

Vol. 6, No. 1, 2008.

[150] Ratnatunga, J. & Balachandran, K. R., "Carbon Business Accounting: The Impact of Global Warming on the Cost and Management Accounting Profession", *Journal of Accounting Auditing and Finance*, Vol. 24, 2008.

[151] Ratnatunga, J., Jones, S., Balachandran, K. R., "The Valuation and Reporting of Organizational Capability in Carbon Emissions Management", *Accounting horizons*, Vol. 25, No. 1, 2011.

[152] Reid, E. M., Toffel, M. W., "Responding to Public and Private Politics: Corporate Disclosure of Climate Change Strategies", http://www.hbs.edu/faculty/Publication%20Files/09-019.pdf, 2009.

[153] Richmond, A. K., Kaufmann, R. K., "Is there a turning point in the relationship between income and energy use and/or carbon emissions?", *Ecological Economics*, Vol. 56, No. 2, 2006.

[154] Saka, C., Oshika, T., "Disclosure effects, carbon emissions and corporate value", *Sustainability Accounting, Management and Policy Journal*, Vol. 5, No. 1, 2014.

[155] Saka, C., Oshika, T., "Disclosure effects, carbon emissions and corporate value", *Sustainability Accounting, Management and Policy Journal*, Vol. 5, No. 1, 2014.

[156] Schatz, A., "Regulating greenhouse gases by mandatory information disclosure", http://papers.ssrn.com/sol3/papers.cfm?abstract_id=997836, 2008.

[157] Simnett, R., Nugent, M. and Huggins, A., "Developing an international assurance standard on greenhouse gas statements", *Accounting Horizons*, Vol. 23, No. 4, 2009.

[158] Simnett, R., Huggins, A., Green, W., "Are greenhouse gas assurance engagements a natural domain of the auditing profession?", http://papers.ssrn.com/sol3/papers.cfm?abstract_id=1676056, 2013.

[159] Smith, D, C., "Commentary: Climate for change? US Commentary SEC asked to require climate change risk warnings", *Refocus: The In-*

ternational Renewable Energy Magazine*, November /December 2004.

[160] Smith, J. A., "Disclosure of Climate Change Risks and Opportunities", *The Review of Securities & Commodities Regulation*, Vol. 41, No. 1, 2008.

[161] Sola, D., Jouanne, E., Roux, L., Gheorghita, R., "Towards a framework of mandatory sustainability disclosure by publicly listed companies", *ESCP Europe research report*, September 2010.

[162] Stern, D. I., Pezzey. J. C. V., Lambie, N. R., "Where in the world is it cheapest to cut carbon emissions? ", *The Australian Journal of Agricultural and Resource Economics*, Vol. 56, No. 3, 2012.

[163] Stanny, E., "Voluntary Disclosure of Emissions by US firms", *Business Strategy and the Environment*, Vol. 22, No. 3, March 2013.

[164] Stanny, E. and K. Ely, "Corporate environmental disclosures about the effeets of climate Ehange", *Corporate Social Responsibility and Environmental Management*, Vol. 15, No. 6, November/December 2008.

[165] Stern, N., The Economics of Climate Change: The Stern Review, Cambridge: Cambridge University Press, 2006.

[166] Sullivan, R., "Climate change disclosure standards and initiatives: have they added value for investors? ", http: //www. researchgate. net/publication/228485377, 2006.

[167] Sullivan, R., "The Management of Greenhouse Gas Emissions in Large European Companies", *Corporate Social Responsibility and Environmental Management*, Vol. 16, No. 6, November/December 2009.

[168] Tang, Qingliang&Luo, L., "Transparency of Corporate Carbon Disclosure: International Evidence", http: //papers. ssrn. com/sol3/papers. cfm? abstract_ id = 1885230, 2011.

[169] Tang, Qingliang&Luo, L., "Carbon management systems and carbon mitigation", *Australian Accounting Review*, Vol. 24, No. 1, March 2014.

[170] Tauringana Venancio, Chithambo Lyton, "The effect of DEFRA guidance on greenhouse gas disclosure", *The British Accounting Review*, 2014.

[171] Thereza Raquel Sales de Aguiar, "Corporate disclosure of greenhouse gas emissions. -A UK study", https://research-repository. st-andrews. ac. uk/handle/10023/840, 2009.

[172] Tu, Z, Shen, R., "Can China's Industrial SO2 Emissions Trading Pilot Scheme Reduce Pollution Abatement Costs?", *Sustainability*, Vol. 6, No. 11, October, 2014.

[173] Udayasankar, K., "Corporate social responsibility and firm size", *Journal of business ethics*, Vol. 83, No. 2, November 2007.

[174] Upham, P., Tomei, J., Dendler, L., "Governance and legitimacy aspects of the UK biofuel carbon and sustainability reporting system", *Energy Policy*. Vol. 39, No. 5, May 2011.

[175] Vandenbergh, Michael, P. and Mark A. Cohen, "Climate Change Governance: Boundaries And Leakage", *NYU Environmental Law Journal*, Vol. 18, 2010.

[176] Vandenbergh, Michael, P., Tom Dietz, and Paul C. Stern, "Time to try Carbon Labelling", *Nature Climate Change*, Vol. 1, March 2011.

[177] Von Malmborg, F. and Strachan, P. A., "Climate policy, ecological modernization and the UK Emission Trading Scheme", *European Environment*, Vol. 15, No. 3, May/June 2005.

[178] Warwick, P. Chew, N., "The 'Cost' of Climate Change: How Carbon Emissions Allowances are Accounted for Amongst European Union Companies", *Australian Accounting Review*, Vol. 22, No. 1, March 2012.

[179] World Business Council for Sustainable Development, "The Greenhouse Gas Protocol: A Corporate Accounting and Reporting Standard. Revised Edition", http://www. ghgprotocol. org/standards/corporate-standard, 2004.

[180] Wegener, M., "The Carbon Disclosure Project, an Evolution in International Environmental Corporate Governance: Motivations and Determinants of Market Response to Voluntary Disclosures", http://sunzi. lib. hku. hk/ER/detail/cof/4984480, 2010.

[181] Williamson, O. E., Markets and Hierarchies, Analysis and Antitrust Implications: A Study in the Economics of Internal Organization, New

York: Free press, 1975.

[182] Williamson, O. E., "Transaction cost economics: the governance of contratual relations", *Journal of law and economics*, Vol. 22, No. 2, October 1979.

[183] Wurmbrand, M. M., Klotz, T. C., "greenhouse gas emission-from Educational Facilities and the EPA Greenhouse Gas Reporting Rule", *Facilities Manager*, march/april 2010.

[184] Yu, V. F., Ting, H. I., "Financial development, investor protection, and corporate commitment to sustainability: Evidence from the FTSE Global 500", *Management Decision*, Vol. 50, No. 1, 2012.

[185] Zahra Borghei Ghomi& Philomena Leung, "An Empirical Analysis of the Determinants of Greenhouse Gas Voluntary Disclosure in Australia", *Accounting and Finance Research*, Vol. 2, No. 1, 2013.

[186] Zhang Qiaoliang, Zhang Chen, Zhang Hua, Li Xia, " Research on the Quality of Carbon Information Disclosure in the Listed Company in China", http://ieeexplore.ieee.org/xpl/abstractAuthors.jsp? reload = true&arnumber = 5886915, 2011.

[187] Zhang, R., Lu, Z. Ye, K., "How do firms react to the prohibition of long-lived asset impairment reversals? Evidence from China", *Journal of Accounting and Public Policy*, Vol. 29, No. 5, September October 2010.

中文部分

[1] 奥尔森:《集体行动的逻辑》,陈郁译,上海人民出版社 1995 年版。

[2] 北京市发展和改革委员会:《北京市发展和改革委员会关于开展碳排放权交易试点工作的通知》,http://www.bjpc.gov.cn/tztg/201311/t7020680.htm,2013 年。

[3] 北京市发展和改革委员会:《北京市企业(单位)二氧化碳核算和报告指南(2013 版)》http://www.bjpc.gov.cn/tztg/201311/t7020680.htm,2013 年。

[4] 北京市发展和改革委员会:《北京市碳排放权交易核查机构管理办法(试行)》,http://www.bjpc.gov.cn/tztg/201311/t7020680.htm,

2013 年。

[5] 北京市发展和改革委员会:《北京市碳排放权交易试点配额核定方法(试行)》, http://www.bjpc.gov.cn/tztg/201311/t7020680.htm, 2013 年。

[6] 北京市发展和改革委员会:《北京市温室气体排放报告报送流程》, http://www.bjpc.gov.cn/tztg/201311/t7020680.htm, 2013 年。

[7] 北京市发展和改革委员会:《北京市碳排放权交易注册登记系统操作指南》, http://www.bjpc.gov.cn/tztg/201311/t7020680.htm, 2013 年。

[8] 蔡海静:《我国绿色信贷政策实施现状及其效果检验——基于造纸、采掘与电力行业的经验证据》,《财经论丛》2013 年第 1 期。

[9] 曹风中、刘万元、罗伟生:《解决全球变暖重要措施——碳税的经济意义》,《黑龙江省环境通报》1999 年第 1 期。

[10] 曹静、汪方军、张毅:《终极控制权与碳排放信息披露的相关性研究——来自中国上市公司的经验数据》,中国会计学会财务成本分会第 25 届理论研讨会, 2012 年。

[11] 陈晖:《欧盟航空碳税及其应对措施》,《电力与能源》2012 年第 4 期。

[12] 陈莉:《国际碳信息披露项目的基本框架及对我国的启示》,《商业会计》2011 年第 19 期。

[13] 陈红敏:《国际碳核算体系发展及其评价》,《中国人口·资源及环境》2011 年第 9 期。

[14] 陈一然:《认真编制温室气体排放清单——中国海洋石油总公司率先开展碳盘查实践》,《中国财经报》2012 年 11 月 20 日。

[15] 陈一然、姜海凤:《中国海洋石油总公司温室气体盘查项目工作实践与经验》,《低碳世界》2013 年第 2 期。

[16] 崔金星:《构建我国碳减排评价机制的法律思考》,《环境保护》2012 年第 20 期。

[17] 崔秀梅、刘静:《市场化进程、最终控制人性质与企业社会责任——来自中国沪市上市公司的经验证据》,《软科学》2009 年第 1 期。

[18] 戴璐:《“双高”现象、银企博弈与转型经济——融资环境的影

响》，《中国软科学》2010 年第 2 期。

[19] 邓建平、饶妙、曾勇：《市场化环境、企业家政治特征与企业政治关联》，《管理学报》2012 年第 6 期。

[20] 董岩：《美国碳交易价格规制的进展及其启示》，《价格月刊》2011 年第 7 期。

[21] 杜颖洁、杜兴强：《银企关系、政治联系与银行借款——基于中国民营上市公司的经验证据》，《当代财经》2013 年第 2 期。

[22] 杜悦英：《碳信息披露：中国企业准备好了吗?》，《中国经济时报》2010 年 6 月 24 日。

[23] 樊纲、王小鲁、朱恒鹏：《中国市场化指数——各地区市场化相对进程 2009 年报告》，经济科学出版社 2010 年版。

[24] 方健、徐丽群：《信息共享、碳排放量与碳信息披露质量》，《审计研究》2012 年第 4 期。

[25] 高鹏飞、陈文颖：《碳税与碳排放》，《清华大学学报（自然科学版）》2002 年第 10 期。

[26] 高歌：《绿色信贷的新趋势：碳信贷的前世今生》，《环境保护》2010 年第 22 期。

[27] 高翔、牛晨：《美国气候变化立法进展及启示》，《环境保护》2010 年第 3 期。

[28] 郭力方：《提高火电脱硝电价补贴额度，推行梯度电价》，http：//www. cnstock. com/index/gdbb/201106/1363542. htm，2011 年。

[29] 韩良：《论国际温室气体减排信息公开制度的构建》，《南京大学学报（哲学·人文科学·社会科学）》2010 年第 6 期。

[30] 河北省银监局、河北省环保厅、中国人民银行石家庄中心支行：《河北省绿色信贷政策效果评价办法（试行）》，http：//www. csfee. org. cn/ReadNews. asp？NewsID = 481，2009 年。

[31] 贺建刚：《碳信息披露、透明度与管理绩效》，《财经论丛》2011 年第 4 期。

[32] 隗斌贤、揭筱纹：《基于国际碳交易经验的长三角区域碳交易市场构建思路与对策》，《管理世界》2012 年第 2 期。

[33] 贾璐：《碳信息披露与绿色政采》，《中国政府采购报》2012 年 4 月 17 日。

[34] 姜英兵、严婷:《制度环境对会计准则执行的影响研究》,《会计研究》2012 年第 4 期。
[35] 蓝澜:《国际碳市场低迷半数中国 CDM 项目面临违约》, http: // www. chinadaily. com. cn/zgrbjx/2012 - 02/09/content _ 14563937. htm, 2012 年。
[36] 李长海:《CDP 首席执行官保罗·辛普森:希望看到更多和更高质量的碳信息披露》,《WTO 经济导刊》2012 年第 12 期。
[37] 李常青、熊艳:《媒体治理:角色、作用机理及效果——基于投资者保护框架的文献述评》,《厦门大学学报(哲学社会科学版)》2012 年第 2 期。
[38] 李雪婷、康文元:《低碳信息披露的社会效能》,《光明日报》2012 年 8 月 18 日。
[39] 李正、官峰、李增泉:《企业社会责任报告鉴证活动影响因素的实证研究——来自我国上市公司的经验证据》,《审计研究》2013 年第 3 期。
[40] 李正、向锐:《中国企业社会责任信息披露的内容界定、计量方法和现状研究》,《会计研究》2007 年第 7 期。
[41] 黎文靖:《政治寻租视角下的公司社会责任研究——基于中国转轨经济的一个新政治经济学解读》,《财政研究》2011 年第 2 期。
[42] 廖斌、崔金星:《欧盟温室气体排放监测管理体制立法经验及其借鉴》,《当代法学》2012 年第 4 期。
[43] 赖流滨、张汉文:《国内碳排放权交易的进展及对策》,《中国集体经济》2012 年第 25 期。
[44] 刘晓东:《我省实行脱硝补贴电价考核》,《江苏经济报》2012 年 3 月 20 日。
[45] 刘少瑜、苟中华、巴哈鲁丁:《建筑物温室气体排放审计》,《中国能源》2009 年第 6 期。
[46] 刘少瑜、邹阳生、安德雷斯·依班尼斯:《香港碳审计:向温室气体减排迈进》,第六届国际绿色建筑与建筑节能大会,2010 年。
[47] 刘渝琳、温怀德:《经济增长下的 FDI、环境污染损失与人力资本》,《世界经济研究》2007 年第 11 期。
[48] 罗卫东:《亚当·斯密的伦理学——〈道德情操论〉研究》,博士学

位论文，浙江大学，2004 年。
[49] 马微：《碳信息披露，让企业贴近投资者》，《科技中国》2010 年第 2 期。
[50] 马冀：《碳税、碳关税及其在战略性贸易中的运用》，《价格月刊》2011 年第 4 期。
[51] 穆利萍：《我国企业碳信息披露的现状和改进建议》，《商业会计》2011 年第 21 期。
[52] 潘辉：《碳关税对中国出口贸易的影响及应对策略》，《中国人口资源与环境》2012 年第 2 期。
[53] 潘克西、朱汉雄、刘治星：《碳排放核算方法与企业温室气体清单计算器》，《上海能源》2012 年第 12 期。
[54] 彭娟、熊丹：《碳信息披露对投资者保护影响的实证研究——基于沪深两市 2008—2010 年上市公司的经验数据》，《上海管理科学》2012 年第 12 期。
[55] 戚啸艳：《上市公司碳信息披露影响因素研究——基于 CDP 项目的面板数据分析》，《学海》2012 年第 3 期。
[56] 任力：《低碳经济与中国经济可持续发展》，《社会科学家》2009 年第 2 期。
[57] 深圳证券交易所：《深圳证券交易所上市公司社会责任指引》，http：//www. csrc. gov. cn/pub/shenzhen/xxfw/tzzsyd/ssgs/sszl/ssgsfz/200902/t20090226_ 95495. htm，2009 年。
[58] 沈红波、谢越、陈峥嵘：《企业的环境保护、社会责任及其市场效益——基于紫金矿业环境污染事件的案例研究》，《中国工业经济》2012 年 1 月。
[59] 司建楠：《2011 “碳信息” 报告发布 工业企业表现被动》，《中国工业报》2011 年 11 月 14 日。
[60] 山西省人民银行：《山西省绿色信贷政策效果评价办法（试行）》，http：//www. lfhb. gov. cn/main/News. asp? NewsId = 18035，2011 年。
[61] 宋德勇、张纪录：《中国城市低碳发展的模式选择》，《中国人口 · 资源与环境》2012 年第 1 期。
[62] 孙铮、李增泉、王景斌：《所有权性质、会计信息与债务契约——

来自我国上市公司的经验证据》,《管理世界》2006 年第 10 期。
[63] 孙铮、刘凤委、李增泉:《市场化进程、政府干预与企业债务期限结构——来自我国上市公司的经验证据》,《经济研究》2005 年第 5 期。
[64] 谭德明、邹树梁:《碳信息披露国际发展现状及我国碳信息披露框架的构建》,《统计与决策》2010 年第 11 期。
[65] 唐建新、陈冬:《地区投资者保护、企业性质与异地并购的协同效应》,《管理世界》2010 年第 8 期。
[66] 唐跃、王东浩、陈春紫、陈敏、杨晓光:《中国不良贷款回收率地区差异的原因分析》,《系统过程理论与实践》2011 年第 3 期。
[67] 田翠香、刘雨、李鸥洋:《浅议我国企业碳信息披露现状及改进》,《商业会计》2012 年第 10 期。
[68] 田翠香、刘雨:《我国企业碳信息披露行为研究》,中国会计学会高等工科院校分会第 18 届学术年会,2011 年。
[69] 万方:《京沪粤碳市场实际交易有望年底启动》,http://news.xinhuanet.com/fortune/2013-11/06/c_125656909.htm,2013 年。
[70] 王宁宁:《低碳时代企业碳信息披露的探讨》,《商业会计》2012 年第 2 期。
[71] 王燕、王煦、白婧:《日本碳税实践及对我国的启示》,《税务研究》2011 年第 4 期。
[72] 王仲兵、靳晓超:《碳信息披露与企业价值相关性研究》,《宏观经济研究》2013 年第 1 期。
[73] 王君彩、牛晓叶:《碳信息披露项目、企业回应动机及其市场反应——基于 2008—2011 年 CDP 中国报告的实证研究》,《中央财经大学学报》2013 年第 1 期。
[74] 王满四、邵国良:《银行债权的公司治理效应研究——基于广东上市公司的实证分析》,《会计研究》2012 年第 11 期。
[75] 汪辉:《上市公司债务融资、公司治理与公司价值》,《经济研究》2003 年第 8 期。
[76] 汪韬:《碳排放,谁的秘密?中国百家上市企业碳信息公开现状披露》,《视野》2011 年第 12 期。
[77] 肖作平:《制度因素对资本结构选择的影响分析——来自中国上市

公司的经验证据》,《证券市场导报》2009 年第 12 期。
[78] 肖作平、周嘉嘉:《制度环境和权益资本成本——来自中国省际数据的比较研究》,《证券市场导报》2012 年第 8 期。
[79] 向志平、孔祥峰、张先美:《我国股市对重污染行业环境信息披露的市场反应研究》,《金融与经济》2011 年第 7 期。
[80] 肖华、张国清:《公共压力与公司环境信息披露——基于“松花江事件”的经验研究》,《会计研究》2008 年第 5 期。
[81] 谢枫:《当前我国征收碳税的几个难题》, 2010 ETP/IITA 2010 International Conference on Management Science and Engineering, 2010 年。
[82] 谢良安:《碳信息披露:各方的策略》,《财政监督》2012 年第 12 期。
[83] 项苗:《影响中国企业碳信息披露因素的思考》,《财会研究》2012 年第 16 期。
[84] 邢佰英、王培成:《交易价格大幅下滑 中国碳交易短期受挫 国内企业追逐热情未减》,《中国证券报》2009 年 4 月 23 日。
[85] 胥会云、查多:《专访国家发改委能源研究所 CDM 管理中心副主任刘强:中国碳交易市场没有具体时间表》,《第一财经日报》2010 年 10 月 20 日。
[86] 徐华清:《发达国家能源税制变化趋势及碳税特征》,《中国能源》1996 年第 8 期。
[87] 徐双庆、刘滨:《日本国内碳交易体系研究及启示》,《清华大学学报(自然科学版)》2012 年第 8 期。
[88] 徐颖:《浅谈我国上市公司的碳信息披露》,《福建商业高等专科学校学报》2010 年第 3 期。
[89] 许松涛、肖序:《上市公司环境规制、产权性质与融资约束》,《经济体制改革》2011 年第 4 期。
[90] 亚当·斯密:《国民财富的性质和原因的研究》,郭大力、王亚南译,商务印书馆 1974 年版。
[91] 亚当·斯密:《道德情操论》,谢宗林译,中央编译出版社 2008 年版。
[92] 杨德明、赵璨:《媒体监督、媒体治理与高管薪酬》,《经济研究》2012 年第 6 期。

[93] 杨恒仓：《碳会计研究述评》，《财会研究》2012 年第 19 期。
[94] 尹小平、王艳秀：《日本碳交易的机制与成效》，《现代日本经济》2011 年第 3 期。
[95] 印久青：《关注气候变化的上市公司越来越多》，《中国信息报》2009 年 12 月 9 日。
[96] 叶敏：《上市公司碳信息披露制度研究》，硕士学位论文，华东政法大学，2011 年。
[97] 余明桂、潘红波：《政治关系、制度背景与民营企业银行贷款》，《管理世界》2008 年第 8 期。
[98] 余明桂、回雅甫、潘红波：《政治关联、寻租与地方政府财政补贴有效性》，《经济研究》2010 年第 3 期。
[99] 余敏、章伟：《节能减排贷款：兴业银行的创新与实践》，《武汉金融》2010 年第 9 期。
[100] 赵玉焕、范静文：《碳税对能源密集型产业国际竞争力影响研究》，《中国人口·资源与环境》2012 年第 6 期。
[101] 赵选民、张茹：《我国碳排放审计现状及对策研究》，《会计之友》2012 年第 12 期（中）。
[102] 张安华：《欧盟航空碳税的影响及对策》，《中国能源》2012 年第 3 期。
[103] 张鹏：《CDM 下我国碳减排量的会计确认和计量》，《财会研究》2010 年第 1 期。
[104] 章轲：《中国污染到底有多重》，http://www.yicai.com/news/2014/05/3842451.html，2014 年。
[105] 张彩平、肖序：《国际碳信息披露及其对我国的启示》，《财务与金融》2010 年第 3 期。
[106] 张彩平、肖序：《企业碳绩效指标体系》，《系统工程》2011 年第 11 期。
[107] 张彩平：《碳排放权初始会计确认问题研究》，《上海立信会计学院学报》2011 年第 4 期。
[108] 张彩平：《基于产品生命周期的企业碳财务风险管理研究》，《三峡大学学报（人文社会科学版）》2011 年第 7 期。
[109] 张彩平、周晓东：《国际碳信息披露发展历程述评》，《广州环境科

学》2010 年第 12 期。

[110] 张纯、吕伟：《机构投资者、终极产权与融资约束》，《管理世界》2007 年第 11 期。

[111] 张国清、肖华：《灾难性环境事故、正当性理论与公司环境信息披露》，《当代会计评论》2009 年第 12 期。

[112] 张巧良、宋文博、谭婧：《碳排放量、碳信息披露质量与企业价值》，《南京审计学院学报》2013 年第 2 期。

[113] 张旺：《上市公司碳排放意识日渐增强》，《证券时报》2011 年 11 月 3 日。

[114] 张旺：《多重驱动力共同作用——上市公司碳信息披露数量创历史新高》，《证券时报》2013 年 1 月 11 日。

[115] 张蔚伟：《碳排放权的会计确认、计量与披露问题研究》，硕士学位论文，西南财经大学，2012 年。

[116] 周建发：《碳税征收——丹麦的实践及启示》，《中国经贸导刊》2012 年 1 月（上旬刊）。

[117] 周黎安：《中国地方官员的晋升锦标赛模式研究》，《经济研究》2007 年 7 月。

[118] 周曙东、赵明正、王传星：《基于二次能源省际调配的中国分省 CO_2 排放量计算》，《中国人口·资源与环境》2012 年第 6 期。

[119] 周中胜、何德旭、李正：《制度环境与企业社会责任履行：来自中国上市公司的经验证据》，《中国软科学》2012 年第 10 期。

[120] 赵川：《CDP 公布世界 500 强碳排放数据》，《21 世纪经济报道》2012 年 9 月 18 日。

[121] 中国银行业监督管理委员会：《节能减排授信工作指导意见》,. http://www.cbrc.gov.cn/govView_D6C29031D8AF4BD4834A5FE8CDCB12B3.html，2007 年。

[122] 中国银行业监督管理委员会：《中国银监会办公厅关于加强银行业金融机构社会责任的意见》，http://www.cbrc.gov.cn/chinese/home/docView/2008042138CAF1DEBFD37EF9FFD4D88651333F00.html，2007 年。

[123] 中国银行业监督管理委员会：《关于落实环保政策法规防范信贷风险的意见》，http://www.cbrc.gov.cn/chinese/home/docView/

20080129C3FA6D993AC4AEF7FFE133D6E2AD0D00. html，2007 年。
[124] 中国银行业监督管理委员会：《中国银监会关于落实〈节能减排综合性工作方案〉具体措施的报告》，http：//www. cbrc. gov. cn/chinese/home/docView/2008012943EB5CDDFF64DDF5FFACBAD39E1C2D00. html，2007 年。
[125] 中华人民共和国国务院：《国务院关于印发节能减排综合性工作方案的通知》，http：//www. gov. cn/xxgk/pub/govpublic/mrlm/200803/t20080328_ 32749. html，2007 年。
[126] 中华人民共和国国务院：《国务院关于印发“十二五”节能减排综合性工作方案的通知》，http：//www. gov. cn/zwgk/2011 - 09/07/content_ 1941731. htm，2011 年。
[127] 朱瑾、王兴元：《中国企业低碳环境与低碳管理再造》，《中国人口·资源与环境》2012 年第 6 期。

附录一

美国等发达国家的企业碳信息披露举例

一、美国、英国、法国、澳大利亚、加拿大、日本等国家的企业碳信息披露方式呈现出以下七个特点：

（一）西方企业在社会责任报告中披露相应的碳排放信息，暂未见到企业单独的碳排放报告；即使是回答 CDP 问卷，也是针对 CDP 所要求的特定项目提供碳排放数据，但企业不单独发布碳排放情况报告。其主要原因是碳减排活动属于企业社会责任中的环境业绩，在企业社会责任报告中披露更为恰当；而且，单独披露碳排放报告也将增加企业的成本。

（二）使用货币性的碳信息相对较少，描述性信息占据主流地位。出现这种情况的原因主要有以下两点：（1）对碳排放活动所产生的碳资产、碳负债所采用的货币化计量方法在不同公司之间不统一，而且会计准则也没有对此问题进行相应的规范，容易引起争议。需要说明的是，尽管国际四大会计公司毕马威（简称 KPMG）、安永（简称 Ernst and Young）、德勤（简称 Deloitte）、普华永道（简称 Price Waterhouse Coopers）等对碳资产、碳负债出台了很多研究报告，但目前就此问题尚未形成统一意见。（2）货币性的碳资产、碳负债在涉及公允价值和历史成本等不同计量方式时，更加容易引起不同公司之间的差异，影响碳信息在不同公司之间的可比性，不符合信息披露的决策有用性原则和成本—效益原则。

（三）发达国家在企业社会责任报告中披露碳排放量信息，也为本书第四章的分析提供了进一步的佐证，即全球趋势是采用企业社会责任报告而不是年度报告作为碳排放量信息的披露渠道。这一方面是因为碳排放信息是企业社会责任信息的一个组成部分；另一个原因是企业社会责任国际标准（例如，GRI 的 G4 标准，ISO14064 标准等）都要求在环境业绩中披露碳排放信息，企业如果在企业社会责任报告之外，再披露碳信息，将增加不必要的报表编制成本，也使得投资者和其他利益相关者无所适从，不知道哪个渠道才能取得更加可靠和全面的碳信息。因此，细化企业社会责任报告中碳信息披露是符合信息披露的成本—效益原则的。

（四）由于西方发达国家在碳减排技术方面处于领先地位，并且，发达国家并没有按《联合国气候变化框架公约》规定的那样，向发展中国家提供低碳技术转让，这提高了发展中国家利用低碳技术的技术壁垒。按照2006年的状况估计，中国从国际市场引进低碳技术每年需要资金250亿美元（任力，2009）；而西方国家在碳信息披露方面也非常强调碳定价、碳成本等内容，表明西方发达国家的一些企业一方面的确是履行碳减排的责任，但不排除希望通过出售低碳技术牟取巨额商业利益的企图。这背后的潜在因素是西方国家抛弃了历史碳排放负债，希望通过碳定价进一步主宰世界经济格局，剥夺发展中国家发展权的动机。因此，我们要从正反两个方面来看待西方大型跨国公司的碳减排问题和碳信息披露问题。当然，发展中国家也需要不断履行碳减排责任，平衡好经济发展与节能减排责任之间的关系。

（五）预测性的温室气体排放量披露行为。在加拿大森克尔综合能源公司2014年的可持续发展报告中，披露了温室气体在2014年到2018年的预测排放量，这一预测数据是建立在预测模型基础之上的；英国石油公司（BP）建立了预测气候变化对公司经营活动可能影响的预测模型。西方大型跨国公司建立碳排放量和影响的模型化趋势非常明显，这提示发展中国家的碳排放大户，也应当考虑碳排放量预测和决策的模型化，以提高决策的科学性。预测温室气体排放量的优点是可以使投资者、债权人和其他信息使用者了解企业未来的碳减排压力、风险、机会等信息，以便于做出更加明智的决策；其缺点在于估计模型的某些变量可能存在着一定的不确定因素。

（六）英国石油公司并没有设立集团公司层面的碳减排目标，而是按照经营活动所在的不同国家或者地区来设定减排值，这一现象提示发展中国家，设定更加先进的温室气体减排法规是非常重要的。否则，某些大型跨国公司在其他国家或者地区执行碳减排行为非常好，而在某个东道国却减排不利，其根本原因在于某个东道国的环保法规不完善。在可口可乐公司2011年的碳排放信息中，也存在类似的现象，该公司在2011年企业社会责任报告中披露，在发达国家，可口可乐公司二氧化碳排放量比2010年降低4%，但是，在发展中国家的总体二氧化碳排放量是上升的。这种情况主要是因为发展中国家的相关碳排放法律规制方面存在不足。刘渝琳、温怀德（2007）发现较低的环境管制环境将吸引大量的外资流入，但是，也带来了高额的环境污染，我国有可能沦为跨国资本的“污染避难所”。以上理论分析和跨国公司履行社会责任的现实情况都说明发展中国家的政府环境规制对于约束跨国公司行为是十分重要的。

（七）企业碳信息披露指数排名的影响。碳信息披露项目（CDP）每年都公布全球500强企业碳信息披露指数排名，虽然中国的很多公司在世界500强之内，在前10名中甚至有5家公司是中国公司，但是没有一家公司进入到碳信息披露指数排名前列的公司。表明我国企业虽然在经济业绩上排名世界前列，但是，在履行环境责任方面，与世界其他的著名公司相比，仍然存在着观念上、行动上的差距。CDP认为，披露碳信息可以让政府部门、采购者、投资者了解上市公司在气候变化领域所采取的应对风险和利用机会的活动；从而改进企业的商业活动，并进而使得全球气候受到有益的影响。

二、美国、英国、法国、澳大利亚、加拿大、日本等国家的企业碳信息披露方式示例

表1　澳大利亚必和必拓公司2012—2014年企业社会责任报告中碳信息披露节选

2012	2013	2014
必和必拓公司在2012年度可持续发展报告的环境业绩的“降低气候变化影响”章节中披露了企业的碳排放情况。 一、气候变化对公司的潜在影响 因为控制温室气体排放的管制措施，企业的化石燃料产品和企业的经营都面临着一定的风险，在一个较长的时期内，公司将调整温室气体排放强度大的资产。在2012年，我们进行了气候变化对我们主要的经营活动影响的评估，并发布了必和必拓公司针对碳信息披露项目（CDP）的回复报告，该报告中包括了与碳排放相关的机会和风险。 二、降低能源强度和温室气体排放 公司制定了五年计划，包括预测、评估和实施提高能源效率和降低温室气体排放的项目。 在决策中，公司需要重点考虑五年计划中的降低温室气体排放的项目，并且要向公众透明地披露温室气体排放情况。在2012年，本公司的	必和必拓公司在2013年度可持续发展报告的环境业绩的“气候变化和能源”章节中披露了企业的碳排放情况。 公司通过多种温室气体减排项目，在2013年减排294000吨的二氧化碳当量。 一、管理温室气体的潜在影响 在2013年，公司评估了中期到长期的环境趋势以及这些趋势对公司的影响，气候变化是这些趋势之一。公司认为企业活动对气候具有影响，例如，降雨模式的改变、风暴的强度变大、较高的平均温度，这可能影响公司的生产率和财务绩效……	必和必拓公司在2014年度可持续发展报告的环境业绩的“温室气体排放”章节中披露了企业的碳排放情况。 公司整个2014年减排二氧化碳当量170万吨；在2014财政年度投入3000万美元用于环境保护。 按照来源来看的温室气体排放：使用电力产生的排放占49%、无法确定具体来源的占16%、使用蒸馏和汽油产生的排放占13%、使用煤炭和焦炭产生的排放占8%、使用天然气产生的排放占9%、其他占5%、使用燃料油产生的排放小于1%。总体来看，2014年的碳排放总量低于2013年的碳排放总量。 一、管理能源风险和温室气体风险 既要扩大生产、保证全球的能源需求又要降低碳排放，

续表

2012	2013	2014
能源强度低于2006年基期水平的15%；温室气体排放强度低于2006年基期水平的16%…… 三、能源效率项目 本公司采用了很多提高能源效率的方法，例如，在澳大利亚昆士兰西北部的矿井，对通风风扇进行技术改造，每个矿井仅通风风扇项目每年就可以节约100焦耳的能源。此外，公司还和当地社区、雇员共同努力，开发能源效率项目。为此，公司原本计划从2008年到2012年，共投入3个亿美元来实施提高能源效率和降低温室气体排放的技术；结果，最终花费了4.3个亿美元…… 四、未来的温室气体减排和目标 公司在2012年成功实施了温室气体减排，公司计划在2017年的温室气体排放强度低于或与2006年的温室气体排放强度持平。 五、参与政府政策制定 公司参与政府政策制定的原则是：让消费者明确感知碳排放价格信号；最大限度地抵消碳排放所带来的成本上升；避免通过碳排放权交易，把碳排放转移到碳价低的国家；既开发低碳能源又使用降低碳排放的各种方法；确保未来的碳减排成本是可以预计的，以免拖累经济发展；综合使用碳税、碳排放权交易等简单、有效的节能减排方式。	二、参与政府政策制定 全球各国政府正考虑减缓温室气体排放的各种立法和监管办法。我们将评估这些立法的有效性、影响范围和成本……在2013年，我们参与了澳大利亚政府的碳定价立法…… 三、降低温室气体排放 在2013年，我们设定了一个目标，将2017年的温室气体排放水平降低到2006年的水平。为了实现目标，我们把工作重点放在所确定的各种减排机会上…… 四、提供、获取和有效使用能源 在2013年，公司的能源消耗量比2012年增加了10.2%的百分点……在澳大利亚，为了遵守《国家能源效率机会法案2006》，我们采取了一系列节能措施。例如，在镍冶炼厂，我们采取了……	是极具挑战的……通过提高运营过程中的能源效率、使用多种能源、与能源供应商签订长期合同等手段来处理能源风险和温室气体排放风险。 二、温室气体减排目标实现情况 公司所有的经营活动都要求确定、评估并实施降低或者最小化温室气体排放的项目。在项目设计、设备选择时就要考虑温室气体排放问题。整个集团2014年排放二氧化碳当量4500万吨，比2013年降低排放170万吨；在加工铝的过程中使用水电对碳减排起到了很大作用；我们将继续关注其他降低碳排放的机会。 三、能源使用效率 在2014年，公司的能源使用总量比2013年高了6%，但是，能源效率却比2013年高。例如，在南非的子公司，公司使用5个封闭式火炉代替开放式火炉，大大提高了能源效率；并且，该设备的二氧化碳能够被俘获。为了遵守《澳大利亚能源效率机会法案（australia's energy efficiency opportunities act）》，公司对现有设备进行了能源效率测试，并提出改进手段……

本表内容分别摘自澳大利亚必和必拓公司2012、2013、2014年的可持续发展报告：

bhpbilliton company，“bhpbilliton 2012 full sustainability report”，http：//www. bhpbilliton. com/home/society/reports/Pages/Roll% 20up% 20Pages/2012 – BHP-Billiton-Sustainability-Report. aspx. 2012. 经作者翻译并节选。

bhpbilliton company，“bhpbilliton 2013 full sustainability report. ”，http：//www. bhpbilliton. com/home/investors/reports/Pages/Roll% 20up% 20Pages/2013-Annual-Report-Summary-Review-Form-20-F-Sustainability-Report-and-Sustainability-Reporting-Navigator-. aspx，2013. 经作者翻译并节选。

bhpbilliton company，“bhpbilliton 2014 full sustainability report ”，http：//www. bhpbilliton. com/home/investors/reports/Pages/Roll% 20up% 20Pages/2014-Annual-Report-Summary-Review-Strategic-Report-Form-20-F-Sustainability-Report-and-Sustainability-Reporting-Navigator. aspx. 2014. 经作者翻译并节选。

表2　英国石油公司2012—2014年企业社会责任报告中碳信息披露节选

2012	2013	2014
英国石油公司在企业可持续发展报告中的碳排放的内容如下： BP公司认为，应对气候变化需要政府部门、企业、个人的共同努力。 当前的状况 根据政府间气候变化工作组的意见，全球变暖是存在的，其主要原因是温室气体的排放所致…… 二、挑战 可持续的、快速的降低二氧化碳排放量是富有挑战性的，例如，低碳技术（包括电动汽车、碳俘获和碳封存技术）存在着基础设施、成本较高等方面的问题……在福岛核电站事件之后，很多国家降低了对核电的支持力度，因此，石油和天然气开采所带来的温室气体强度在增加……各国政府提供稳定的政策框架是必要的，以便于企业或者居民采取相应的决策…… 本公司的政策 我们认为，最有效地降低碳排放的方式就是通过市场，在开放的市场里，碳排放是有价格的。无论是工厂排放的还是汽车排放的，无论是企业还是个人，都纳入到碳交易中来…… 在生产和使用能源中注重能源效率将对降低温室气体排放产生重要影响； 大力支持生物燃料、风能等低碳技术的研发和应用。 四、评估碳风险 BP公司编制了2030年的能源展望……预测了未来的能源可持续方面面临的挑战……预测未来需要的能源种类、技术…… 五、开发低碳能源 天然气是低碳经济的重要组成部分，与其他化石燃料相比，天然气燃烧时产生的二氧化碳更少……我们在美国、印度尼西亚、埃及等国家开发天然气，并且开发了公益欧洲、中国、印度的天然气管道…… 六、我们的内部碳价 在投资决策和工程设计中，我们把碳成本考虑在内，这主要	英国石油公司在企业可持续发展报告中的碳排放的内容如下： 一、气候变化 本公司预计到2035年，使用化石能源产生的二氧化碳将比2012年高29%，这种情况部分源于新兴经济体对煤炭使用……BP公司7年来致力于研究碳俘获和碳封存技术，并封存了390万吨二氧化碳…… 二、管理碳和气候风险的项目 1. 碳风险评估 为了评估碳排放管制对公司经营活动的影响，我们密切监督国家和国际上对于能源和碳排放方面的政策变化……我们制作了《BP能源展望2035》…… 2. 低碳能源 天然气是重要的低碳能源，而且开采技术成熟…… 碳排放成本 在发达国家，每吨二氧化碳排放的成本是40美元，以该碳排放价格为基础，评估项目的经济价值…… 运营效率 在现有的经营活动中，注重提高能源效率……例如，利用工厂生产过程中的余热…… 有效使用燃油和机油 公司与汽车制造商和设备制造商合作，提高燃油和机油的使用效率…… 技术和政策研究 通过与顶级学术机构合作，本公司深入研究未来的能源、技术、气候变化的趋势……例如，我们预计了到2050年为止的低碳技术，向英国技术研究所投资；支持牛津、剑桥、普林斯顿大学、清华大学、	科学 根据政府间气候变化工作组的意见，全球变暖是非常清楚的，其主要原因是人类活动导致的温室气体的排放增多所致……政府间气候变化工作组认为，气候变暖将导致更多的极端气候状况出现…… 二、气候挑战 BP公司的全球能源展望显示，来源于化石燃料的二氧化碳排放在2035年将高于2013年25%……这是我们所不愿看到的。更积极的能源政策将带来更低的二氧化碳排放，但仍然不足以将气候变暖控制在2度以内……原因很多，例如，核能、碳俘获和封存技术、电力汽车等低碳技术由于政治、基础设施、成本因素而不能广泛应用…… 三、低碳政策 政府应该制定一个清晰、稳定和有效的碳政策框架，其中应当包括：能源公司在提供能源时，是否应该限制二氧化碳排放……本公司认为，设定碳价是非常必要的……这将使能源效率和低碳能源更有吸引力……一个清晰的政策框架是应用创新技术和商业方案的关键因素……我们采用世界银行的碳价表和碳价公报…… 四、国际气候合约 BP公司认为政府设定限制温室气体排放的目标、子目标、时间表，并且由政府决定如何达到这些目标…… 五、管理气候风险的行动 低碳能源：天然气是重点开发领域……提供符合能源效率的运营和产品……内部碳价……适应气候变化，开发气候变化模型……低碳技术和创新…… 六、能源和自然资源 BP公司投资生物燃料，并作为核心业务…… 七、环境业绩 1. 温室气体排放：本公司通过提高能源使用效率、降

续表

2012	2013	2014
是考虑未来的碳排放成本可能高于现在的排放成本……碳排放成本是以世界不同地区的未来可能碳排放价格为基础……在工业化国家，碳排放成本为每吨二氧化碳当量40美元左右。 七、经营效率 我们在BP公司内部寻求提高能源效率的方法，公司要求所有的经营活动在计划和评估阶段，都要优先考虑提高能源使用效率的技术和制度…… 八、高效的燃料和机油 我们与汽车公司和设备制造商合作，改进燃料和机油的使用效率……改进了燃料效率并且降低了二氧化碳排放。 九、技术和政策研究 通过实验室研究和与学术机构合作，我们深化了未来能源趋势和气候变化的认识。例如，我们资助英国能源协会；我们支持牛津大学、清华大学、哈佛大学、麻省理工学院、伊利诺伊大学等开展能源和气候变化政策研究。 十、教育及其他 我们与政府、大学和其他组织在气候变化领域合作，例如，2012年，我们参加了可持续发展二十国大会，签署了碳价挑战公报…… 十一、适应气候变化 我们正在采取各种措施应对气候变化对现在和未来经营的影响……我们与英国的大学合作开发了气候模型，预测未来气候变化的可能影响……我们定期更新和改进气候影响模型，使模型适合现在和未来的运营要求。	伊利诺伊大学、哈佛大学、麻省理工学院等学术机构研究气候相关的政策和技术…… 教育和相应的活动 我们与政府机构、非政府组织、大学、其他公司进行气候变化议题方面的合作，例如，以碳中和为目标，本公司通过与其他机构合作，抵消了员工旅行产生的碳排放，提高了人们的碳排放意识…… 适应气候变化 对新项目来说，气候变化是风险因素，我们定期评估和调整设计标准…… 三、油砂 本公司在加拿大的油砂项目是世界第三大已探明储量的原油项目，本公司使用新技术，降低了12%的碳排放强度……公司按照每吨二氧化碳15加元的价格来购买碳排放权…… 四、可替代能源项目 本公司关注并投资开发低碳的生物燃料……美国78万户家庭使用的是本公司开发的风能……	低开采过程中的燃烧和排放、在投资评价中引入碳成本、改进新项目的工程设计等手段来降低碳排放…… 2. 温室气体强度：对每一项重要的商业活动，我们都追踪温室气体强度（每一计量单位产生的温室气体排放数量）。在上游开采活动中，温室气体强度较大，这是因为使用了新的设备而且开采的资源更加具有挑战性…… 3. 排放目标：由于温室气体排放受到很多因素影响，BP公司并没有设定集团公司层面的、具体的排放目标，而是按照各个运营单位在不同国家或者地区运营的要求来进行温室气体减排…… 4. 温室气体管理：针对温室气体的管制在全球不断增多，例如，中国、美国、欧洲对排放定价的要求、美国针对碳排放的额外的监督要求…… 5. 能源效率：我们使用所罗门能源强度指数（SolomonEnergy Intensity Index）作为本行业的基准能源效率……

本表摘自：British Petroleum，“BP 2012 full sustainability report”，http：//www. bp. com/en/global/corporate/sustainability. html，2013. 经作者翻译并节选。

British Petroleum，“BP 2013 full sustainability report”，http：//www. bp. com/en/global/corporate/sustainability. html”，2014. 经作者翻译并节选。

British Petroleum，“BP 2014 full sustainability report”，http：//www. bp. com/en/global/corporate/sustainability. html，2015. 经作者翻译并节选。

表3　　英国石油公司碳排放量不同年度的统计表

	2010	2011	2012	2013	2014
直接二氧化碳排放量（百万吨）	60.2	57.7	56.4	47.0	45.5
直接甲烷排放量（百万吨）	0.22	0.20	0.17	0.16	0.15
间接二氧化碳排放量（百万吨）	10.0	9.0	8.4	6.6	6.6
消费者排放的二氧化碳量（百万吨）	573	539	517	422	406
燃烧产生的碳氢化合物（千吨）	1671	1835	1548	2028	2167

本表摘自：British Petroleum，"2014 BP in Figures"，http：//www. bp. com/en/global/corporate/sustainability/bp-and-sustainability/bp-in-figures. html，2015. 经作者翻译并节选。

表4　　加拿大森克尔综合能源公司①不同年度企业社会责任报告中碳信息披露节选

2012	2013	2014
该报告反映的是2011年的碳减排业绩（笔者注）。 本公司坚持在运营中管理空气质量的承诺。我们针对空气排放管理的关键点包括：空气质量监督、二氧化硫、氮氧化物、挥发性有机化合物。 在2011年，本公司总体排放量比2010年降低了17%，取得这一成绩是因为：在勘探和生产业务单元中，剥离非核心资产；在原位矿业务单元，安装空气污染控制技术；在油砂业务中，使用更好的方法控制了排放；在法尔巴格的原位矿工厂，安装了硫黄回收装置，减少了废气排放；针对挥发性有机化合物，采取了更先进的方法；撤出产生大量二氧化硫、氮氧化物的生产领域。 一、空气质量监督 本公司支持多个利益相关者来监督空气质量，例如，和平和空气流区协会、公园空气流区管	该报告反映的是2012年的碳减排业绩（笔者注）。 一、能源效率和温室气体管理 在蒙特利尔和埃德蒙顿的冶炼厂实施能源管理制度，重新评估未来项目的温室气体减排机会；通过加拿大的碳管理项目，采用温室气体减排技术，整合二氧化碳俘获项目；继续在设备和技术上投资，以减少排放；改进温室气体排放的种类②…… 二、应对气候变化的一体化方法 （一）森克尔公司的气候变化行动计划 公司的气候变化行动计划于1997年建立，共包括以下七点： 管理本公司的碳排放	该报告反映的是2013年的碳减排业绩（笔者注）。 一、2013年的温室气体业绩 1. 总体排放量和排放强度。全年二氧化碳排放量2060万吨……碳排放强度比2012年低0.1%…… 2. 总体能源使用和能源强度。公司89%的温室气体排放是与运营过程中的能源消耗相关的…… 3. 油砂。该项目的温室气体排放量比2012年低8.6%……排放强度比2012年低10.4%…… 4. 原位矿。该项目的温室气体排放量比2012年提高32%……排放强度比2012年提高0.8%…… 5. 开采和生产。在加拿大东海岸的项目的温室气体排放量比2012年提高33%……

① 加拿大森克尔（Suncor）综合能源公司是加拿大最大的石油公司，2009年在世界500强企业排名中位列325位，公司的主要业务涉及油砂开采、原油的深度提炼及天然气、风力发电、生物燃料等能源行业，公司业务遍及全球100多个国家及地区；转引自该公司官方网站，http：//suncorchina. diytrade. com/，2015.

② 温室气体种类不同，其产生的温室效应也不同，因此，减少高温室效应的温室气体排放量同样对气候变化有贡献。——作者注

续表

2012	2013	2014
理协会、帕里瑟空气流区社团、西部中心区空气流区社团等；这些以社区为基础的组织监督并且报告空气质量。 本公司是阿尔伯塔清洁空气战略联盟（CASA）的发起者之一，CASA是一个包含多个利益相关者的政策论坛，其成员来自实业界、政府和非营利组织。 2012年，加拿大政府和阿尔伯塔地方政府联合发起了油砂项目的监督计划；这一计划意在强化油砂对空气质量、水、土壤、生物多样性的影响的监督。 二、二氧化硫排放量统计 本公司的二氧化硫排放强度如下： 二氧化硫排放直接影响空气质量，本公司2011年的二氧化硫排放量比2010年低10%左右；这来源于本公司在法尔巴格工厂启用了硫黄回收装置；该回收装置通过在工厂的蒸汽中回收硫黄来达成减排二氧化硫的目标。另外，由于绝大多数原位矿在开采和生产中产生含硫黄的气体，本公司剥离了很多这类业务，它们是非核心资产。 三、氮氧化物排放量统计 本公司的氮氧化物排放强度如下： 氮氧化物的排放也直接影响空气质量。本公司在2011年排放的氮氧化物比2010年降低5%；这主要是由于开采和生产单元中那些非核心资产的剥离。但是，在不同的业务单元，情况有所差异，例如，法尔巴格工厂，由于产量增加，其氮氧化物的排放比2010年是有所增加的。 四、挥发性有机化合物排放量统计 通过与自然环境中其他物质的相互作用，挥发性有机化合物可以直接或者间接地影响空气质量。本公司在2011年排放的氮氧化物比2010年降低了大约37%；这主要是因为本公司的业务重点转移到油砂开采，这一活动产生的挥发性有机化合物排放量较少。	在2012年，由于产能增加，温室气体排放量和排放强度都有所上升…… 开发可再生能源 本公司经营着加拿大最大的乙醇生产厂，我们还经营着六个风能厂，在2015年，又将有两个风能厂投入运营…… 在经济和环境研究方面投资 本公司继续研究和试点替代沥青提取技术，该技术可以显著降低碳排放强度，公司也与其他组织合作，推进潜在的长期气候变化解决方案…… 使用国内和国际的碳抵消项目 本公司的风电厂带来大量的碳资产，可以用于碳排放权贸易…… 合作开发政策 与州政府、联邦政府就能源和气候变化政策进行合作…… 教育雇员和公众 本公司支持"污染调查"之类的公益组织，提高民众的能源素养…… 计量和报告我们的工作 本公司按年度向本省、本州、联邦政府报送碳排放数据；通过可持续发展年度报告和回答CDP问卷的方式向利益相关者报告本公司的碳排放管理情况。 三、参与公共政策 本公司积极参加气候领域的政策咨询…… 四、温室气体排放：前方的路	排放强度比2012年提高18%……在北美海滨项目的温室气体排放量比2012年下降37%……排放强度比2012年下降10%…… 6. 提炼和市场营销项目。温室气体排放量比2012年降低0.3%……排放强度比2012年提高0.2%…… 7. 可再生能源。温室气体排放量比2012年提高1.4%……排放强度比2012年提高0.8%…… 二、气候变化行动计划。本公司的气候变化行动计划包括管理本公司的碳排放、开发可再生能源、在经济和环境研究方面投资、使用国内和国际的碳抵消项目、合作开发政策、教育雇员和公众、计量和报告我们的工作等内容…… 三、应对气候变化的一体化方法。我们努力提高能源效率、发展可再生能源项目、研发改进温室气体排放的技术……我们与同行业其他公司、政府部门、学术机构、其他利益相关者合作来达成上述目标…… 四、气候变化的关键点。关键点是指全球气候因为人类的活动所导致的不可逆转的那个温室气体排放量……为了避免这个关键点，人类需要在能源种类、节约能源等方面改进…… 1. 能源种类。全球能源署（IEA）预测全球的能源需求在2035年比现在增加三分之一，可再生能源虽然发挥重要作用，但是，化石能源仍占据统治地位…… 2. 环境挑战。根据全球能源署（IEA）的预测，2035年，与能源使用相关的二氧化碳排放将比现在增加20%。 IEA建议，开发可再生能源、限制燃烧煤炭发电、提高能源效率、鼓励节能、投资环境技术……

续表

2012	2013	2014
五、可再生能源 本公司是加拿大最大的可再生能源开发商之一，截至2012年底，本公司已经投入和有确切计划的可再生能源投资达到了7.5亿美元之多。 1. 风能。本公司是加拿大风能领域的开拓者，有六个风能工厂在运作…… 2. 乙醇。本公司运营的乙醇工厂是加拿大最大的……2011年，公司获得了绿色燃料奖……		3. 油砂能否成为能源的重要来源？加拿大的油砂在未来25年将吸引2万亿的投资……油砂项目降低了每桶原油开采的二氧化碳排放强度……拉动了就业和经济增长……尽管有些人认为油砂项目会污染水源、使土地退化，我们不忽视上述观点，并期待着不同的能源带给我们更好的未来…… 4. 节约能源。由于气候变化的严峻挑战，我们必须提高能源效率、降低公司的碳足迹……例如，我们邀请汽车生产商参与技术开发，以降低能源使用相关的温室气体排放……

本表摘自：

Suncor，“Suncor 2012 full sustainability report”，http：//sustainability. suncor. com/2012/en/environment/climate-change-crossroads. aspx，2013. 经作者翻译并节选。

Suncor，“Suncor 2013 full sustainability report”，http：//sustainability. suncor. com/2013/en/social/social. aspx，2014. 经作者翻译并节选。

Suncor，“Suncor 2014 full sustainability report”，http：//sustainability. suncor. com/2014/en/default. aspx，2015. 经作者翻译并节选。

表5　　加拿大森克尔综合能源公司碳排放量不同年度统计表　（单位：千吨）

	1990	2000	2008	2009	2010	2011	2012	2013	2014	2015	2016	2017	2018
实际和预测的二氧化碳排放量	4832	7783	17185	19569	18915	18251	20257	20535	22536	23317	22893	24436	25567
油砂	3631	5564	9056	9188	8801	8524	9204	8417	10441	10542	10291	10462	10280
堡垒山油砂项目	NA	NA	NA	NA	NA	NA	NA	NA	NA	NA	NA	1311	2585
原位矿： 法尔巴格、 麦凯河	NA NA NA	NA NA NA	1730 1107 623	2074 1409 665	2247 1568 679	2608 2001 607	4079 3471 608	5390 4703 687	5258 4677 580	5876 5255 620	5808 5168 640	6000 5375 625	6130 5438 692
开采和生产： 北美海滨项目、 加拿大东海岸	233 233 0	531 531 0	1114 430 684	2496 1862 634	2307 1703 604	1637 1035 602	1387 995 391	1152 630 522	581 9 572	617 8 608	636 8 628	639 8 631	590 8 582
提炼和市场营销	968	1687	5191	5717	5472	5323	5420	5406	6091	6115	5998	5873	5832
科默斯城	NA	NA	1003	1054	1160	1011	1145	1205	1184	1231	1231	1231	1231
埃德蒙顿	NA	NA	1742	1957	1775	1766	1742	1677	1719	1719	1761	1767	1771

续表

	1990	2000	2008	2009	2010	2011	2012	2013	2014	2015	2016	2017	2018
润滑油	NA	NA	424	447	393	421	417	399	412	409	407	409	409
蒙特利尔	NA	NA	1107	1272	1161	1123	1137	1172	1245	1356	1365	1366	1370
萨尼亚	NA	NA	897	961	934	948	919	889	1468	1336	1171	1037	988
其他	NA	NA	18	27	50	54	60	64	64	64	64	64	64
可再生能源	NA	NA	94	93	89	159	167	170	165	168	160	151	151

本表摘自：Suncor，“ Suncor 2014 full sustainability report”，http：//suncor360. nonfiction. ca/2014/ros-en/#p＝20，. 2015.

在预测排放量部分，表格中个别子项目数字相加之和不等于总数，略有微差，原报告如此，也说明预测数字仅是一个估计数，无法十分精确（笔者注）。

表 6　　　加拿大森克尔综合能源公司碳排放强度不同年度的统计表

	1990	2000	2008	2009	2010	2011	2012	2013	2014	2015	2016	2017	2018
实际和预测的二氧化碳排放强度	0. 570	0. 402	0. 438	0. 370	0. 371	0. 375	0. 413	0. 412	0. 367	0. 364	0. 356	0. 355	0. 350
油砂	1. 196	0. 817	0. 667	0. 569	0. 587	0. 510	0. 561	0. 503	0. 556	0. 542	0. 548	0. 530	0. 524
堡垒山油砂项目	NA	NA	NA	NA	NA	NA	NA	NA	NA	NA	NA	0. 507	0. 324
原位矿	NA	NA	0. 474	0. 458	0. 455	0. 502	0. 535	0. 540	0. 473	0. 475	0. 461	0. 448	0. 471
开采和生产	NA	NA	0. 137	0. 163	0. 174	0. 170	0. 157	0. 154	0. 201	0. 236	0. 199	0. 207	0. 236
提炼和市场营销	0. 225	0. 193	0. 214	0. 222	0. 208	0. 202	0. 199	0. 200	0. 214	0. 208	0. 203	0. 197	0. 196
可再生能源	NA	NA	0. 784	0. 788	0. 712	0. 684	0. 662	0. 668	0. 662	0. 662	0. 629	0. 595	0. 595

本表摘自：Suncor，“ Suncor 2014 full sustainability report”，http：//suncor360. nonfiction. ca/2014/ros-en/#p＝20，2015.

对排放强度的说明：每立方米原油开采所带来的二氧化碳排放吨数，该值如果逐年下降，说明这个企业是低碳发展模式，从表中可见，该企业从 2008 年到 2011 年的排放强度显著下降，但是，在 2012 年、2013 年又有所反弹（笔者注）。

表 7　　加拿大森克尔综合能源公司二氧化硫排放强度不同年度的统计表

	2006	2007	2008	2009	2010	2011
油砂	1. 65	1. 99	2. 20	1. 15	1. 48	1. 21
天然气	1. 12	0. 55	0. 49	0. 74	0. 59	0. 47
提炼和市场营销	0. 40	0. 35	0. 29	0. 40	0. 27	0. 33

续表

	2006	2007	2008	2009	2010	2011
原位矿	NA	NA	NA	0.24	0.24	0.09
海外和海滨项目	NA	NA	NA	0.0003	0	0
圣克莱尔乙醇工厂	NA	0.28	0.26	0.27	0.26	0.25
森克尔能源	1.18	1.21	1.30	0.74	0.71	0.67

本表内容摘自：Suncor，“suncor environment performance”，http：//sustainability. suncor. com/2012/en/environment/air. aspx，2013. 经作者翻译并节选。

表 8　加拿大森克尔综合能源公司氮氧化物排放强度不同年度的统计表

	2006	2007	2008	2009	2010	2011
油砂	1.04	1.28	1.39	1.42	1.44	1.30
天然气	1.17	1.16	0.96	1.19	1.17	1.07
提炼和市场营销	0.19	0.15	0.16	0.20	0.16	0.17
原位矿	NA	NA	NA	0.17	0.21	0.37
海外和海滨项目	NA	NA	NA	0.48	0.62	0.89
圣克莱尔乙醇工厂	NA	0.49	0.51	0.51	0.49	0.47
森克尔能源	0.78	0.85	0.88	0.86	0.79	0.78

本表内容摘自：Suncor，“suncor environment performance”，http：//sustainability. suncor. com/2012/en/environment/air. aspx，2013. 经作者翻译并节选。

表 9　日本松下公司 2012—2014 年度企业社会责任报告中碳信息披露节选

2012	2013	2014
一、环境业绩 公司拟定了 2018 年的绿色计划，该计划中包括二氧化碳的减排计划；在 2018 年，公司的净二氧化碳排放量将达到峰值，此后年度逐渐下降。成为全球顶级太阳能电池供应商，成为全球顶级燃料电池废热发电技术供应商…… 公司在 2012 年“降低二氧化碳排放量贡献度”达到了 4037 万吨（其中节约能源减排量 3505 万吨；自生能源减排量 282 万吨；生产活动减排量 250 万吨）…… 二、在工厂节约能源和阻止全球变暖 1. 在 2010 年，公司在生产活动中降低了二氧化碳排放量 84 万吨，远远超过公司在 2007 年所确	一、环境业绩：二氧化碳减排 国际社会设定的二氧化碳和其他温室气体减排目标是到 2050 年，二氧化碳和其他温室气体的减排量达到 2005 年的二氧化碳和其他温室气体排放量的 50%。为了完成这一目标，在 2020 年或者 2030 年，国际社会的二氧化碳和其他温室气体的排放量应当达到峰值，此后，逐年下降。公司在二氧化碳和其他温室气体减排中被要求承担更多的责任。 本公司使用独一无二的碳减排指标“降低二氧化	一、环境业绩 在 2014 财政年度，通过开发节能产品，“降低二氧化碳排放量贡献度”达到了 3176 万吨（其中，洗衣机减排占 3%、冰箱减排占 9%、空调减排占 34%、等离子电视减排占 13%、液晶电视减排占 15%、照明设备减排占 15%、其他设备减排占 11%）……松下公司采用的一个重要的节能技术是 ECONAVI，该技术具有发现电器使用中能源浪费的能力…… 公司使用自生能源产品来降低二氧化碳排放，2014 年，该项技术使得“降低二氧化碳排放量贡献度”达到了 706 万吨……例如，光伏发电系统、

续表

2012	2013	2014
定的减排30万吨的计划…… 2. 跟踪每一个工厂的能源消耗和计量二氧化碳排放量降低情况是很重要的，为此，公司在全球生产基地安装了四万多个计量系统和能源管理系统…… 3. 在主要的生产企业选择一个最需要减排的工厂进行试点，使用六个步骤来进行节能减排（进行顶层设计，改革生产流程；使用高能效生产设备；每一个生产单元都要追求二氧化碳减排值最大化；使能源消耗明朗化；在生产流程中降低二氧化碳排放；使用太阳能系统）…… 4. 在能源使用中降低除二氧化碳之外的其他温室气体的排放量…… 5. 工厂节能服务。该服务包括四个步骤：节约使用能源计量项目、使能源的使用情况明朗化、进行节能努力（包括节能诊断、使用节能设备、再次计量能源使用情况）、在整个工厂推行节能解决方案…… 三、在办公室中节约能源 在2012年，公司非生产活动排放二氧化碳18万吨，在2011年，公司非生产活动排放二氧化碳19.2万吨……采取的措施包括：降低计算机的待机、严格管理计算机的电源、鼓励在家办公、网络会议…… 四、绿色物流 1. 降低物流中的二氧化碳排放。我们制定了物流运输在2019年的减排目标，比2006年的排放水平低46%……2012年，我们的物流活动在全球的二氧化碳排放量达到了106万吨，这一排放量达到了阶段性的减排目标…… 2. 建立具有生态意识的物流基础设施，例如，使用天然气能源……使用低碳排放的交通工具……合并运输…… 五、资源回收 我们转变经济增长方式，使用回收资源可以降低二氧化碳排放……在2012年，废物循环利用比率达到98.9%……减少资源使	碳排放量贡献度，来加快二氧化碳减排进程，包括了节能产品、自生能源产品、生产活动中降低碳排放量等活动。“降低二氧化碳排放量贡献度”是指按照2006年财年的排放水平作为基准，本公司采用上述减排措施，所达到的减排量。该指标反映了本公司降低碳排放所做的持续努力…… 松下公司绘制了节能产品带来的碳排放下降量和使用太阳能等自生能源所带来的二氧化碳和温室气体减排数量图（此处略去图），松下公司按照这个标准计算出的碳减排量是：2011年减排3518万吨二氧化碳；2012年减排4037万吨二氧化碳；2013年减排3970万吨二氧化碳…… 二、环境：带有ECONAVI功能的产品的全球扩张 作为地球村，全球变暖已经成为最大的社会问题……在2009年，本公司开发了家用电器的ECONAVI功能，该功能使用传感器和其他技术可以自动控制能源和水的消耗……我们在88个国家的25种产品使用了ECONAVI功能。下面是这些产品的介绍…… 这一技术可能影响公司的生产率和财务绩效…… 三、环境：节能产品、自生能源产品和储能产品 节能产品在2011年节约二氧化碳排放量3117万吨；在2012年节约二氧化碳排放量3505万吨；在2013年节约二氧化碳排放量3368万吨……通过自生能源产品，在2011年节约二氧化碳排放量190万吨；在2012年节约二氧化碳排放量282万吨；在2013年用……回收使用过的产品……	家庭燃料电池废热发电技术…… 二、环境：能源解决方式 当人类想要实现更高的生活标准的时候，家庭二氧化碳排放量增加也成为一个受关注的问题。松下公司作为家用产品生产商，致力于全面降低家庭的二氧化碳排放量，我们通过“节约能源”、“自生能源”、“储存能源”、“管理能源”四个角度出发来实现家庭减排二氧化碳……向零二氧化碳排放的生活方式转变……零排放的智慧城市举例……建设智慧城市…… 三、在工厂和办公室阻止全球变暖 1. 通过生产活动降低二氧化碳排放…… 2. 使用可再生能源…… 3. 在能源使用中降低除二氧化碳之外的其他温室气体的排放量…… 4. 在非生产活动中降低二氧化碳排放量。在办公活动或者研发活动等非生产单位，我们设定了以2008年为基准年，每年降低二氧化碳排放量2%左右的目标，为此，我们制定了节约能源计划，请专家分析节能情况等手段，2014年，非生产活动减排二氧化碳143000吨，达到了年度非生产活动的减排目标…… 5. 工厂节能服务。该服务包括四个步骤：节约使用能源计量项目、使能源的使用情况明朗化、进行节能努力（包括节能诊断、使用节能设备、再次计量能源使用情况）、在整个工厂推行节能解决方案…… 四、环境：绿色物流 使用生物能源……使用低碳排放的交通工具……减少中间环节……减少包装、合并运输……，2014年，共使用铁路运输3.6%、轮船运输5.5%、飞机运输0.1%、卡车运输90.8%……

续表

2012	2013	2014
六、绿色采购 在供应链方面，我们通过整合供应链来最小化环境影响……我们要求本公司的供应商降低他们为本公司供货的二氧化碳排放量，在日本、中国、其他国家，供应商共降低二氧化碳排放283万吨…… 七、业绩数据 包括2008年到2012年的生产活动排放的二氧化碳、生产活动排放的二氧化碳之外的其他温室气体、非生产活动排放的二氧化碳、供应商的生态意识活动数据。	节约二氧化碳排放量327万吨……具体产品举例…… 四、环境：能源解决方式 向零二氧化碳排放的生活方式转变……零排放的智慧城市举例……建设智慧城市…… 五、环境：通过生产活动降低二氧化碳排放 生产活动二氧化碳排放量统计如下：在2006年是459万吨；在2006年是459万吨；在2010年是394万吨；在2011年是400万吨；在2012年是356万吨；在2013年是313万吨……生产过程中各种节能减排技术简介…… 六、环境：绿色物流 使用生物能源……引进大型CNG能源汽车…… 七、环境：节约电能的努力 提高公司效率……生活方式…… 八、环境会计账户 通过生产活动减排二氧化碳是43万吨，其中：在2012年实际降低356万吨；在2013年降低313万吨……	五、因二氧化碳减排而获得的奖项 包括：日本新能源基金会颁发的新能源大奖、美国环境保护部颁发的能源之星奖、日本环境联合会颁发的生态足迹奖…… 六、环境会计账户 通过生产活动减排二氧化碳是21万吨，其中：在2013年实际排放313万吨；在2014年实际排放292万吨……

本表摘自：

Panasonic，“Panasonic 2012 full sustainability report”，http：//www. panasonic. com/global/corporate/sustainability/downloads. html，2013. 经作者翻译并节选。

Panasonic，“Panasonic 2013 full sustainability report”，http：//panasonic. net/sustainability/en/downloads/，2014. 经作者翻译并节选。

Panasonic，“Panasonic 2014 full sustainability report”，http：//www. panasonic. com/global/corporate/sustainability/downloads. html，2015. 经作者翻译并节选。

表 10　　日本松下公司 2014 年企业社会责任报告中碳信息账户

种类		排放量（单位：万吨）
范围一（直接排放量）		61
范围二（间接排放量）		247
范围三（其他排放量）	采购的产品和服务	1327
	生产资料	61
	燃料和能源相关的活动	17
	上游运输和分销	81
	在运营中产生的废物	2.1
	商务旅行	2.4
	员工通勤	7.7
	上游租赁的资产	1.5
	下游运输和分销	16
	使用的产品	8300
	本公司报废产品的回收处置	138

Panasonic，“Panasonic 2014 full sustainability report”，http：//www. panasonic. com/global/corporate/sustainability/downloads. html，2015. 经作者翻译并节选。

注：直接排放：公司拥有和控制的设备所产生的直接排放量；间接排放：公司拥有和控制的设备所消耗的能源，这些能源在生产过程中所产生的排放量；其他排放：不包括在上述两种排放之外的温室气体排放量。

表 11　　法国道达尔（Total）公司 2012—2014 年企业社会责任报告中碳信息披露节选

2011	2012	2013
一、本公司的愿景 从 2010 年开始，本公司就测试碳封存和储存技术，到 2011 年后期，这一技术已经实施 18 个月……本公司与美国麻省理工学院合作，开发存储太阳能和风能的稳定电池……每年，提高设备的能源使用效率 1% 到 2%，2011 年的二氧化碳排放比 2008 年低 20%……为了帮助低收入社区获得能源，本公司在 25 年以前就开始在光伏太阳能等新能源领域投资，我们的目标是成为太阳能领域的领导者。在 2010 年到 2020 年之间，计划在新能源领域投资 50 亿欧元，在 2011 年，公司在太阳能领域获利达到 14 亿美元…… 二、环境业绩 直接排放：2011 年生产基地的	一、与总裁 Christophe de Margerie 对话 天然气特别是液态天然气，是道达尔公司主要的业务增长点，天然气比化石燃料产生更少的碳足迹……公司对每立方吨碳排放预计的成本是 25 欧元…… 二、为利益相关者创造价值 道达尔公司努力开发页岩气，页岩气的成功开采使天然气的价格降低了 75%，使用页岩气代替煤炭使得电力公司减排了 50% 的二氧化碳……在全球的能	一、向气候变化开战 为了在降低温室气体排放的同时，追求可持续增长，我们采取了每一种可能的途径：降低燃烧和甲烷排放、提高能源效率、提高产品的环境业绩、支持新能源、更多地使用天然气、开发碳俘获和封存。 二、加速经济创新产品和服务 85% 的温室气体排放是与石油和天然气的使用相关，因此，除了计量产品设备的排放之外，我们还提高产品和服务的能源效率…… 三、碳俘获和封存 作为世界碳俘获和封存技术的先行者，本公司从 2010 年开始

续表

2011	2012	2013
二氧化碳排放当量为46公吨，2010年生产基地的二氧化碳排放当量为52公吨，2009年生产基地的二氧化碳排放当量为55公吨…… 间接排放：2011年生产基地的二氧化碳排放当量为5.5公吨，2010年生产基地的二氧化碳排放当量为5.4公吨，2009年生产基地的二氧化碳排放当量为5.2公吨…… 天然气燃烧：2011年为每天10个Mcu，2010年为每天14.5个Mcu，2009年为每天15.5个Mcu…… 二氧化硫：2011年为91公吨，2010年为99公吨，2009年为130公吨…… 氮氧化物：2011年为84公吨，2010年为87公吨，2009年为92公吨…… 非甲烷挥发性有机化合物的排放：2011年为115公吨，2010年为119公吨，2009年为135公吨……	源结构中，使用天然气代替煤炭，道达尔公司走在世界前列……在美国，从2006年到2011年，电厂使用页岩气使得减排二氧化碳4.5亿吨…… 三、环境业绩 公司提高能源效率…… 在诺曼底钻井平台，最终提高了10%的能源效率，减排30%的二氧化碳…… 使用新材料技术，降低2000吨二氧化碳排放…… 通过公司的太阳能项目，每年可以抵消775000吨二氧化碳排放……	在法国拉克市使用头尾相连的碳俘获、运输、封存链，到2013年，已经形成商业规模的碳俘获、运输、封存链。本公司继续研究降低碳俘获的成本…… 四、减排业绩 公司在2008年的温室气体排放量是5800万吨二氧化碳当量，在2013年，温室气体排放量是4600万吨二氧化碳当量…… 2013年的能源效率比2012年提高2.3%…… 2013年的天然气燃烧比2005年低40%…… 我们使用光伏太阳能发电2.5吉瓦（吉瓦：10的9次方瓦特——笔者注）…… 使用节能灯…… 在2010年到2017年，计划降低二氧化硫排放20%，2013年就已经达到了比2010年降低二氧化硫排放24%的业绩…… 本公司在智利、南非开发光伏太阳能项目……

截至2015年5月3日，该公司还没有披露2014年度的社会和环境报告。因此，此处分析使用了2011、2012、2013年度的社会和环境报告。虽然道达尔公司是法国公司，但是，作为国际跨国公司，该报告使用英语编写。

2011年的企业社会责任报告来自于Total company，“Total society and environment report 2011”，http：//www. total. com/en/search/content/csr%20report%202011，2012。经作者翻译并节选。

2012年的社会和环境报告来自Total company，“Total society and environment report 2012”，http：//total. com/en/society-environment，2013。经作者翻译并节选。

2013年的社会和环境报告来自：Total company，“Total society and environment report 2013”，http：//total. com/en/society-environment，2014。经作者翻译并节选。

表12　美国可口可乐（Cocacola）公司2013年企业社会责任报告中碳信息披露节选

2011	2012	2013
一、引言 2011年，通过运营活动和提高能源效率我们继续履行降低温室气体排放的目标……在全球的生产经营活动中，我们的二氧化碳排放量比2010年增加3%，比2004基准年增加11%……其中，间接排放量增加6.2%…… 二、提高能源效率 在2011年，我们继续提高能源效率，单单是提高能源效率并不能达到我们的减排目标，为了降低排放，我们引入了清洁能源，例如，使用主要运用生物甲烷气体驱动的设备，每年可以降低二氧化碳排放20400吨……本公司与其他公司合作开发生物乙醇，通过使用更多的可再生能源，公司降低了二氧化碳排放126000吨…… 2011年，尽管在全球与运营活动相关的总排放量增加了，但是，在发达国家，我们的二氧化碳排放量比2010年降低了4%；比2004基准年降低了9%……当然，在发展中国家，我们也致力于降低碳排放…… 到2015年，公司的目标是所有的冷饮设备都是无氟的；更多地使用无氟制冷设备……在2012年，50%的冷饮设备是无氟的；2011年，公司所采购新设备的24%是无氟的…… 使用气候友好的运输方式：我们使用电、天然气、柴油电动混合动力和生物柴油等更有效率的能源……这项改变节约了大约100万加仑的燃料，降低了1150万镑二氧化碳排放…… 提高碳信息披露的透明度。公司向碳披露项目（CDP）、世界野生动物基金会等组织提供碳排放信息…… 尽管由于生产增加，公司总的能源消耗上升了，但是，公司生产一单位产品的兆焦耳是0.44，低于2010年的0.45…… 在2011年，我们制定了下一个阶段的气候相关的目标，适用范	一、气候保护 1. 在价值链中降低碳排放 目标：到2020年，降低碳足迹25%。 流程：通过生产过程、包装模式、运输渠道、冷藏设备、要素来源等与产品相关的价值链来全面降低碳排放……达到这一目标将减排2000万立方吨的二氧化碳……从2000年到现在，公司冷藏设备的能源效率提高了40%；在美国使用了750多辆绿色能源汽车；从2004年到现在，全球制造工厂的能源效率提高了18%…… 在2012年，公司的生产活动产生的碳排放比2011年增多3%……排放强度（排放量与产品量的比值）增多了2%……比2004年的排放量基准线高了15%。 在2012年，在发达国家，生产活动产生的碳排放量比2004年的排放基准线低了8%…… 连续八个年度，提高能源使用效率，通过提高能源使用效率，在2012年，我们避免了2亿美元的能源成本；这一指标若从2004年开始计算，则累计节约能源成本10亿美元…… 改进包装，降低碳排放量：使用可再生材料作为包装材料，增多循环使用材料的数量……以降低本公司的碳足迹。 在运输系统，降低了14%的碳排放量。除了传统的化石能源，我们也使用电能、天然气、生物能…… 使用无氟制冷设备……在超市，使用80万个无氟自动售货机……在2012年，所采购的245000个新设备是无氟的，占所采购新设备的21%	一、引言 公司价值链中52%的排放来自于包装；在这之中又有60%来自于易拉罐，20%来自于塑料瓶…… 二、运营活动的碳足迹 在公司整个价值链中，生产、分销和存储占据了31%的碳足迹；从2013年1月1日到12月31日上述三项活动的二氧化碳排放量达到658203吨……我们设定的目标是到2020年，上述活动的碳足迹比2007基准年降低15%，在2013年，我们提前7年完成了目标，降低碳足迹达到了23%…… 三、我们的战略 1. 计量我们的碳足迹 在2013年，公司的直接二氧化碳排放量是111015吨、间接二氧化碳排放量是82356吨、相关的第三方排放量是462887吨；公司直接的氮氧化物排放量是341吨；间接氮氧化物排放量是0吨、相关的第三方氮氧化物排放量是703吨；公司直接的甲烷排放量是103吨；间接甲烷排放量是0吨、相关的第三方甲烷排放量是32吨…… 2. 设定目标并制定碳降低路线图…… 3. 创新、合作、开发新技术…… 四、能源消耗 每1000升的产品的能源消耗量在2007年是90.83千瓦时；2008年是89.78千瓦时……2013年是76.83千瓦时，2014年的目标是74.51千瓦时…… 五、运输和分销 在2013年，这一领域比2007年降低二氧化碳排放12%…… 在2013年，99.8%的制冷设备是无氟制冷设备……

续表

2011	2012	2013
围更加广泛，包括绝大部分供应链和所有生产活动，预计到2015年，实现“经营活动增加，碳排放量不增加”的目标……	……预计到2015年，公司的目标是所有的冷饮设备都是无氟的…… 合作降低碳排放。公司与政府机构、非政府组织、其他公司合作，共同应对气候变化……	通过使用轻的、可再生的包装材料，公司降低了二氧化碳排放21800吨……

本表摘自：Cocacola company，“Cocacola corporate social responsibility report 2011”，http：//www. coca-colacompany. com/sustainabilityreport/index. html，2012. 经作者翻译并节选。

Cocacola company，“Cocacola corporate social responsibility report 2012”，https：//www. cokecce. com/corporate-responsibility-sustainability. 2013. 经作者翻译并节选。

Cocacola company，“Cocacola corporate social responsibility report 2013”，http：//www. cokecce. com/corporate-responsibility-sustainability/corporate-responsibility-sustainability-report，2014. 经作者翻译并节选。

表13　美国可口可乐（Cocacola）公司不同年度碳排放情况统计表

	2012	2011	2010	2009
直接温室气体排放	185万立方吨二氧化碳	184万立方吨二氧化碳	191万立方吨二氧化碳	191万立方吨二氧化碳
由于采购和消费电能产生的间接二氧化碳排放	363万立方吨二氧化碳	348万立方吨二氧化碳	328万立方吨二氧化碳	342万立方吨二氧化碳
总体温室气体排放量（2004年的基准排放量是478万立方吨二氧化碳）	548万立方吨二氧化碳	532万立方吨二氧化碳	519万立方吨二氧化碳	533万立方吨二氧化碳
排放比率（每升产品产生的二氧化碳克数）	37.81	38.64	39.35	41.66
排放强度（排放量与产品量的比值）	比2011年改进2%；比2004年改进19%	无数据	无数据	无数据
运输设备二氧化碳排放量	460万立方吨二氧化碳	403万立方吨二氧化碳	447万立方吨二氧化碳	718万立方吨二氧化碳
本公司所使用的总能源（在2004年基准年，是544亿）	624亿	597亿	589亿	579亿
能源使用效率（生产每升产品所使用的能源）	0.43	0.44	0.45	0.46
本公司所采购的总电能	7218470千瓦时	6760037千瓦时	6596462千瓦时	6425507千瓦时
每年在市场里使用的无氟冰箱数	243688	296556	145671	73110

续表

	2012	2011	2010	2009
总废品率（每升产品所产生的废品克数）	9.69	9.52	9.55	10.22
回收利用瓶子和易拉罐的比率	39%	37%	36%	36%
在全球使用的植物瓶技术包装	140亿个	无数据	无数据	无数据

本表摘自：Cocacola company，Cocacola corporate social responsibility report 2012，https：//www. cokecce. com/corporate-responsibility-sustainability. 2013. 经作者翻译并节选。

表14 气候披露项目（CDP）全球500强气候业绩领袖指数（CPLI）2013

行业部门	公司名称	业绩分	表现等级
非必需消费品行业	宝马	100	A
	戴姆勒	100	A
	皇家飞利浦	100	A
	本田汽车公司	99	A
	日产汽车公司	99	A
	大众汽车公司	99	A
	英国天空广播公司	95	A
	H&M 时装公司	83	A
消费者常用品行业	雀巢公司	100	A
	帝亚吉欧公司	98	A
	欧莱雅	94	A
	百威英博	85	A
	联合利华	82	A
能源行业	光谱能量公司	98	A
	英国天然气集团	89	A
金融行业	纽约梅隆银行	100	A
	美国银行	98	A
	高盛	98	A
	汇丰银行	97	A
	第一兰特有限公司	96	A
	摩根士丹利	96	A
	富国银行	96	A

续表

行业部门	公司名称	业绩分	表现等级
金融行业	安盛集团	94	A
	澳洲联邦银行	94	A
	加拿大道明银行	94	A
	安达集团	93	A
	法国巴黎银行	93	A
	巴克莱银行	92	A
	瑞士再保险	92	A
	德意志银行	91	A
	慕尼黑再保险	91	A
	澳大利亚国民银行	91	A
	西太平洋银行	91	A
	意大利忠利保险公司	87	A
保健行业	葛兰素史克	98	A
工业	雷神公司	98	A
	施耐德电气	97	A
	统一铁路公司	95	A
	小松制作公司	95	A
	洛克希德马丁公司	91	A
信息技术行业	思科系统	100	A
	惠普公司	99	A
	三星电子	99	A
	德国 SAP 软件公司	98	A
	奥多比系统	97	A
	美国易安信（EMC）	97	A
	微软公司	96	A
	印孚瑟斯软件公司	92	A
	塔塔咨询服务	89	A
材料行业	美国艺康公司	98	A
	英美资源公司	96	A
	杜邦化学公司	96	A

续表

行业部门	公司名称	业绩分	表现等级
电信服务业	瑞士通讯	97	A
	挪威电信集团	95	A
	英国电信集团	93	A
公用事业	西班牙天然气公司	100	A
	美国埃克斯龙公司	98	A

转引自：CDP，“CDP Performanc Scores”，https：//www. cdp. net/en-US/Results/Pages/CDP-2013-performance-scores. aspx，2014. 经作者翻译并节选。

表 15　气候披露项目（CDP）全球 500 强气候披露领袖指数（CDLI）2013

行业部门	公司名称	披露分	表现等级
非必需消费品行业	宝马	100	A
	戴姆勒	100	A
	皇家飞利浦	100	A－
	通用汽车	100	A－
	本田汽车公司	99	A
	大众汽车公司	99	A
	美国家得宝公司	99	A－
	日产汽车公司	99	A
	拉斯维加斯金沙集团	98	A－
	美国 TJX 公司	98	B
	美国新闻集团	97	A－
消费者常用品行业	雀巢公司	100	A
	高露洁—棕榄公司	99	B
	利洁时公司	99	B
	帝亚吉欧公司	98	A
	飞利浦莫里斯国际集团	97	B
能源行业	光谱能量公司	98	A
	西班牙国家石油公司	98	B
	学佛龙	97	A－
	美国阿美拉达赫斯公司	97	B
金融行业	纽约梅隆银行	100	A
	美国银行	98	A

续表

行业部门	公司名称	披露分	表现等级
金融行业	高盛	98	A
	美国威达信集团	98	B
	西蒙地产集团	98	B
	汇丰银行	97	A
	健保不动产投资	97	A–
	安联	97	B
保健行业	拜耳	99	A–
	葛兰素史克	98	A
	强生公司	98	A–
	美国联合健康集团	98	B
	赛诺菲	97	A–
工业	伊顿公司	100	A–
	美国 UPS 公司	99	A–
	雷神公司	98	A
	德国邮政集团	98	B
	美国联合太平洋铁路公司	98	B
	施耐德电气	97	A
	欧洲空中客车集团	97	B
信息技术行业	思科系统	100	A
	惠普公司	99	A
	三星电子	99	A
	德国 SAP 软件公司	98	A
	奥多比系统	97	A
	美国易安信（EMC）	97	A
材料行业	巴斯夫	100	A–
	空气产品和化学品公司	99	B
	美国艺康公司	98	A
	昆巴矿业公司	98	B
	普莱克斯公司	98	B
	淡水河谷公司	98	B
	浦项钢铁公司	97	B
电信服务业	瑞士通讯	97	A

续表

行业部门	公司名称	披露分	表现等级
公用事业	西班牙天然气公司	100	A
	西班牙伊比德罗拉公司	99	B
	美国埃克斯龙公司	98	A
	西班牙恩德萨国家电力公司	98	B
	英国国家电力公司	98	B
	英国森特理克集团	97	B

本表内容转引自：CDP，“CDP Performanc Scores”，https：//www. cdp. net/en-US/Results/Pages/CDP-2013-disclosure-scores. aspx，2014. 经作者翻译并节选。

表 16　　2013 年全球 500 强 CPLI 和 CDLI 综合考核成绩表

公司名称	行业部门	得分	表现等级
宝马（德国）	非必需消费品行业	100	A
戴姆勒（德国）	非必需消费品行业	100	A
飞利浦电子	非必需消费品行业	100	A
雀巢	必需消费品行业	100	A
纽约梅隆银行	金融行业	100	A
思科系统	信息技术行业	100	A
西班牙天然气公司	公用事业	100	A
本田汽车公司	非必需消费品行业	99	A
日产汽车公司	非必需消费品行业	99	A
大众汽车公司	非必需消费品行业	99	A
惠普公司	信息技术行业	99	A
三星电子	信息技术行业	99	A

本表内容转引自：CDP，“CDP Performanc Scores”，https：//www. cdp. net/en-US/Results/Pages/CDP-2013-disclosure-scores. aspx，2014. 经作者翻译并节选。

附录二

中国企业碳信息披露举例

一、中国企业碳信息披露方式呈现出以下七个特点：

在选取中国企业碳信息披露的案例时，笔者选取了世界500强中的中国企业，例如，中国石化、中国石油、宝山钢铁、河北钢铁等企业，之所以选择世界500强，主要原因是这类企业受到世界上更多的利益相关者的关注，例如，碳信息披露项目（CDP）每年向世界500强企业发放碳信息披露的问卷，有81%的世界500强企业向CDP披露了本公司的碳信息。此外，中国的世界500强企业也代表了我国企业碳信息披露的较高水平，而且，这类公司的碳减排数量更大、投入碳减排活动更多，因此，对中国碳减排的影响也更大，其行为往往对同行业其他企业起到示范作用。我国企业碳信息披露的特点如下：

（一）鲜有中国的上市公司采取直接排放量、间接排放量、总排放量、排放强度、排放比率等指标来计算公司的碳排放情况；我国企业倾向于披露本企业在节能减排方面所进行的技术改造、所投入的资金、所降低的能源消耗量，仅有少部分企业将上述因素折算成企业各类温室气体减排量。缺乏具体数值的温室气体排放量、减排量将导致上市公司在温室气体减排方面缺乏数据支撑并进而影响企业的减排目标精确化。建议深圳证券交易所在《深圳证券交易所上市公司社会责任指引》、上海证券交易所在《关于加强上市公司社会责任承担工作暨发布〈上海证券交易所上市公司环境信息披露指引〉的通知》中对碳信息披露内容进行碳排放量数值方面的披露规范。

（二）企业使用货币性的碳信息相对较少，描述性信息占据主流地位；这一特点与西方国家相同，我国目前也没有会计准则规范碳排放权在会计报表中的确认、计量和披露问题，虽然我国已经开始了碳排放权交易试点，并且有上市公司参与其中，但是，上市公司无法在没有准则规范的情况下将碳排放权确认为碳资产或者碳负债，只能在碳减排的设备投资数额、参与清洁发展机制的收入或支出方面予以量化。因此，加强我国在碳排放权方面的会计准则建设也是有必要的。

（三）我国也是采用企业社会责任报告而不是年度报告作为碳排放量信息的披露渠道。这一方面是因为碳排放信息是企业社会责任信息的一个组成部分；另一个原因是《深圳证券交易所上市公司社会责任指引》和上海证券交易所《关于加强上市公司社会责任承担工作暨发布〈上海证券交易所上市公司环境信息披露指引〉的通知》都把环境业绩作为企业社会责任信息的一个重要组成部分，企业如果在企业社会责任报告之外，在年度报告中再详细披露碳信息，将增加不必要的报表编制成本并引起重复。因此，细化我国企业社会责任报告中的碳信息是非常必要而且符合信息披露的成本效益原则的。

（四）负面碳减排信息的披露。中国石化在 2014 年 3 月 24 日披露 2013 年企业履行社会责任的报告中说明了公司因没有完成 2012 年氮氧化物减排指标，被环保部暂停环评的信息；宝钢股份也在 2013 年企业社会责任报告中，披露了公司下属分公司氮氧化物超标排放，被南京市环保局行政处罚的信息；这是本书附录一和附录二中所有案例中，为数极少的、能够披露负面碳减排信息的企业。企业履行碳减排责任，应当包括正反两方面的业绩，但是，绝大多数的公司只披露正面信息；对于负面信息几乎不披露，这种情形应该引起上海证券交易所、深圳证券交易所的信息披露主管部门的关注。例如，根据环境保护部公布的 2012 年度全国主要污染物总量减排核查处罚情况，有 15 家企业的脱硫设施不正常运行、监测数据弄虚作假。这 15 家企业被挂牌督办，责令限期整改，追缴二氧化硫排污费，其中享受脱硫电价补贴的，按规定扣减脱硫电价款，并予以经济处罚；这 15 家企业涉及我国的上市公司中国石油（601857）洛阳分公司、中国铝业（601600）、河北钢铁（000709），[①] 如同本附录二中的表 4 和表 8 所列示的那样，上市公司河北钢铁（000709）、中国石油（601857）在 2012 年度的企业社会责任报告中都没有披露上述负面碳减排信息，我们建议上海证券交易所、深圳证券交易所等负责信息披露管理的职能部门能

---

① 况娟：《华电神华多家电厂骗补被查 脱硫脱硝补贴存漏洞》，《21 世纪经济报道》2013 年 8 月 27 日，第 1 版。

够强制要求企业披露负面的碳减排信息。而且，有些企业的负面碳减排信息每年都有，但企业根本就不披露，例如，根据国内著名的非政府组织“公众环境研究中心”所建立的“中国污染地图”数据库，输入关键词“河北钢铁”，即可见到河北钢铁（000709）曾经被河北省环境保护厅查处的环境违规事实，例如，2013 年，河北钢铁股份有限公司承德分公司超标排放严重。[①] 一些上市公司只披露好的碳减排业绩，不披露负面碳减排信息的现象，必须予以更正。笔者认为，可以从以下四个角度来改进负面碳信息披露不足的现象：

首先，从证券交易所的角度来看，以河北钢铁（000709）所属的深圳证券交易所为例，深圳证券交易所在 2006 年 9 月 25 日发布的《深圳证券交易所上市公司社会责任指引》指出，企业的社会责任包括股东和债权人权益保护、职工权益保护、供应商和客户及消费者权益保护、环境保护与可持续发展、公共关系和社会公益事业等五个大类，该指引第 36 条明确提出“社会责任履行状况是否与本指引存在差距及原因说明、改进措施和具体时间安排”，这一规定实质上是要求企业披露在碳减排中存在的不足，即负面碳减排信息，如果企业没有披露，深圳证券交易所应当要求企业予以补充、更正。从我国目前的制度环境来看，财务报表如果存在着因会计政策变更、会计差错更正而导致的调整或重述以前年度会计数据的，应当同时披露调整前后的数据。[②] 一般来说，财务报表重述说明了企业前期提供的是低质量财务报表。而企业社会责任报告中遗漏负面碳减排信息的现象，并没有相关规定要求企业社会责任报告重述。因此，深圳证券交易所、上海证券交易所应当制定相应的企业社会责任报告重述规则，对于遗漏负面碳减排信息的企业，必须予以重述。否则，总是让人感觉企业社会责任报告对于投资者、债权人和其他利益相关者的决策的重要性低于财务报表对利益相关者的决策重要性。这里需要说明的是，财务报表中的会

---

① 本内容转引自公众环境研究中心网站，http://www.ipe.org.cn/pollution/com_detail.aspx?id=132222.

② 深圳证券交易所：《公开发行证券的公司信息披露内容与格式准则第 2 号——年度报告的内容与格式》，http://www.szse.cn/main/dyndetail/searcharticle.shtml?KEYWORD=%E9%87%8D%E8%BF%B0&TYPE=3&CATALOGID=2424，2431，2559，2561，2565，2576，2587，2594，2563&HEAD=%E6%B3%95%E5%BE%8B%2F%E8%A7%84%E5%88%99%E6%9F%A5%E8%AF%A2&REPETITION=true&SEARCHBOXSHOWSTYLE=111&ISAJAXLOAD=true.

计信息对于利益相关者的决策是重要的，例如，本书第六章的实证研究中发现，公司盈利能力（Roa）对托宾Q值有显著正影响，表明公司盈利能力越强，越有可能获得正的托宾Q值。而且，本书第六章的实证研究也发现，碳信息披露越多的企业，托宾Q值越低。本书第五章还发现了碳信息披露越多的企业越可能获得银行贷款。此外，根据沈红波、谢越、陈峥嵘（2012），张国清、肖华（2009），向志平、孔祥峰、张先美（2011）等研究者的结论，环境污染具有显著的负向市场反应。以上的经验证据说明碳排放信息对利益相关者的决策也是有意义的，投资者、债权人等利益相关者并非"一切向钱看"，社会责任也是重要的决策信息。因此，企业遗漏负面的碳减排信息也有必要进行社会责任报告重述。

其次，公司管理层对于遗漏负面碳减排信息应当承担一定的责任。如前所述，一些企业被环境保护部门官方网站或者文件披露了负面碳减排信息，例如，二氧化硫超标排放、氮氧化物超标排放等信息，但企业又没有在社会责任报告中进行披露。虽然没有披露负面碳减排活动的信息，我国的一些企业又在企业社会责任报告中承诺了信息披露的完整性，例如，河北钢铁（000709）在2013年度的企业社会责任报告第1页中披露，"公司董事会及全体董事保证本报告内容不存在任何虚假记载、误导性陈述或重大遗漏，并对其内容的真实性、准确性和完整性承担个别及连带责任"；缺少已经存在的、被环境保护部门官方通报的负面碳减排信息，就应当不是"完整的"环境信息，因此，深圳证券交易所应当考虑对遗漏负面信息的董事会及全体董事发出谴责或者给予其他处罚；以便于起到警示作用。我国某些企业也存在着董事会承诺完整性的现象，但遗漏了负面碳减排信息的现象。

再次，从公司治理层面来看，国有控股企业超标碳排放需要真正执行"一票否决制"。我国钢铁、石油、煤炭等碳排放量较大的企业很多都是国有控股企业。例如，河北钢铁股份有限公司的最终控制人是河北省人民政府国有资产监督管理委员会，并且是由河北省国资委100%控股，[①] 是地地道道的国有企业，企业董事长由河北省委、省政府任命，具有一定的行政级别。宝钢股份、中国石油等企业也存在着类似的现象。如前所述，根据公众环境研究中心网站的披露，中国石油下属分公司、河北钢铁下属

① 本内容转引自河北钢铁股份有限公司2013年度的企业社会责任报告。

分公司均存在着超标碳排放的现象，如果真正执行国务院发布的《国务院关于印发节能减排综合性工作方案的通知》中提出的“要把节能减排指标完成情况纳入各地经济社会发展综合评价体系，作为政府领导干部综合考核评价和企业负责人业绩考核的重要内容，实行一票否决制”的要求，恐怕一些企业的高级管理层将被免职。但我们很少在新闻媒体中看到或者听到，企业领导人或者地方政府领导干部因为超标碳排放而被免职。其根本原因如同本书第五章所论述的，企业的高级管理层和地方官员都具有行政级别，都面临着“晋升锦标赛”的激励机制，需要在环境保护、经济增长、稳定就业等方面进行权衡。权衡的结果很可能是经济增长、稳定就业的重要性排在了环境保护的前面；如果国务院真正执行超标排放的“一票否决制”，其威慑作用将大大提升，也将对我国企业碳减排行为和负面碳减排信息披露起到重要的推动作用。这一现象也反映了一些国有企业领导人执行社会责任时具有一定的“政治寻租”现象（黎文靖，2011），如果国务院能够对国有大型控股企业的领导人的超标碳排放行为进行处罚，而不仅仅是针对企业进行罚款，对企业负责人的行政降级或者免职将对国有企业管理者中存在的履行社会责任中的机会主义行为起到一定的遏制作用。

最后，为了促进企业披露负面碳减排信息，建议各个省的环境保护厅与上海证券交易所、深圳证券交易所建立联合信息披露机制，只要是各个省的环境保护厅及下属单位查实的企业违规排放，就由各个省的环境报告厅抄送一份文件给上海证券交易所、深圳证券交易所，由两个交易所同时披露违规排放的信息，警示投资者这类企业存在环境污染方面的投资风险，这样将有效改善证券市场资金的配置，将资金真正配置到那些可持续发展能力强的企业。避免企业宁可缴纳违规排放罚款，也不愿意改正超标碳排放的现象。只有让企业真正体验到环境污染带来的经济利益方面的惩罚大于一般意义上的行政罚款，才能有力地促进企业真正实施碳减排行为。实际上，网络媒体曝光企业的负面碳减排行为属于媒体监督的范畴，媒体监督属于非正式制度，Dyck & Zingales（2002，2004，2006），杨德明、赵璨（2012），李常青、熊艳（2012）等研究者对媒体监督进行了深入的探讨，他们的基本观点是：在投资者保护框架中，媒体监督是正式制度的重要补充。增加企业负面碳减排行为的透明度将进一步保护投资者的利益，同时，也对存在负面碳减排行为的企业起到更大的改进激励效果。

（五）我国企业的碳减排信息较为分散。通过附录一的我国企业碳信息披露举例可以看出，国外的企业是把碳减排业绩作为单独的模块进行披露；我国企业的碳减排业绩分散在企业社会责任报告的不同模块之中，例如，节能减排、环保技术、低碳能源开发等。从投资者、债权人和其他碳信息使用者方便查询和对比的角度来看，笔者建议我国企业将碳减排业绩作为一个单独的模块进行披露；并且附上不同年度的各种温室气体减排的业绩、说明取得业绩的原因或者比以往年度差的原因。

（六）不同年度的披露趋势说明。总体来看，同一个企业披露的碳信息有逐年细化的趋势，但仍然存在着一些认识上的误区。例如：

1. 贵州黔源电力（002039）在5个年度的企业社会责任报告中，都声明“公司为水力发电企业，为社会提供清洁能源，下属水电站生产过程中，没有烟尘、温室气体等污染物产生”，但是，公司业务活动所带来的排放量仅属于直接排放量，公司生产和运营当中消耗的化石能源、电力、自来水都产生温室气体排放；公司组织生产、配送、输出电力产生的温室气体排放量等也应当要进行碳排放量计算。这种情况说明我国的部分企业对全球报告倡议组织（GRI）所提出的直接排放量、间接排放量、其他排放量等内容还不够熟悉。

2. 中国石化（600028）在2015年3月23日披露的可持续发展报告中，披露了公司已经连续四年进行了碳盘查工作，但是，该项工作仅在2015年进行了披露，在其他三个年度所进行的碳盘查工作也应当在相应的年度进行披露，以便于信息使用者了解企业在碳减排方面的工作动态。

3. 本书附录二的表4“河北钢铁碳信息披露统计”的第5列中，企业特别提到“在APEC会议期间，公司严密组织环保监控，实施24小时值班，严格执行环保叫停制度，发现超标立即叫停，确保了APEC会议期间未出任何环保问题”，说明企业在非APEC会议期间，无法做到上述的“24小时值班，严格执行环保叫停制度”。例如，根据国内著名的非政府组织“公众环境研究中心”所建立的“中国污染地图”数据库，可以查询到如下内容：“根据河北省承德市环境保护局2014年行政处罚公开内容，河北钢铁股份有限公司承德分公司二氧化硫排放超标，罚款人民币

15万元”的内容。[1] 如果仅仅是有重大事件时，企业才足够彻底地履行碳减排责任，而其他时期则并非如此，一方面再次说明了企业履行社会责任中存在的“政治寻租”现象；另一方面，这一现象值得河北省发展和改革委员会、企业管理层反思，某一时期、针对某一事件的碳减排行为不是环保业绩，恰恰反映了企业碳减排行为的不足，企业应当每一年、每一天都这样做才是真正的碳减排行为。

（七）企业碳信息披露体现了最新的制度变化。

例如，宝钢股份（600019）在2011年到2012年还没有碳排放权交易的披露内容，我国的碳排放权交易始于国家发展和改革委员会于2011年12月发布的《关于开展碳排放权交易试点工作的通知》，批准在北京、天津、上海、重庆、湖北、广东、深圳开展碳排放权交易试点，但是，碳排放权交易的执行力较弱；截至2013年11月，我国唯一实际启动交易的是深圳碳排放权交易市场，从2013年6月18日上线至11月，深圳碳市场整体交易量不大，约为12万吨（万方，2013）；上海的碳排放权交易市场是在2013年11月26日启动，宝钢股份在2014年3月29日披露的2013年度的企业社会责任报告和2015年3月27日披露的2014年度的企业社会责任报告都体现了这一最新内容。此外，中国石化也在2014年和2015年的可持续发展报告中也披露了参与碳排放权交易的信息。此现象也从直观上验证了本书第四章实证检验部分得出的结论之一“制度因素对企业碳信息披露具有显著正向影响”。

二、中国上市公司的企业碳信息披露方式示例

电力企业、钢铁企业、石化企业是碳排放大户，本书选择华电国际（600027）、黔源电力（002039）、金山股份（600396）等企业为例，对其企业社会责任报告中的碳信息披露进行了分析。

表1　　华电国际（600027）碳信息披露情况统计

内容＼年份	2010	2011	2012	2013	2014
社会责任报告披露日期	2011年3月31日	2012年3月29日	2013年3月28日	2014年3月22日	2015年3月31日

---

① 本内容转引自公众环境研究中心网站，http://www.ipe.org.cn/pollution/com_detail.aspx?id=208834.

续表

内容＼年份	2010	2011	2012	2013	2014
污染物治理项目投资（来自企业社会责任报告）	全年污染物治理项目投资2.08亿元；安装脱硫设备2393.4万千瓦……	全年污染物治理项目投资4.9亿元，截至2011年底，公司已经安装脱硫设施的控股燃煤机组共计493.4万千瓦，占全部运营燃煤机组的99.56%。公司范围内已投产项目均配备高效烟气除尘设备，电除尘效率高于999.5%。	全年污染物治理项目投资4.9亿元……	2013年共投入人民币25.01亿元对现有燃煤发电机组进行环保改造。截至2013年底，公司在运燃煤机组81台，已建成脱硝设施38台，完成脱硫增容改造的机组33台，已实施电除尘增效改造的机组11台，这些机组均能满足最新标准的排放要求。	无
环保绩效（来自企业社会责任报告）	SO2平均绩效值同比降低0.44克/千瓦时……		二氧化硫排放绩效同比持平，烟尘、氮氧化物排放绩效同比分别降低0.03、0.33克/千瓦时……	自2013年3月1日起，新受理的火电项目的燃煤锅炉执行烟尘20mg/m3、二氧化硫50 mg/m3、氮氧化物100mg/m^3的特别排放限值……公司机组均能满足最新标准的排放要求。	公司致力于环保投资和环境技术开发，加大清洁生产力度，以资源优化配置为手段，继续开展脱硫设施增容改造，全面开展脱硝改造，有序推进除尘改造，污染物减排能力有效提高。
节能绩效（来自企业社会责任报告）	耗煤同比降低2.04克/千瓦时，耗水同比降低0.18千克/千瓦时；耗油同比降低4.17吨/亿千瓦时……	耗煤同比降低5.03克/千瓦时；耗水同比降低0.37千克/千瓦时；耗油同比降低3.76吨/亿千瓦时……	耗煤远低于全国平均水平；耗水同比降低0.06立方米/兆瓦时；耗油同比降低5.24吨/亿千瓦时……	2013年实施了17台机组整体优化项目，预计可节约标煤35万吨……2013年度公司火电机组全年完成供电煤耗308.79克/千瓦时，同比降低4.1克/千瓦时……发电油耗完成10.04吨/亿千瓦时，同比降低3.95吨/亿千瓦时。	2014年，公司供电煤耗完成305.77克/千瓦时，同比降低3.02克/千瓦时，发电油耗累计7.49吨/亿千瓦时，同比降低2.55吨/亿千瓦时。

续表

内容＼年份	2010	2011	2012	2013	2014
低碳技术改造	9个项目列入国家发改委2010年第一批节能技改财政奖励项目实施计划，3个项目获国家财政部2010年中央国有资本经营预算节能减排资金预算（拨款），18项成果获得中国华电集团公司科技进步奖。	完成环保技改项目及前期科研工作61项。	完成环保技改项目及前期科研工作70多项……	无	公司全年完成烟气环保改造85项，公司系统机组脱硝技改全部完成，其中三台发电机组已经达到烟气超低排放要求……
低碳排放能源				截至2013年底，水电、风电、燃气及太阳能等清洁能源机组比例超过10%……	截至2014年底，水电、风电、燃气及太阳能等清洁能源机组比例达到17.86%……未来将加快发展水电，大力发展风电，重点打造四大风电基地，努力突破海上风电，积极研究探索太阳能和核电项目发展并审慎发展燃气项目……

本表摘自：上海证券交易所披露的华电国际（600027）5个年度的企业社会责任报告，经作者节选并整理。

表2　　金山股份（600396）碳信息披露情况统计

内容＼年份	2010	2011	2012	2013	2014
社会责任报告披露日期	2011年4月20日	2012年3月28日	2013年4月12日	2014年3月31日	2015年4月2日
碳减排的具体数值	无	无	无	无	无

续表

内容＼年份	2010	2011	2012	2013	2014
降低碳排放的描述性说明	为减少二氧化硫和粉尘污染，实现资源综合利用，公司建设了煤矸石综合利用热电厂；解决了当地煤矸石长期堆存，占用大量土地，造成自燃、污染大气和地下水质等问题。进行废物利用，促进了原有矿区生态的恢复和改善。	公司不断加强脱硫等环保设施的投入使用率，2011年脱硫装置投入率完成97.51%。预计供电煤耗下降10克/千瓦时、子公司白音华一号机组供电煤耗下降8克/千瓦时、沈阳公司一号机组供电煤耗下降4克/千瓦时，使公司能耗指标得到进一步改善。	加大节能改造和环保项目投入，企业环保能力不断增强。	2013年，公司生产系统全力推进环保治理，按期完成了白音华公司1号、2号机组脱硝改造任务，达到了环保部督办要求的目标；白音华公司1—2号机组、丹东公司1—2号机组均已完成脱硫旁路拆除工作。	公司2014年又实施了多项脱硫、脱硝及除尘等环保技改项目，共涉及3家火电企业8台机组，改造面积之广、任务之繁重，史无前例……
开发低碳能源	公司在辽宁康平、彰武分别建设并已投入运营两处合计4.93万千瓦风力发电场，是上市电力公司中最早拥有风电项目的公司。项目建成后与同等规模的燃煤发电厂相比，预计每年可节约标煤36334吨，减少向大气排放粉尘及杂质6717吨、二氧化碳23806吨、二氧化硫765吨、氮氧化物1449吨。		加快推进清洁能源项目建设……	风电项目中：阜新“娘及营子”、“双山子”和彰武“大林台”各48MW的风电项目均已取得省发改委路条，前两个项目分别被列为国家能源局“十二五”第二批和第三批风电项目核准计划。	促进风电规模化建设与经营……

本表摘自：上海证券交易所披露的金山股份（600396）5个年度的企业社会责任报告，经作者节选并整理。

表3 黔源电力（002039）碳信息披露情况统计

内容＼年份	2010	2011	2012	2013	2014
社会责任报告披露日期	2011 年 3 月 25 日	2012 年 3 月 29 日	2013 年 3 月 29 日	2014 年 3 月 27 日	2015 年 3 月 26 日
CDM 情况（企业社会责任报告也有这些内容）	公司大力推动清洁机制 CDM 项目的开发。目前，公司启动 CDM 项目开发的水电站共有3个。其中清溪 28MW 水电站 CDM 项目已于 2009 年8月5日在联合国注册成功；牛都 CDM 项目已通过国家发改委批准；善泥坡 185.5MW 水电站 CDM 项目正在按有关程序进行审报。	CDM 收入 2788575.75 元。其中清溪 28MW 水电站 CDM 项目已于 2009 年 8 月5日在联合国注册成功，并于 2011 年6月收到第一笔减排量指标收入 29.95 万欧元；牛都 2MW 水电站 CDM 项目已于 2011 年 6 月在联合国注册成功；善泥坡 185.5MW 水电站 CDM 项目正在按有关程序进行申报。	北盘江善泥坡水电站和芙蓉江牛都水电站 CDM 项目在联合国注册成功，北盘江马马崖一级水电站 CDM 项目通过国家发改委审核，已向联合国申请注册。CDM 收入 3954873.00 元。	公司大力推动清洁机制 CDM 项目的开发。目前，公司启动 CDM 项目开发的水电站共有 4 个。其中清溪 28MW 水电站 CDM 项目已于 2009 年 8 月 5 日在联合国注册成功，并已在 2012 年 8 月收到第二笔减排量指标收入 50.70 万欧元；牛都 CDM 项目 2011 年 6 月已在联合国注册成功；善泥坡水电站 CDM 项目于 2012 年 6 月在联合国成功注册；2013 年 3 月，马马崖一级水电站 CDM 项目顺利通过联合国 EB 审查并注册，成为公司第四个成功注册 CDM 项目。	公司大力推动清洁机制 CDM 项目的开发。目前，公司启动 CDM 项目开发的水电站共有 4 个。其中清溪 28MW 水电站 CDM 项目已于 2009 年8月5日在联合国注册成功，并已在 2012 年8月收到第二笔减排量指标收入 50.70 万欧元；牛都 CDM 项目 2011 年 6 月已在联合国注册成功；善泥坡水电站 CDM 项目于 2012 年6月在联合国成功注册；2013 年 3 月，马马崖一级水电站 CDM 项目顺利通过联合国 EB 审查并注册，成为公司第四个成功注册 CDM 项目。
无其他碳减排信息的说明	公司为水力发电企业，为社会提供清洁能源，下属水电站生产过程中，没有烟尘、温室气体等污染物产生。	公司为水力发电企业，为社会提供清洁能源，下属水电站生产过程中，没有烟尘、温室气体等污染物产生。	公司为水力发电企业，为社会提供清洁能源，下属水电站生产过程中，没有烟尘、温室气体等污染物产生。	公司为水力发电企业，为社会提供清洁能源，下属水电站生产过程中，没有烟尘、温室气体等污染物产生。	公司为水力发电企业，为社会提供清洁能源，下属水电站生产过程中，没有烟尘、温室气体等污染物产生。

本表摘自：深圳证券交易所黔源电力（002039）5 个年度的企业社会责任报告，经作者节选并整理。

表 4　　河北钢铁（000709）碳信息披露情况统计

内容＼年份	2010	2011	2012	2013	2014
社会责任报告披露日期	2011 年 4 月 27 日	2012 年 4 月 27 日	2013 年 4 月 27 日	2014 年 4 月 29 日	2015 年 4 月 28 日
吨钢综合能耗（kgce）	593. 60	593. 74	588. 33	579. 66	576. 82
吨钢 SO2 排放量（kg）	1. 75	1. 80	1. 72	1. 4	1. 1
节能减排描述性说明	2010 年公司投资 10. 4 亿元实施了 13 项重点节能减排项目……	2011 年股份公司进一步加大对节能减排项目的投资力度，节能减排累计投入约 5. 7 亿元，实施了节能改造、60MW 煤气发电机组、烧结余热发电、烧结机烟气脱硫等重点项目，建立了企业减量化、循环化、资源化的节能减排体系。同时提出向能源管理要效益，并制定了吨钢挖潜增效的目标。2011 年，公司全面完成了河北省下达的“十二五”节能减排年度目标考核任务。	2012 年，公司吨钢综合能耗达到 588. 33 公斤标煤，比上年降低了 5. 41 公斤标煤。各分公司全部建成了能源管控中心。一批余能发电项目建成投用，煤气和余热余压得到充分循环利用，2012 年，公司工业水循环利用率达到 97% 以上，主要节能指标达到国内领先水平，唐山分公司以城市中水为唯一生产水源；邯郸分公司 260 吨转炉实现全流程负能炼钢。	2013 年，公司共投入 21. 47 亿元实施节能减排改造，重点包括唐山分公司投资 1. 95 亿元实施的烧结机烟气脱硫工程，投资 2. 4 亿元建成的炼铁北区料场防风抑尘网工程、火车和汽车受料槽除尘工程；邯郸分公司投资 2. 21 亿元，对煤气净化系统实施改造，项目实施后年排水量可减少 525. 6 万吨，减排 COD 315. 4 吨，氨氮 42 吨。	2014 年，公司共投入 16. 47 亿元实施了 21 项重点节能减排项目，其中包括：唐山分公司投资 1. 36 亿元实施了高炉煤气除尘系统湿法改造项目，投资 1. 06 亿元完成了炼铁高炉出铁场、矿槽和焦炭仓的除尘改造，投资 8500 万元完成了转炉干法除尘改造工程；邯郸分公司投资 1 亿元建设干熄焦项目；承德分公司投资 1. 2 亿元实施的水系统节能优化改造项目，投资 2. 8 亿元实施的 150t 锅炉 40MW 发电机组 16 项目等。2014 年公司污染物排放浓度和排放总量达到国家和地方排放标准要求，吨钢耗新水、自发电比例等指标均处于国内行业先进水平。公司在环境污染事故应急处理方面严格遵守《国家突发环境事件应急预案》，2014 年度未发生环境污染事故。

续表

内容 \ 年份	2010	2011	2012	2013	2014
能源管控		2011 年公司能源管控中心建设取得扎实成效。工业水循环利用率达到 97% 以上，吨钢耗新水降到 3.04 吨，利用余热、余压年自发电达到 85 亿 kwh，主要节能环保指标达到国内一流水平。		利用废气发电技术，极大地促进了产品综合能耗的降低和环境质量的提高，荣获“全国节能先进集体”称号。	2014 年，公司继续全面贯彻落实河北省大气污染防治行动计划，同时为新环保法和新的钢铁行业污染物排放标准的即将实施做最后准备。首先对公司节能减排现状进行了详细的调研和完整的梳理，分析找出公司目前环保状况与新标准存在的差距，明确了重点工作方向……在 APEC 会议期间，公司严密组织环保监控，实施 24 小时值班，严格执行环保叫停制度，发现超标立即叫停，确保了 APEC 会议期间未出任何环保问题。
节能环保技术改造	依托国际先进水平的负能炼钢、余热余能发电、富余煤气发电和污水深度处理等一批具有自主知识产权的节能技术，实现了二次能源综合利用。另外，公司严格按照国家和省相关节能减排政策要求，积极申报并按时完成能源管控中心项目建设，积极主动完成烧结机烟气脱硫工程等项目。	公司积极推广应用国际上最先进的节能环保技术，高炉、焦炉煤气回收率，吨钢能耗、水循环利用率等指标处于国内领先水平，当前世界钢铁行业领先的六大节能技术（焦炉干熄焦蒸汽发电 CDQ 技术、燃气—蒸汽联合循环发电 CCPP 技术、TRT、高炉喷煤、转炉负能炼钢、连铸坯热装热送和直接轧制技术）都已经在公司内推广应用。	2012 年，公司投资节能减排项目主要有：城市中水与工业废水处理项目、煤气和蒸汽的综合利用项目（包括煤气系统增容改造）、焦炉煤气脱硫项目、烧结机烟气脱硫项目、焦化干熄焦项目、风机及泵类电机的变频调速节电、低温余热发电、烧结机余热发电、厂区高效绿色照明、炼钢转炉除尘系统改造等项目。	重点开发钒钛资源综合利用绿色生产技术……	围绕二氧化硫和颗粒物减排方面，从使用清洁原料、实施项目建设和改进工艺技术等层面，大力推进污染排放指标的进步……

本表摘自：深圳证券交易所河北钢铁（000709）5 个年度的企业社会责任报告，经作者节选并整理。

表5 新兴铸管（000778）碳信息披露情况统计

内容＼年份	2010	2011	2012	2013	2014
社会责任报告披露日期	2011年3月5日	2012年3月20日	2013年3月19日	2014年4月8日	2015年4月21日
节能减排描述性说明	2010年，共投入资金3000余万元，完成了26项重点污染源综合治理项目，年削减烟粉尘排放量200吨，二氧化硫排放量4000吨。环境综合治理取得明显成效，公司工业固体废物综合利用率大于85%；环保设施运行率大于96%；环保设施完好率大于98%；厂界噪声、排气筒烟粉尘合格率大于95%，节能环保工作成效明显……	2011年，为了履行保护环境的社会责任，顺利完成"十二五"节能减排目标，公司邯武工业区将服役时间较长的1#、2#、3#焦炉全面拆除，仅此一项，每年可以节约4万吨标准煤，减排COD 35吨，减排SO2950吨；公司投入1.3亿元，完成70余项污染源综合治理项目，和2010年相比，烟粉尘排放量下降0.0063kg/t，SO2排放量下降0.0039kg/t，COD排放量下降0.06kg/t；氨氮排放量下降0.0013kg/t，全面完成了当年减排目标，顺利通过了清洁生产审核。	2012年，公司配套实施了一批节能减排重点项目，实现技术节能。芜湖新兴三山工业区随主体工程配套设置了转炉煤气回收、烧结余热回收等重点工程，铸管新疆的转炉煤气回收工程和发电工程也相继投入使用，武安工业区建设了富余低压蒸汽发电、冲渣水余热回收用于采暖、喷煤工程技术改造提高无烟煤配加比例等工程项目，这些节能减排项目的实施，为清洁生产提供了坚实保障，使公司提前顺利完成当地政府确定的节能减排目标。邯武工业区、芜湖新兴、黄石新兴、新疆金特、铸管新疆等各生产单位均提前顺利完成当地政府确定的节能减排目标。	一年来，公司严格遵守环保法规，坚决贯彻落实国家环境保护法律法规及要求，结合当地政府环保部门下达的环保排放总量控制的要求，各工业区通过结构减排、工程减排和管理减排等措施，完成了全年减排任务。其中：武安工业区为了确保减排指标的完成，利用年度主体设备联合检修时间，分别对三套烧结机烟气脱硫设施进行技术升级，优化脱硫塔内部结构，采用专用的雾化喷嘴，增大塔内浆液覆盖率和气液的接触面，保证吸收区的每个截面均可覆盖，防止烟气短路，提高了脱硫塔对进口烟气量和二氧化硫浓度的急剧变化的适应能力；芜湖工业区烧结系统配套完成了烟气脱硫；新疆金特、铸管新疆、黄石新兴投入使用的烧结脱硫设施则继续发挥减排效益。	一年来，公司严格遵守环保法规，坚决贯彻落实国家环境保护法律法规及要求，结合当地政府环保部门下达的环保排放总量控制的要求，各工业区通过结构减排、工程减排和管理减排等措施，完成了全年减排任务。黄石新兴完成高炉富氧、喷煤和烧结配料改造项目节能量1.49万吨标煤的最终审核，获得湖北省节能技术改造奖励447万元。

续表

年份 内容	2010	2011	2012	2013	2014
能源管控	使用清洁的能源和原料、采用先进的工艺技术与设备、改善管理、综合利用等措施，从源头削减污染，提高资源利用效率，减少或避免生产、服务和产品使用过程中污染物的产生和排放，实施了全过程污染控制和持续改进……	2011 年，公司积极推进循环经济建设，投资建设了能源管理中心。该中心的建成，进一步提高了公司各种能源的利用效率，2011 年吨钢综合能耗 589kgce/t，同比下降 34.47 kgce/t，全年节能 12.02 万吨标准煤；除此之外，公司还加强了对各类次生资源的回收力度，变废为宝，回收高炉渣、转炉渣、含铁尘泥、铸管锌渣、废油等 247 万多吨，回收金额达 1.7 亿元；2011 年 12 月公司本级通过了 GB/T23331 2009 能源管理体系认证。	获得河北省“双三十”节能减排优秀单位荣誉称号……始终坚持以建设环境友好型、资源节约型企业为目标，将环境保护、节能减排作为企业可持续发展战略的重要内容，坚持“源头削减、过程控制、末端治理”的原则，通过采取改进设计、使用清洁的能源和原料、采用先进的工艺技术与设备、改善管理、综合利用等措施，从源头削减污染……	武安工业区实施了包括炼铁喷煤改造在内的 19 项节能、节水工程，估算节能量 8000tce……	武安工业区能源管控中心成为全国钢铁行业首家顺利通过国家工信部验收的单位，煤气综合利用发电项目，获得 2014 年中央预算内大气污染防治最高补助上限 1000 万元专项资金。

本表摘自：深圳证券交易所新兴铸管（000778）5 个年度的企业社会责任报告，经作者节选并整理。

表 6　　宝钢股份（600019）碳信息披露情况统计

年份 内容	2010	2011	2012	2013	2014
社会责任报告披露日期	2011 年 3 月 31 日	2012 年 3 月 31 日	2013 年 3 月 30 日	2014 年 3 月 29 日	2015 年 3 月 27 日

续表

内容＼年份	2010	2011	2012	2013	2014
节能减排数值	吨钢综合能耗是计划值的97.47%；2010年全年二氧化硫全年排放量18186吨，而2009年全年二氧化硫全年排放量26583吨……	列示了从1986年到2011年共26年的吨钢二氧化硫统计数值，其中2011年全年二氧化硫全年排放量15099吨……	全年耗能总量1737万吨标煤，吨钢综合能耗比年度目标下降10千克标煤；二氧化硫排放比年度目标下降2782吨；比去年下降22.2%；二氧化硫全年排放量11751吨……	吨钢综合能耗比年度目标下降1千克标煤；二氧化硫排放比年度目标下降904吨……二氧化硫全年排放9410吨……	吨钢综合能耗比年度目标下降3千克标煤；二氧化硫排放比年度目标下降1197吨……二氧化硫全年排放8174吨……2014年股份公司SO2排放总量同比下降13%。
节能减排描述性说明	为加速实施一批节能项目，提高能源利用效率，降低工序能耗，2010年公司直属厂部组织实施了以节电为中心的“能效电厂”专项规划和以节约燃气为中心的“高效炉窑”专项规划。两个专项规划挖掘节能项目96项，将在3年内分步实施，计划总投入5.8亿。这些项目实施以后预计每年节约能源8.7万吨标准煤，效益2.2亿元。这两个专项规划不仅为股份总部今后2—3年的节能项目推进明确了方向，而且为宝钢股份其他生产单元、宝钢集团其他钢铁板块挖掘节能潜力提供了有益参考。	绿色低碳发展，就必须清楚自己的碳足迹。2011年，宝钢通过对IPCC、ISO 14064－1、ISO 14064－2、ISO 14064－3、ISO 14065、ISO 14067、BSI PAS 2050、WBCSD & WRI GHG Protocol、Worldsteel等有关企业二氧化碳排放核查的国际标准或行业标准进行文献调研，对其各自的针对对象、适用范围、主要内容进行了分析比较。在此基础上，从LCA理论和计算模型出发，按照相关国际标准对宝钢的碳排放数据进行了试算，并与国际同行的研究结果进行了对比分析。	2012年，宝钢继续强势推进节能减排项目的实施，以能效电厂、高效炉窑、高效电机、余热利用、压缩空气节能、水处理优化的六个节能专项规划项目为平台，集中公司各方面的专业节能技术力量，发挥合同能源管理新机制优势，全年实施先进节能减排技术30项，实现技术节能量6.85万吨标煤。	规范体系运行，对116条重要能耗源及50项关键能效因子的措施落实进行检查，关键能效因子进步率达到66%。2013年，宝钢股份电厂3台脱硫装置的平均投运率、综合脱硫效率再创新高，分别达到98.5%、95.7%（同期上海市电力行业的综合脱硫效率为93%）。用选择性催化还原法（SCR）脱硝工艺，对1号机组产生的烟气进行100%脱硝，吸收剂采用液氮，脱硝效率达到80%以上，NOX排放浓度在100mg/Nm3以下。SCR脱硝系统包括带催化剂的SCR反应器、氨喷射系统、吹灰系统、烟道、氨供应与蒸发系统……	2014年，公司全年实施各类节能项目53项，年内投运43个项目年节能量14.27万吨；充分利用EMC项目机制优势，全年新签订EMC合同18项。完成电厂全部燃煤机组烟气脱硝改造项目，各燃煤机组烟气脱硝均采用选择性催化还原（SCR）脱硝工艺，采用液氨作为吸收剂，对烟气进行100%脱硝。烟气脱硝效率可达80%以上，NOx排放浓度控制在100mg/Nm3以下。2014年，宝钢股份电厂3台脱硫设备的平均投运率、综合脱硫效率再创新高，分别达到99.5%、97.3%……

续表

内容＼年份	2010	2011	2012	2013	2014
能源管控	2010 年宝钢股份总部率先开展了能源管理体系认证试点工作……	完善节能环保设备的监督、评价和持续改进机制。以提高节能环保设施有效运转和设备效率为目标，制定《节能、环保设备管理要求》，形成能源环保设备的分类管理模式，从而达到对节能环保设施的功能精度和运行效率的管控，提升能源利用效率和环保运行效率。2011 年余能回收设施累计实现余能回收 260.7 万吨标煤。	2012 年，公司充分发挥以“三流一态”为控制对象的能源管控体系作用，通过能源管理流程化、精细化、显性化，进一步突出能源管理的价值导向，挖掘管理节能和技术节能潜力，强化能源成本管理，实现能源成本进一步改善……2012 年，公司完成工序节能量 6.35 万吨，超额完成年度目标。公司确定关键能效因子 50 项，有显著进步的能源因子达到56%。	2013 年 9 月完成厚板 5M 产线加热炉烟气余热回收项目，2013 年年底，热轧加热炉烟气余热回收改造项目投运，标志着大型加热炉余热利用的系统性改造工程全部完成，余热回收水平再上一个台阶。近 2 年，公司通过技改、科研、合同能源管理等渠道实施余热回收项目 13 项，项目增加回收 7.4 万吨标煤，公司余热回收利用率达到 48.7% 的国际先进水平……	2014 年，公司节能工作全面完成各项计划目标，实现工序节能量 1.93 万吨标准煤，技术节能量 14.27 万吨标准煤。

续表

内容＼年份	2010	2011	2012	2013	2014
节能环保技术改造	采取类似合同能源管理（EMC）模式成功实施“1580热轧除磷系统节电改造”项目，年节电282万度……实施完成1#、2#烧结机烟气脱硫机组建设，推进电厂1#、2#机组低氮燃烧改造……	2011年，公司节能科研项目25项，结题14项，实现节能经济效益3558万元；节能技改项目64项，投资2.6亿元；节能维修工程项目18项，全部完成。2011年，公司实施70项环保项目，其中，56项为环保技改项目，14项为维修工程项目。完成了宝通钢铁新增烧结机脱硫系统、梅钢新建5#烧结机烟气脱硫装置、电厂机组脱硝改造（2011年年完成1号机组改造）、电厂机组电除尘装置改造、不锈钢冷轧废水处理站技术改造等重点环保项目；启动不锈钢烧结脱硫技术改造、二炼钢渣处理综合改造（二期）、炼铁厂2BF出铁场除尘系统改造、罗泾全厂含氰、氟、氨氮废水处理等重点项目建设。	2012年，公司实施81项环保项目，其中，64项为环保技改项目，17项为维修工程项目。完成了梅钢公司1#、3#锅炉新增烟气脱硫装置、梅钢公司炼钢脱硫渣处理项目…… 2012年公司EMC项目已立项33项，项目预计节能量3.49万吨标煤。	2013年，公司节能科研项目31项，结题31项；节能技改项目36项，完成10项；节能维修工程项目6项，完成3项；新签订合同能源管理项目15项……对接近设计寿命30年的电厂1号机组实施了综合节能改造。对汽轮机高中低压缸与通流部分进行技术更新，对锅炉五套制粉系统进行扩容改造，对发电机定转子进行现场更新改造，空气预热器由三段式改造为两段式，脱硝与除尘装置同步进行改造。经过现场调试与实施优化控制，达到了预期目标，年节标煤1.65万吨。	2014年实施65项环保项目，其中45项为环保技改项目，20项为维修工程项目。公司重点实施了电厂2号机组高效除尘改造及SCR烟气脱硝项目、三期焦炉增设推焦除尘系统等重点环保项目。

续表

内容＼年份	2010	2011	2012	2013	2014
低碳能源开发	无	无	宝钢“金太阳光伏示范工程”项目装机容量 50MW，预计年发电量 5000 万度，是目前国内最大的钢铁企业太阳能发电示范项目……是宝钢贯彻科学发展观、建成资源节约型、环境友好型社会、落实环境经营战略目标的具体体现，大力增加清洁能源供应……	2013 年 12 月，随着宝钢股份产成品码头成品库屋顶光伏电站顺利并网，……项目安装光伏板 20.6 万块，预计年发电量 4500 万千瓦时，年可减排二氧化碳 3 万吨。	加快清洁能源项目建设，梅钢光伏电站和大院光伏电站二期项目进展顺利，全年光伏发电 3880 万千瓦时。梅钢公司 20MW 光伏发电项目工程于 2014 年 8 月开工，电站运营期 25 年，预计年发电量 1841 万度，总发电量 46025 万度，与火电相比，可节约标准煤 15.9 万吨，减少 CO2 排放 41 万吨，减少 SO2 排放 1350 吨，减少 NOx 排放 1176.5 吨。
碳排放权交易	无	无	无	2013 年 11 月 26 日，上海市碳排放权交易在上海环境能源交易所鸣锣开市……宝钢股份作为上海市碳排放权交易试点企业之一，在开市当日领取了 2013—2015 年碳排放权额度证书。	2014 年 4 月，宝钢股份在上海环境能源交易所挂牌出售部分富裕的碳排放额度，获得相应的碳排放权交易收益。这是宝钢股份自上海环境能源交易所开市后，进行的首笔碳交易，也是宝钢股份苦练内功降低碳排放，为企业挣来的真金白银。

本表摘自：上海证券交易所宝钢股份（600019）5 个年度的企业社会责任报告，经作者节选并整理。

表 7　　中国石化（600028）碳信息披露情况统计

内容＼年份	2010	2011	2012	2013	2014
社会责任报告披露日期	2011 年 3 月 28 日	2012 年 3 月 26 日	2013 年 3 月 25 日	2014 年 3 月 24 日	2015 年 3 月 23 日
降低碳减排的具体数值	“十一五”期间中国石化能源利用效率显著提高，累计节约 1220 万吨标准煤，相当于减排 2997 万吨二氧化碳。……例如，中国石化胜利油田高 89 区块已累计注入 4.3 万吨二氧化碳，累计增产原油 7967 吨，取得了良好的环境效益和经济效益。	2011 年，公司二氧化硫排放量下降了 9.8%，氮氧化物排放量下降了 3.4%，氨氮排放量下降了 34.9%。2011 年炼油综合能耗下降 2%；2011 年乙烯综合能耗下降 4.32%；2011 年，公司节能（万吨标准煤）54 万吨。	中国石化在京第一批 LNG 公交车加气站投入运营。与燃油公交车相比，LNG 公交车尾气排放中的二氧化氮、二氧化碳含量分别降低 98% 和 30%，平均一辆公交车一公里的碳排放量可以减少 80 克，而其他排放可以减少 11.6 克左右。	二氧化硫排放量同比下降 4.71%……	二氧化硫排放量同比下降 8.1%……氮氧化物排放量同比下降 3.9%……万元产值能耗同比下降 0.6%……

续表

内容＼年份	2010	2011	2012	2013	2014
降低碳排放的描述性说明	气候变化是人类共同面临的全球性重大问题。作为负责任的能源化工企业，中国石化将应对气候变化作为自身不可推卸的责任和义务，努力转变发展方式，树立低碳发展理念，优化能源结构，加强低碳能源开发利用，推进节能降耗，加快二氧化碳回收利用工业试验研究，努力减少温室气体排放，提升应对气候变化的能力。	我们坚持实施结构调整，不断推进规模化、集约化经营，推进产业结构升级，促进能耗物耗大幅降低，从而达到降低二氧化碳排放的目的。一方面，通过新建、扩能改造、技术改造等手段实现装置大型化、一体化。2011年，长岭油品质量升级改扩建工程建成投产，大型乙烯生产基地达10个。另一方面，通过淘汰小型低效落后产能，实现平均规模大幅提升，大幅降低能耗物耗。2006—2011年间，我们关停和淘汰落后炼油能力1620万吨/年，关停几十套小炼油、小化工装置及小型燃油锅炉，优化调减油库500多座，进一步精干了主业，降低了综合能耗。	推广绿色低碳和节能减排新技术，加快实施节能减排重点工程；制定绿色低碳发展规划，开展碳盘查工作，建立温室气体排放统计、监测和考核体系，在此基础上确定温室气体排放指标。	2013年7月1日起，普通柴油硫含量将执行不大于0.035%的指标要求……共有12家企业新建催化汽油吸附脱硫装置，8家企业对催化汽油吸附脱硫装置进行完善改造；11家企业对催化汽油加氢装置进行深度脱硫改造；15家企业进行降硫改造……2013年8月28日，国家环保部对中国石化由于未完成2012年氮氧化物减排指标，暂停审批除油品质量升级和节能减排之外的新、改、扩建炼化项目环评。公司立即召开视频会组织整改总量减排工作存在的问题……	预计涪陵页岩气田100亿方产能建成后，与煤炭相比，每年可减排二氧化碳1200万吨，减排二氧化硫30万吨；减排氮氧化物10万吨……2014年，计划实施“能效倍增”项目573个，可实现节能87万吨标煤……重点开展淘汰落后电机、低温余热利用等项目111项，可实现节能16.6万吨标煤……中国石化胜利油田等四家下属企业积极开展二氧化碳捕获、驱油矿场试验，2014年注入二氧化碳35万吨……已累计注入二氧化碳100万吨……在西北分公司等油田企业，开展甲烷的回收利用，2014年共回收1亿立方米，相当于减少排放二氧化碳当量150万吨……

续表

年份 内容	2010	2011	2012	2013	2014
低碳能源开发	我们继续推进产业结构优化升级，以提高能效、降低资源和能源消耗为重点，努力形成“低投入、低消耗、低排放、高效率”的发展模式。在能源消费结构相同的条件下，降低单位产量的能源资源消耗，提高能源资源利用效率，就是降低二氧化碳排放。	中国石化积极开发低碳能源，优化和完善能源结构，已基本形成包括技术开发、工业生产和产品销售在内的较为完整的低碳能源业务产业链。努力提高天然气产量……大力推进煤制天然气项目……推广使用生物燃料乙醇……布局电动汽车充电站。	2012年，中国石化建成以玉米芯残渣纤维素为原料的我国唯一一套工业化纤维素制乙醇装置，并已通过连续运行和考核；推进大型煤清洁化利用项目建设；加快非常规资源评价和开发；稳步发展燃料乙醇、生物柴油和生物化工。	2013年4月24日，中国石化1号生物航煤在商业客机上成功试飞……生物航煤是以可再生资源为原料生产的航空煤油，可实现减排二氧化碳55%—92%……	中国石化先后投入2000亿，用10年时间走完欧美20、30年的路，完成从无铅汽油到国V油品的质量持续升级，油品硫含量从2000年的1000ppm降至目前的10ppm……
节能环保技术改造	我们希望通过加强中长期低碳战略技术储备，增强未来低碳发展能力。我们拟重点研究开发的减缓温室气体排放技术包括：节能和提高能效技术，可再生能源和新能源技术，二氧化碳和甲烷等温室气体的排放控制与处置利用技术，生物与工程固碳技术，煤炭、石油和天然气清洁、高效开发和利用技术，二氧化碳捕集与封存技术，二氧化碳驱油技术，高纯度二氧化碳化工综合利用技术，利用微藻吸收二氧化碳制油技术等。	温室气体排放技术包括：节能和提高能效技术，可再生能源和新能源技术，二氧化碳和甲烷等温室气体的排放控制与处置利用技术，生物与工程固碳技术，煤炭、石油和天然气清洁、高效开发和利用技术、二氧化碳捕集与封存技术、二氧化碳驱油技术、高纯度二氧化碳化工综合利用技术、利用微藻吸收二氧化碳制油技术等。	2012年，中国石化继续开展清洁生产，推进烟气脱硫脱硝除尘治理工程，基本完成锅炉烟气脱硫治理，有效减少污染物排放；加大节能减排技术研发和应用力度，努力为节能减排提供技术支撑。	2013年，中国石化加强低碳技术研究，在CCUS（碳俘获和封存）工业试验研究方面，中国石化在油田开展了二氧化碳驱油矿场试验，正在建设大规模二氧化碳地质封存示范工程，项目建成后，将成为国内最大的燃煤电厂烟气CCUS示范项目。目前，已在4个油田开展了CO2驱油试验，累计封存CO2约45万吨。	中国石化成功自主研制了生物航煤，开辟了生物燃料的生产技术路线，拓展了原料来源，解决了餐饮废油科学合法、高效利用难题，减少了温室气体排放，具有里程碑意义。

续表

内容＼年份	2010	2011	2012	2013	2014
碳排放权交易				2013 年 11 月 26 日，上海碳交易市场在上海环境能源交易所正式启动，中国石化上海高桥分公司和上海石化购置 6000 吨碳配额，完成了上海环交所基于配额的首笔碳排放权交易。2013 年 11 月 28 日，北京碳排放交易市场正式启动，中国石化燕山石化购买两万吨碳配额，完成了基于配额的首笔碳排放权交易。	2014 年，中国石化继续参与碳交易。碳交易试点企业根据生产经营情况，制定合理的碳配额履约和碳交易方案；公司全年碳交易量达 210 万吨、交易额 8634 万元。
碳盘查	未披露	未披露	未披露	未披露	中国石化碳盘查、碳核查工作处于国内企业的前列。根据 ISO14064 标准，连续四年对所属企业的 2000 多套炼化装置、3 万多座站库逐一进行了温室气体核查，并经过第三方国际核查机构核查，已形成准确的、涵盖全系统所有业务的碳盘查模板。

本表摘自：上海证券交易所中国石化（600028）5 个年度的可持续发展报告（可持续发展报告是对企业社会责任报告的不同称谓，其实质内容与上海证券交易所发布的《关于加强上市公司社会责任承担工作暨发布〈上海证券交易所上市公司环境信息披露指引〉的通知》的内容是一致的），经作者节选并整理。

注：碳盘查这一项目在 2010 年到 2013 年都没有披露，而且，本书在第四章、第五章、第六章的实证研究中，因为我国没有上市公司在 2012 年 1 月 1 日到 5 月 1 日之间所披露的 2011 年度企业社会责任报告中，披露碳盘查这一项目，因此，本书在衡量企业碳信息披露评分时没有考虑碳盘查项目是恰当的。

表 8　　中国石油（601857）碳信息披露情况统计

年份 内容	2010	2011	2012	2013	2014
社会责任报告披露日期	2011 年 3 月 18 日	2012 年 3 月 30 日	2013 年 3 月 22 日	2014 年 3 月 21 日	2015 年 3 月 27 日
降低碳减排的具体数值	2010 年，公司节能折合标准煤 173 万吨……2010 年，塔里木油田实现放空天然气零排放……	2011 年，节能量 113 万吨标准煤；二氧化硫排放量比上年减少 2.5%……	2012 年，节能量 121 万吨标准煤；二氧化硫排放量比上年减少 0.3%……	2013 年，节能量 108 万吨标准煤；二氧化硫排放量比上年减少 5.38%……	2014 年，节能量 116 万吨标准煤……二氧化硫排放量正在接受环保部核定，核定之后才能公布。
降低碳排放的描述性说明	公司对燃煤电厂脱硫工程进行重点督办……开展林业碳汇……2010 年，包括北京房山 400 公顷碳汇林在内的一批碳汇林项目顺利推进，此外由公司和中国石油集团共同出资 5000 万元携手国家林业局发起的“中国绿色碳汇基金会”于 2010 年 8 月成立……	建成烟气脱硫 10 万吨/年及硫黄回收 3000 吨/年的联合生产装置，废气排放达到国家标准，硫黄回收率达到 99.5%；在燃煤电厂安装高效除尘设备，将粉煤灰回收利用……	重点实施再生烟气脱硫工程……对重点减排企业进行减排工程进度和实施效果核查，并通报核查结果……	公司严格落实污染减排目标考核，将主要污染物总量减排目标分解落实到各专业分公司企业，纳入绩效合同考核……加大污染减排措施实施力度，2013 年对环保部《“十二五”主要污染物总量减排目标责任书》要求的 9 项催化裂化烟气脱硫项目实行挂牌督办，实施专人负责……降低了二氧化硫等污染物排放。	2014 年公司对列入国家减排目标责任书的 10 项催化裂化烟气脱硫工程实施挂牌督办，全部项目按期完成并投运；对“十二五”（2011—2015 年国民经济和社会发展规划）所有重点减排工程实施按月调度；果断关停污染重、效益差的企业，降低能源消耗……

续表

内容＼年份	2010	2011	2012	2013	2014
低碳能源开发	有序开展生物柴油、油页岩、天然气水合物等工业化试验和资源评价……2010年，先后成立了国家能源页岩气研究试验中心和中国石油燃料乙醇研究中心……	专家测算，从中亚引进的300亿立方米/年天然气达产后，每年将可替代7680万吨煤炭，减少二氧化碳排放量1.3亿吨，减少二氧化硫、氮氧化物和工业粉尘等有害物质排放量246万吨……2011年，公司生物航空煤油研发获得重大突破，首次使用生物航空煤油试飞成功……	天然气是优质清洁能源，二氧化碳排放量远低于煤炭和石油。中国石油将加快天然气发展作为削减温室气体排放的战略重点……公司承担国内70%的天然气供应……公司继续加大致密油气、煤层气、页岩气的勘探开发力度……	公司继续加大致密油气、煤层气、页岩气等非常规资源的勘探开发力度……	2014年，天然气占公司油气总当量比例提高到35%……公司加大科技研发，推动生物质能源、地热能、风能、太阳能评价和开发利用，积极从源头控制温室气体排放……
节能环保技术改造	吉林油田的天然气中二氧化碳含量高达30%……经过深化研究试验，在二氧化碳封存和防腐技术、二氧化碳埋存和驱油提高采收率等技术取得了重大突破……	完成乙烷裂解炉及急冷油减黏系统改造项目，改善了急冷系统运行环境，乙烯能耗比2010年降低55.83千克标准油/吨……	公司不断加大节能减排技术的研发应用，继续推进“十大节能工程”、“十大减排工程”……实施高耗低效设备淘汰更新……	2013年实施重点节能项目63项，包括油田机采系统和地面系统的节能改造、污水余热回收利用……2013年，吉林油田二氧化碳驱油开发试验稳步推进，已建成3个不同类型试验区，五年埋存二氧化碳43万吨……	2014年公司落实国家“万家企业节能低碳行动”要求，实施油田机采系统和地面系统节能改造、加热炉提效、蒸汽系统优化等重点节能项目56项；开展以“携手节能低碳，共建碧水蓝天”为主题的节能宣传周活动……

续表

内容＼年份	2010	2011	2012	2013	2014
碳排放权交易	2010年，公司的两项清洁发展机制（CDM）项目取得较大进展，辽阳石化CDM项目每年减排二氧化碳1300万吨；塔里木油田顺利推进天然气回收一期、二期CDM项目……	无	无	2013年，公司在国际碳市场的第三个碳交易项目——大庆油田清洁发展机制（CDM）项目在联合国成功注册，年预计售出二氧化碳减排量40万吨；在深圳环境交易所完成国内首单中国配额（排放权）交易，在北京环境交易所完成中国首单核证减排量（CCER）交易，推动国内环保市场体系发展；公司控股的天津排放权交易所开发的节能减排项目，实现年节约标准煤20万吨以上，对应二氧化碳减排50万吨以上。	大庆油田伴生气中70%的成分是甲烷。根据国际准则，减排1立方米甲烷折算后相当于减排2000克左右的二氧化碳。为回收利用油田伴生气，大庆油田CDM项目（碳交易项目）于2012年5月投产运行。该项目每日可回收天然气90万立方米，每年可售出40万吨二氧化碳减排量。该项目2014年获得联合国签发的减排量35万吨，实现了伴生气资源回收，减少了二氧化碳排放。

本表摘自：上海证券交易所中国石油（601857）5个年度的可持续发展报告（可持续发展报告是对企业社会责任报告的不同称谓，其实质内容与上海证券交易所发布的《关于加强上市公司社会责任承担工作暨发布〈上海证券交易所上市公司环境信息披露指引〉的通知》内容是一致的），经作者节选并整理。

附录三

中国工业企业碳信息披露影响因素的进一步分析

根据本课题鉴定匿名评审人的建议，本书第四章在实证研究中发现，工业企业披露的碳排放信息显著高于其他行业，该行业集中了附录二中所述及的电力公司、钢铁公司、石化公司等碳排放大户；这些公司是国家节能减排工作的重点监督和引导对象，甚至是碳排放权交易的重点潜在企业，工业企业的样本数量达到307个，占第四章分析中所使用的554个样本的55.42%；可见，工业企业类上市公司的碳信息披露的影响因素尤其值得进一步分析。因此，课题评审人认为有必要针对这个行业对本书第四章所论述的各种影响因素进行单独分析，以便于进一步发现深层次的结论，方便政府相关部门进行监管和引导。由附录三的表1到表7可见，工业企业重新进行多元回归之后，其主要结论与表4-5到表4-12存在着两个极小的差异，其他的实证结果都相同。这两个差异是：第一，在第四章的表4-5中，是否处于碳排放权交易的城市，在包括所有六个行业共计554个样本的情况下，tradecity是与因变量碳信息披露指数（carbonindex）显著正相关的；但是，在附录三表1中，该值是弱正相关的，与统计学意义上10%显著性的t值（1.68）有极微小的差异（在表1的方程1、方程2、方程3中，t值分别为1.587，1.621和1.621）；也基本上可以认同在包括六个行业共计554个样本的情况下，tradecity与因变量（carbonindex）存在着正相关性，只不过这一特点在工业企业中表现稍弱，但是，这并不否认碳排放交易制度建设对我国企业节能减排和相应的碳信息披露具有重要的引导意义，其原因正如第三章所论述的，降低碳排放涉及每个行业的行为；所以，本书更加侧重大样本情况下的分析结果。而且，产品市场化程度与碳排放交易城市的交乘项（chanpin × trade）与因变量碳信息披露指数正相关、要素市场化程度与碳排放交易城市的交乘项（yaosu × trade）与因变量碳信息披露指数正相关；也说明了碳排放交易制度对企业碳信息披露具有影响。第二，在第四章的表 4 - 10 中，在包括所有六个行业共计 554 个样本的情况下，产品市场化程度（chanpin）是与因变量碳信息披露指数（carbonindex）正相关，但并不具有统计学意义上的显著性；而在附录三的表 4 中，产品市场化程度（chanpin）是与因变量碳信息披露指数（carbonindex）是显著正相关的。这说明，工业企业的碳信息披露更加可能受到产品市场化程度的影响。此外，其他方面与本书第四章的实证结果基本相同，不再赘述。

综上所述，以上实证结果也充分说明了第四章大样本统计数据结论的稳健性。所以，笔者将工业企业碳信息披露影响因素的主要结论放在附录三中，没有在本书正文中做进一步阐述。

表 1　　按照不同的影响因素所得到的多元回归结果（测试 tradecity）

自变量 \ 方程	方程 1	方程 2	方程 3
tradecity	0.26 (1.587)	0.265 (1.621)	0.265 (1.621)
Lnasset	0.497 *** (8.422)	0.493 *** (8.372)	0.502 *** (8.572)
Lev	-0.123 (-0.016)	-0.191 (-0.371)	-0.04 (-0.578)
grow	-0.037 (-0.389)	-0.136 (-1.296)	-0.30 * (-1.851)
yinshou	-0.026 ** (-2.339)	-0.025 ** (-2.264)	-0.026 ** (-2.375)
roa	-2.49 * (-1.681)	-1.70 (1.219)	-0.974 (-0.678)
Guokong	-0.05 (-0.253)	-0.022 (-0.11)	0.012 (0.06)
opcash	0.126 * (1.733)		
incash		-0.109 ** (-1.996)	
ficash			0.109 * (1.931)
截距项	-9.393 *** (-7.663)	-9.352 *** (-7.647)	-9.586 *** (-7.918)
Adjucted R^2	25.8%	26.1%	26.0%
杜宾 - 瓦森值	1.988	1.995	1.989

续表

自变量 \ 方程	方程 1	方程 2	方程 3
模型 F 值	14. 312 ***	14. 480 ***	14. 436 ***
样本数	307	307	307

注：因变量为碳信息披露指数（carbonindex）；表中的数字第一行为系数，第二行数字为 t 值，星号代表显著性水平；***：在 1% 水平上显著；**：在 5% 水平上显著；*：在 10% 水平上显著。

表 2　　按照不同的影响因素所得到的多元回归结果（测试 law）

自变量 \ 方程	方程 4	方程 5	方程 6
Law	0. 042 ** (2. 081)	0. 043 ** (2. 142)	0. 044 ** (2. 148)
Lnasset	0. 508 *** (8. 808)	0. 505 *** (8. 875)	0. 513 *** (8. 96)
Lev	-0. 078 (-0. 153)	-0. 146 (-0. 284)	0. 005 (0. 011)
grow	-0. 032 (-0. 341)	-0. 131 (-1. 253)	-0. 296 * (-1. 833)
yinshou	-0. 028 ** (-2. 528)	-0. 027 ** (-2. 462)	-0. 028 ** (-2. 573)
roa	-2. 758 * (-1. 864)	-1. 998 (-1. 435)	-1. 271 (-0. 888)
Guokong	0. 003 (0. 017)	0. 032 (0. 164)	0. 066 (0. 334)
opcash	0. 122 * (1. 696)		
incash		-0. 108 ** (-2. 00)	
ficash			0. 109 * (1. 942)
截距项	-9. 917 *** (-8. 186)	-9. 88 *** (-8. 181)	-10. 114 *** (-8. 451)
Adjucted R^2	26. 3%	26. 5%	26. 5%
杜宾-瓦森值	2. 027	2. 033	2. 030
模型 F 值	14. 623 ***	14. 817 ***	14. 778 ***
样本数	307	307	307

注：因变量为碳信息披露指数（carbonindex）；表中的数字第一行为系数，第二行数字为 t 值，星号代表显著性水平；***：在 1% 水平上显著；**：在 5% 水平上显著；*：在 10% 水平上显著。

表3　　按照不同的影响因素所得到的多元回归结果（测试 yaosu）

自变量＼方程	方程 7	方程 8	方程 9
yaosu	0.037 (1.362)	0.039 (1.455)	0.038 (1.414)
Lnasset	0.508 *** (8.738)	0.504 *** (8.679)	0.513 *** (8.893)
Lev	-0.114 (-0.221)	-0.18 (-0.35)	-0.028 (-0.056)
grow	-0.031 (-0.324)	-0.132 (-1.256)	-0.296 * (-1.823)
yinshou	-0.027 ** (-2.414)	-0.026 ** (-2.338)	-0.027 ** (-2.451)
roa	-2.629 (-1.772)	-1.843 (-1.322)	-1.11 (-0.773)
Guokong	-0.04 (-0.021)	-0.011 (-0.057)	0.023 (0.114)
opcash	0.126 * (1.733)		
incash		-0.111 ** (-2.034)	
ficash			0.109 * (1.94)
截距项	-9.82 *** (-8.082)	-9.786 *** (-8.079)	-10.024 *** (-8.345)
Adjucted R^2	25.7%	25.9%	25.8%
杜宾-瓦森值	2.004	2.012	2.007
模型 F 值	14.198 ***	14.392 ***	14.328 ***
样本数	307	307	307

注：因变量为碳信息披露指数（carbonindex）；表中的数字第一行为系数，第二行数字为 t 值，星号代表显著性水平；***：在 1% 水平上显著；**：在 5% 水平上显著；*：在 10% 水平上显著。

表4　　按照不同的影响因素所得到的多元回归结果（测试 yaosu × trade）

自变量＼方程	方程 10	方程 11	方程 12
yaosu × trade	0.027 * (1.712)	0.028 * (1.752)	0.028 * (1.744)
Lnasset	0.403 *** (8.34)	0.49 *** (8.287)	0.498 *** (8.49)
Lev	-0.115 (-0.225)	-0.183 (-0.357)	-0.031 (-0.062)

续表

自变量 \ 方程	方程 10	方程 11	方程 12
grow	-0.034 (-0.356)	-0.134 (-1.272)	-0.298 * (-1.838)
yinshou	-0.026 ** (-2.321)	-0.025 ** (-2.245)	-0.026 * (-2.357)
roa	-2.486 * (-1.679)	-1.693 (-1.214)	-0.965 (-0.672)
Guokong	-0.055 (-0.280)	-0.027 (-0.138)	0.007 (0.034)
opcash	0.126 *** (1.741)		
incash		-0.109 ** (-2.010)	
ficash			0.109 * (1.938)
截距项	-9.331 *** (-7.594)	-9.286 *** (-7.574)	-9.524 *** (-7.848)
Adjucted R^2	25.9%	26.2%	26.1%
杜宾-瓦森值	1.992	1.999	1.993
模型 F 值	14.383 ***	14.556 ***	14.507 ***
样本数	307	307	307

注：因变量为碳信息披露指数（carbonindex）；表中的数字第一行为系数，第二行数字为 t 值，星号代表显著性水平；***：在1%水平上显著；**：在5%水平上显著；*：在10%水平上显著。

表 5　按照不同的影响因素所得到的多元回归结果（测试 chanpin）

自变量 \ 方程	方程 13	方程 14	方程 15
chanpin	0.155 ** (2.134)	0.156 ** (2.159)	0.159 ** (2.192)
Lnasset	0.528 *** (9.139)	0.526 *** (9.102)	0.534 *** (9.307)
Lev	-0.091 (-0.179)	-0.159 (-0.311)	-0.005 (-0.01)
grow	-0.042 (-0.438)	-0.142 (-1.353)	-0.313 * (-1.934)
yinshou	-0.029 *** (-2.648)	-0.028 *** (-2.578)	-0.03 ** (-2.695)
roa	-2.879 (-1.940)	-2.081 (-1.492)	-1.338 (-0.934)

续表

自变量＼方程	方程 13	方程 14	方程 15
Guokong	0.043 (0.212)	0.072 (0.363)	0.108 (0.54)
opcash	0.128 *** (1.766)		
incash		-0.11 ** (-2.025)	
ficash			0.112 ** (1.997)
截距项	-11.468 *** (-7.834)	-11.453 *** (-7.842)	-11.717 *** (-8.056)
Adjucted R^2	26.3%	26.6%	26.5%
杜宾-瓦森值	2.010	2.017	2.015
模型 F 值	14.661 ***	14.83 ***	14.811 ***
样本数	307	307	307

注：因变量为碳信息披露指数（carbonindex）；表中的数字第一行为系数，第二行数字为 t 值，星号代表显著性水平；***：在 1% 水平上显著；**：在 5% 水平上显著；*：在 10% 水平上显著。

表 6　按照不同的影响因素所得到的多元回归结果（测试 chanpin × trade）

自变量＼方程	方程 16	方程 17	方程 18
chanpin × trade	0.029 * (1.719)	0.030 * (1.748)	0.030 * (1.749)
Lnasset	0.496 *** (8.425)	0.493 *** (8.378)	0.501 *** (8.578)
Lev	-0.118 (-0.231)	-0.186 (-0.362)	-0.035 (-0.068)
grow	-0.039 (-0.411)	-0.139 (-1.317)	-0.303 * (-1.868)
yinshou	-0.026 ** (-2.337)	-0.025 ** (-2.262)	-0.026 ** (-2.373)
roa	-2.494 * (-1.685)	-1.701 (-1.221)	-0.973 (-0.678)
Guokong	-0.045 (-0.230)	-0.017 (-0.086)	0.017 (0.084)
opcash	0.126 * (1.741)		

续表

方程 自变量	方程 16	方程 17	方程 18
incash		-0.109** (-2.00)	
ficash			0.109* (1.937)
截距项	-9.382*** (-7.667)	-9.343*** (-7.653)	-9.577*** (-7.924)
Adjucted R^2	25.9%	26.2%	26.1%
杜宾-瓦森值	1.988	1.994	1.988
模型 F 值	14.387***	14.553***	14.51***
样本数	307	307	307

注：因变量为碳信息披露指数（carbonindex）；表中的数字第一行为系数，第二行数字为 t 值，星号代表显著性水平；***：在 1% 水平上显著；**：在 5% 水平上显著；*：在 10% 水平上显著。

表 7　　按照不同的影响因素所得到的多元回归结果（测试 trust）

方程 自变量	方程 19	方程 20	方程 21
trust	0.002* (1.823)	0.002* (1.889)	0.002* (1.908)
Lnasset	0.492*** (8.331)	0.488*** (8.265)	0.496*** (8.453)
Lev	-0.083 (-0.162)	-0.149 (-0.291)	0.000 (0.000)
grow	-0.025 (-0.267)	-0.122 (-1.167)	-0.285* (-1.769)
yinshou	-0.027** (-2.443)	-0.026** (-2.377)	-0.027** (-2.487)
roa	-2.645* (-1.787)	-1.897 (-1.363)	-1.178 (-0.823)
Guokong	-0.042 (-0.211)	-0.014 (-0.074)	0.019 (0.095)
opcash	0.12* (1.66)		
incash		-0.107** (-1.967)	
ficash			0.108* (1.920)
截距项	-9.369*** (-7.664)	-9.314*** (-7.634)	-9.539*** (-7.896)

续表

自变量＼方程	方程 19	方程 20	方程 21
Adjucted R^2	26.0%	26.3%	26.2%
杜宾－瓦森值	2.010	2.017	2.011
模型 F 值	14.45 ***	14.642 ***	14.610 ***
样本数	307	307	307

注：因变量为碳信息披露指数（carbonindex）；表中的数字第一行为系数，第二行数字为 t 值，星号代表显著性水平；***：在 1% 水平上显著；**：在 5% 水平上显著；*：在 10% 水平上显著。

后　记

本书是浙江省哲学社会科学规划资助课题“企业碳信息披露研究”(11ZJQN003YB) 的最终成果。该项目得益于浙江省社会科学界联合会在2011 年在浙江省设立的“之江青年社科学者”培养计划，我有幸在2011 年6 月入选该计划，成为浙江省财务会计、财务管理、审计学领域两名之江青年社科学者之一。

感谢浙江省社会科学界联合会陈荣书记、邵清副主席、谢利根秘书长以及叶德清、董希望、徐丹彤、王三炼等老师，在他们的辛勤努力下，浙江省社科联从 2011 年 6 月至今已经组织或举办了多场学术交流活动，使我有幸分享了浙江大学经济学教授罗卫东、哲学教授陈村富、社会学教授毛丹、农业经济学教授黄祖辉，上海交通大学经济学教授陈宪，上海大学社会学教授张文宏，复旦大学中文系教授陈思和、哲学系教授俞吾金等学术名家的学术成长经历和研究心得；也学习了浙江省委宣传部胡坚副部长、浙江省委副秘书长舒国增、省委政研室副主任沈建明等主管领导对社科学者咨政方面的意见。

之江青年社科学者之间的交流也使我受益很多。与管理学 A 组、B 组的浙江工商大学工商管理学院的范钧教授、胡峰教授、项国鹏教授、俞荣建副教授和公共管理学院徐越倩副教授，杭州师范大学教育学院的赵立副教授，宁波大学商学院的赵丙奇教授，浙江财经大学工商管理学院的鲍海君教授、财政与公共管理学院张雷宝教授，浙江大学公共管理学院的谭荣副教授、韩昊英副教授、岳文泽副教授，浙江工业大学经贸管理学院的翁杰副教授，浙江师范大学经管学院的孙洁教授、李辉教授，杭州电子科技大学管理学院的周涛副教授、王雷副教授、杨伟副教授、周青教授等青年才俊进行了多场学术交流；本书的一些内容就是在与上述学者的讨论中得以不断地完善。

在本书初稿的写作过程中，我还在上海财经大学会计学院在职进行工商管理（会计学）博士后研究工作，上海财经大学会计学院良好的学术氛围、多场学术报告也为我提供了全新的研究视角；尤其是聆听我的博士后合作导师李增泉教授开设的《公司治理与制度》的博士课程，促发了我对本书第三章的写作。上海财经大学博士生官峰、何小杨（现在在中国工商银行总行内部审计部工作）等也对论文初稿提出了建议和意见。杭州电子科技大学经济学院陈安宁教授也提出宝贵的建议；在此深深感谢。

感谢杭州电子科技大学社科联主席陈畴镛教授、校社科联秘书长马香媛副教授以及会计学院的领导和同事们，为我进行学术交流提供了很好的便利条件。

感谢中国社会科学出版社宫京蕾、张学青老师，她们认真、细致的工作为本书的高质量出版提供了有力的保障！

还有很多应当感谢的人，不再一一列举，我在心中默默地祝福他们身体健康、工作顺利！

李　正

2015 年 6 月